ASIOS

超常現象の懐疑的調査のための会

UFO事件クロニクル

UFO Incident Chronicle

彩図社

【はじめに】

UFO時代の幕開けから70周年によせて

ASIOS代表　本城達也

1947年6月24日――この日、アメリカのワシントン州レーニア山上空で、実業家のケネス・アーノルドが9つの謎の飛行物体を目撃しました。

世に言うケネス・アーノルド事件です。

アーノルドによれば謎の飛行物体は、音速の2倍のスピードで飛んでいたといいます。当時、そのような超音速の航空機は知られていませんでした。この謎の飛行物体に関するニュースは、またたく間に全米を駆け巡ります。さらに翌月までには日本を含む海外にも広まっていきました。

こうして幕を開けたのが現代のUFO時代です。

アーノルドが目撃したものに限らず、空に見られる謎の飛行物体は「空飛ぶ円盤」という名称を与えられ、やがては「UFO」という名称を与えられました。今日、UFOという言葉を知らない人はほとんどいません。それほど広く浸透したということでしょう。

本書は、そのＵＦＯをテーマにしています（本書で使う「ＵＦＯ」という言葉は、本来の「未確認飛行物体」という意味に限定せず、宇宙人の乗り物という意味でも使っています）。

ＵＦＯをテーマに選んだきっかけは、本書が刊行される２０１７年が、ＵＦＯ時代の幕開けから70周年にあたることでした。

せっかくの機会です。これまでのＵＦＯ史を年代ごとに振り返り、一冊にまとめた本を出せないか、と考えました（書名にある「クロニクル」とは「年代記」という意味）。

もちろん、ひとくちにＵＦＯ史といっても、過去には非常に多くの事件が起こっています。人物もたくさん登場しました。残念ながら、それらをすべて紹介することはできません。ですから年代ごとに取り上げる事件は絞りました。

それでも、主要事件からあまり知られていない事件まで、興味深いものをピックアップしたつもりです。また、数よりは中身の情報を重視した人物事典に加え、巻末にはＵＦＯについてあまり詳しくない方でも楽しんでいただけるように、用語集や年表も加えました。これらを通読していただければ、きっとＵＦＯについての知識が深まるものと思います。

ＵＦＯの世界には、夢やロマンを抱く人もいます。陰謀論を主張する人もいます。自分が本気を出せば24時間で問題解決できると豪語した哀れな天文学者もいました。

ですが実際は、深く入り組んだ迷路のようでもあり、進めば底なし沼が待っているような世界でもあるかもしれません。理性を携えることは重要です。

本書では調べてわかったことがあれば、包み隠さず情報を提示するように心がけました。しかし一方でわからないことがあれば、それも提示するように心がけました。ＵＦＯ事件のすべてが解明できるわけではありませんから。調べてわかる真相と、調べてもなお残される謎それぞれに面白さがあります。単純明快ではない奥深いＵＦＯの世界が、きっとそこにはあるはずです。


なお本書は、超常現象を懐疑的に調査する団体「ＡＳＩＯＳ」（アシオス）のメンバーと、外部からはＵＦＯについて詳しい小山田浩史さんと花田英次郎さんが集まり、執筆されました。

それぞれスタイルは違っても、共通しているのは、皆さんＵＦＯが好きだということです。好きだからこそ情報を集め、ＵＦＯの世界にハマりました。

本書は、そんなＵＦＯ愛好家たちから、ＵＦＯ時代70周年によせて読者の皆さんにお贈りするＵＦＯ年代記です。どうぞ、じっくりお楽しみください。

２０１７年8月

UFO事件クロニクル　目次

【第二章】1950年代のUFO事件 51

【第四章】1970年代のUFO事件 137

【第五章】 1980、90年代のUFO事件

【第一章】
1940年代のUFO事件

40年代は世界的なUFOブームの幕開けの時代だった。

1947年には「ケネス・アーノルド事件」をきっかけにした「空飛ぶ円盤」ブームが巻き起こった。

当時のアメリカでの世論調査によれば、異星人の乗り物だと信じる人はまだ少なく、秘密兵器の可能性などが疑われていたものの、空飛ぶ円盤について知っている人は国民の9割にも達していたという。空前の大ブームである。

こうしたブームは、やがて数多くの円盤墜落、回収といった話を生み出していく。「ロズウェル事件」や「アズテック事件」も、こうして当時出てきた数多くの事件のうちのひとつだった。

なお、この時代には「3大古典UFO事件」と呼ばれる、「マンテル大尉事件」、「ゴーマン少尉事件」、「イースタン航空機事件」が起きている。

さらにアーノルド事件のわずか数日前には、その後のUFO事件の雛形ともなった「モーリー島事件」が起きていた。これも見逃せない。

【UFO事件01】

モーリー島事件

Maury Island incident
21/06/1947
Washhinton, USA

「モーリー島事件」とは、1947年6月にワシントン州タコマ湾近くにあるモーリー島付近を航行していた船の乗組員がドーナッツ型の複数の円盤を目撃した事件である。

1947年6月21日の午後2時頃、ワシントン州タコマの湾岸パトロール隊員であるハロルド・ダールは、15歳の息子チャールズと飼い犬を乗せた自分の船でモーリー島の沖を航行中、空に出現した6機の奇妙な飛行物体を目撃する。その飛行物体は円形の中央に穴が空いたドーナッツ型で、その縁には円い窓があった。それはゆっくり回転しながらホバリングしていたが、うち1機だけはトラブルなのか不安定にユラユラしていたという。

ダールは写真に残そうと船をモーリー島の岸につけてカメラを構えた。すると飛行物体のひとつが降下し、中央にいた不安定な動きをしていた飛行物体と接触、鈍い衝撃音とともに黒い岩のような物体と軽い箔のような物体が吐き出された。そのあと飛行物体は急上昇し見えなくなったのだが、降り注いだ物体のおかげで船の一部は破損し、ダールの息子は腕を負傷、犬は命を落としてしまった。

ダールは無線で上司にこの状況を連絡しようとしたが、妨害されているのか無線は使うことができず、落ちてきた物体を甲板に積んだままタコマに戻った。そこで上司であるフレッド・リー・クリスマンに報告し、息子を病院につれていったという。

これがモーリー島事件と呼ばれる事件の概要である。

■MIBと隠蔽工作

しかし、この事件はその後に起こった出来事と合わせて奇妙な顛末をたどる。

この事件の翌日、ダールの家に黒い大型高級車（47年製のビュイック）で全身黒いスーツに身を包んだミステリアスな男がやってきて、ダールはその男と一緒に近くのレストランで朝食をとることになった。ダールにはその黒服の男が軍人か政府の役人であるかのように見えたという。しかし、その男は決して友好的ではなく「家族を愛していて、今の幸せな生活の上に何も起きないことを望むなら、自分が見たことを誰にも話さないことだな」と警告して立ち去っていった。

モーリー島事件が世間に知られるきっかけになったのは、アーノルド事件（18ページ）以前から空飛ぶ円盤を彷彿させる物語を連載していた雑誌『アメージング・ストーリー』の編集長レイモンド・パーマー（274ページ）が、ダールとクリスマンの2人から事件について書かれた手紙を受け取ったことにある。

ダールの仕事上の上司であるクリスマンは、当初ダールの話を信じていなかったが、気になったのでモーリー島に出向いてみることにした。そこにはダールが話していた物体が大量に散らばっており、またダールが見たものと同じ飛行物体を目撃したため信じるようになったという。パーマーはこの事件の調査をケネス・アーノルド（260ページ）に依頼し、アーノル

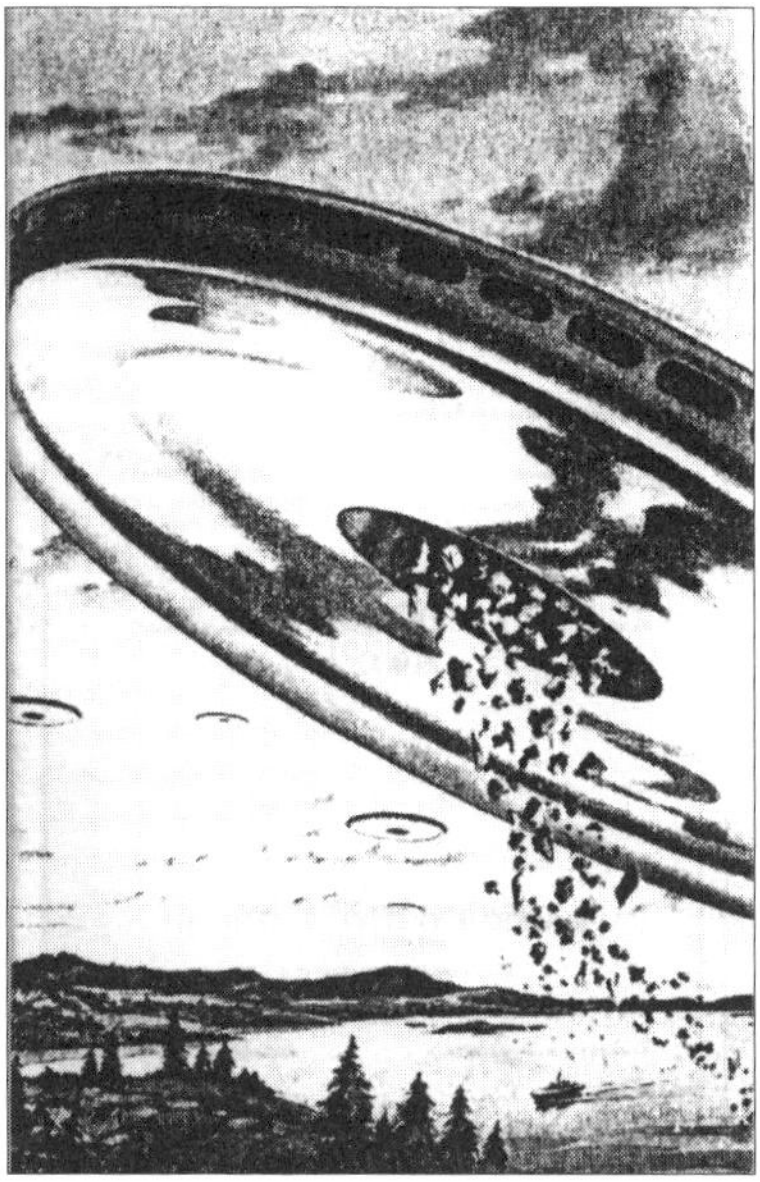
「Shaver Mystery Magazine」（1948年）に掲載されたモーリー島事件のイラスト

ドは2人に会いにタコマへと向かった。

タコマに着いたアーノルドだったが、ホテルがどこも満室で途方に暮れることになった。しかし最後のホテルをあたってみると不可解な事態が待っていた。何者かによって既にアーノルドの名で予約が入っていたのだ。先のダールが体験した黒い高級車・黒服の男・脅迫といったMIB（303ページ）の典型的なパターンと合わせ、このようなまるで誰かに行動が監視されコントロールされているかのような雰囲気もMIBミステリーの定番要素となる。

アーノルドはユナイテッド航空のE・J・スミス機長と共に、まずダールに会って話を聞き、その後クリスマンと面談した。ダールの息子とは治療中ということで会えなかった。そこでダールが持参した円盤から降り注いだ物体を見ているが、アーノルドはそれが単なるスラグのようにしか見えなかったと語っている。

アーノルドらは情報将校のブラウン中尉とデビッドソン大尉に助けを求め、到着した2人に物体を手渡した。そして、この2人が基地に帰還する途中、この事件を不穏に盛り上げる出来事が起こってしまう。

彼らを乗せた軍の航空機（B‐25爆撃機）が墜落し、2人が命を落としてしまったのだ。その翌日の地元新聞（タコマ・タイムズ）には、この航空機が軍の極秘資料を運んでいることは確認済みであり、それは空飛ぶ円盤の破片だったのではないか、またその輸送を妨げるために爆破された隠蔽工作だったのではないか、という記事がセンセーショナルに書き立てられていた。

後の調査の結果、墜落の原因が隠蔽工作や破壊工作でないこと、新聞に極秘資料と書かれたものは単なる報告書だったことが明らかにされたが、ダールとクリスマンは軍の取り調べを受けることになった。そこで彼らは、自分たちが湾岸パトロールではなく、材木の回収をしている業者にすぎないこと、そしてこの事件が彼らが仕組んだイタズラであったことをアッサリと認めている。

アーノルドはこの取り調べの後、もう一度クリスマンとダールに会おうとしたが、2人は姿を消していて会うことができなかった。2人の消息はここで一度途切れている。

Wreckage Of Army Bomber On Goble Creek

Air Force Day Marred As B-25 Crashes Here

Two Reported Killed In Crackup On Goble Creek

An army B-25 medium bomber, bound from McChord field to Hamilton Field, Calif., on a night flight crashed in the rugged foothills a half mile beyond the end of the Goble creek road early today bringing death to two aviators and injuries to another. A fourth occupant of the big motor aircraft escaped injury.

Before crashing and exploding in a narrow canyon in the Goble creek district, beyond Rose Valley, the big craft circled over Longview and Kelso leaving a streak of fire in the sky, trailing behind one burning motor.

The bodies of both aviators were found near the scene of the crash. The mangled body of one of the pilots, a Lt. Brown, was found by Kelso police about 30 feet from the point of impact of the plane, his parachute out of its case but unopened. It appeared that he may have cleared the plane just as it struck and was thrown by the resulting explosion.

Second Body Found

The body of the other pilot, whose name was not available, was found shortly before noon by the search party composed of sheriff's deputies, state patrolmen and members of the air sea rescue

Seven B-29s Make Record Mass Flight

WASHINGTON, Aug. 1-(AP)-The Army Air Forces put on a spectacular, nationwide sky show today—with seven giant B-29s setting a Tokyo-Washington mass flight record and speedy jet fighters new unofficial marks to Washington from Miami, Chicago and New York.

ブラウン中尉らが乗ったB-25爆撃機の墜落事故を伝える「Longview Daily News」の紙面

■クリスマンの復活

これでこの事件は終わるはずだったが、当然陰謀理論家は納得していなかった。彼らは、飛行機の墜落で他の乗員はパラシュートで脱出しているにもかかわらず、なぜブラウン中尉とデビッドソン大尉は逃げ遅れて命を落としたのかを疑問視し、姿を消した当事者２人や、この事件を追った新聞記者が突然亡くなっていること、さらにパーマーが突然出版社を解雇されたことなどをミステリアスに書き立てるようになる。しかしどれも、事件との明確な関連は認められていない。

この事件は第一体験者としてのダール、そして彼の体験を裏付ける者としてのクリスマンという文脈で語られることが多いが、首謀者はむしろクリスマンである可能性が高い。それはダールがこの時を境に姿を消しているにも関わらず、クリスマンはもう一度この世界に舞い戻ってきているからだ。

一度姿を消したクリスマンは１９５０年に再び姿を現し、モーリー島事件がイタズラだったという発言を

モーリー島事件の黒幕と目されている、作家のフレッド・リー・クリスマン

撤回する発言をしはじめる。

その後、クリスマンの名前は思いもよらぬところで浮上する。ジョン・F・ケネディ大統領暗殺事件に関わる人物として、当時この事件を捜査していたニューオリンズ地区検察局のジム・ギャリソン（オリバー・ストーン監督の映画『JFK』でケビン・コスナーが演じた人物のモデル）に大陪審への出廷を命じられたのだ。

この件によって、クリスマンは数々の妨害工作に関わったことになり、陰謀理論のチェーンに組み込まれることになる。この当時、クリスマンはCIAのエージェントではないかと噂されることとなる。この当時、クリスマンは「ジョン・ゴールド」と名乗り、ラジオ番組に出演し、『Murder of a City... Tacoma』（1970年）という本を出版している。

■その後のモーリー島事件

すでに事件は風化の一途を辿っており、続報は期待するほどないが、ネットにいくつか断片的な情報があるので最後に紹介しておこう。この事件のもう1人の体験者である腕を怪我したダールの息子、チャールズの声だ。

60年代にMUFON（307ページ）の支部長を務めたこともあるハワイ出身のUFO研究家カルナイ・ハノハノがこの事件を再調査しようとした時、すでにダールはこの世を去っていた。しかし、この事件のもう1人の当事者である息子のチャールズにインタビューすることに成功している（UFO Magazine vol.4, #1 1994）。チャールズはこの事件がクリスマンに唆《そそのか》されたデッチアゲだったと明確に語り、クリスマンをよく思っていないと語っている。また彼が医療行為を受けたことを検証できる病院記録も存在しないことも明らかになった。

さらに、ダールの娘でチャールズの姉にあたるルイーズが、２００３年になるまで父がＵＦＯ事件に関わっていたことについて何も知らなかったし、怪我をしたとされる弟チャールズからもそのような話を聞いていないと新聞（Seattle PI）記者に話している。

この事件で注目すべき点は、まずケネス・アーノルド事件やロズウェル事件（24ページ）と同時期に起きた、いわばＵＦＯの発端に位置する事件であること。そして、ＭＩＢの登場や物的証拠の消失、妨害工作など、その後繰り返し使われることになる要素が散りばめられ、まさにＵＦＯ事件の雛形といった趣であること。

同年に起きたケネス・アーノルド事件やロズウェル事件と合わせ、ＵＦＯの歴史の発端で、これほどまでに多様で複雑なストーリーが形成されていたという事実には驚くべきものがある。

事件の真相を明らかにする鍵は、クリスマンが握っているはずだ。そもそも彼はパーマーの雑誌『アメージング・ストーリー』に投稿するような人物で、パーマーは彼からこの事件についての手紙をもらう前から彼のことを知っていたと語っている。仮にこの事件がクリスマンによるシナリオだと明らかになれば、彼はＵＦＯストーリー形成の最初期に関わった人物となるかもしれない。しかし既に彼もこの世にはなく真相は不透明なままだ。

（秋月朗芳）

【参考文献】

C・ピーブルズ『人類はなぜＵＦＯと遭遇するのか』（文藝春秋、２００２年）

ジム・マース『宇宙人ＵＦＯ大事典―深〈地球史〉』（徳間書店、２００２年）

「UFOs and Men In Black in Tacoma」(https://tacomastories.com/tag/fred-crisman/)

「MAURY ISLAND NO LONGER A MYSTERY: A UFO HOAX EXPOSED!」(http://urx2.nu/FaPN)

【UFO事件02】

ケネス・アーノルド事件

Kenneth Arnold UFO sighting
24/06/1947
Washinton, USA

1947年6月24日、アメリカの実業家ケネス・アーノルドが、ワシントン州レーニア山麓上空にて超高速で飛行する奇妙な物体を目撃した事件。

「空飛ぶ円盤」という言葉を生みだし、世界的なUFOブームが始まった直接のきっかけとなった事件であり、6月24日は国際UFO記念日とされている。

■再評価されるアーノルド事件

アーノルド事件の位置づけは、20世紀を通じて、UFOブームの起点という歴史的な意義はあるが、地味で平凡な日中の円盤目撃と評価されがちであった。実際にUFO調査の専門家からも、しばしば「何故この程度の平凡で退屈な事件が空前のUFOブームを引き起こせたのか」といった疑問符つきで評価されることも珍しくはない。

しかしながら、21世紀以降「プロジェクト1947」を筆頭に、当時の各種報道や一次資料が網羅的に収集され、アーノルド事件を再評価しようとする動きが広がっている。

「プロジェクト1947」とは、1947年のUFO関連の公文書や新聞・雑誌の記事、日記、冊子等を収集し、研究者による情報の交換と共有を実現すると共に、後世のUFO史研究に資する足場を構築しようという取り組み。現在は1947年のアメリカのみならず1946年以前を含む世界各国の関連資料を収集し

ケネス・アーノルド（左）と彼の愛機の「CallAir A-2」（上画像）。1947年6月24日、レーニア山付近で奇妙な飛行連隊を目撃したことで、UFOブームが巻き起こる。アーノルドは優れたパイロットであり、事業に成功した地元の名士でもあった。（画像は「FATE」1948年春号より）

ている。

それらの研究を見ると、真相はさておき、当該事件が全米を席巻する「空飛ぶ円盤ブーム」の起点になったことに特別な理由を見出す必要がない程度に、特異で必然的な状況だったことを伺い知ることができる。

これまであまり注目されてこなかったが、1967年にNICAP（307ページ）のテッド・ブローチャーによって、北米を中心とする、アーノルド事件に先行するUFO目撃報告の存在が複数確認されており、うち29件が詳細に報告されている（Ted Bloecher『REPORT ON THE UFO WAVE OF 1947』1967）。後にローレン・グロスが142件の事例を追加し、以降も資料は増えている。

つまりアーノルド事件とは、1947年の北米を中心としたUFO集中目撃において、初めて全国紙の一面を飾り報道レベルで注目された最初の事件という側面も有しており、一般的な印象よりも複雑な事例でもある。

そればかりか、一般向けの科学誌で超音速飛行の実現性が記事になる程度の時代に、音速を遥かに凌駕する速度と機動性を有する、国籍も所有者も用いられている技術も見当がつかない、銀色の扁平な飛行物体あるいはその編隊が、第二次大戦の記憶が生々しい時期に、アメリカ本土上空を自由に航行する様子を、信頼に足る知性と教養と必要な経験を有する山岳パイロットにして成功した実業家でもある名士が、目撃から数時間後に軍人が敬服するほど適格な報告を行い、翌日にはAP通信を通じて全米の大小様々な新聞社に配信され、真面目に報道された事件——そう、たしかに20世紀のUFOブームはアーノルド事件という稀有な目撃報告があってこそ生じたのである。

■事故機を探してレーニア山へ

アーノルド事件の発端は1946年12月10日に32名が搭乗する海兵隊のC‐46輸送機が消息を絶った事故にさかのぼる。

当時の地元紙では悲劇的な事故として度々記事になっており、遺族も墜落したであろう機体の発見者に5000ドル（資料によっては1万ドルとするものもあるが実際は5000ドル）の報酬を設定したが、積雪により捜索活動は難航し1947年の春を過ぎるまで捜索は中断を余儀なくされていた。

1947年6月24日、アーノルドはチェハリスで商用を終えた際に、知人との会話で問題のC‐46輸送機が話題になった。

アーノルドは機体を発見できそうな可能性のある場所を議論するうちに、チェハリスからヤキマに飛ぶ途中に迂回するコースをとれば墜落機が発見できる可能性があることに気が付き、そのルートでヤキマに向かうことにした。

しばしばアーノルドが報酬目当てで墜落機を捜索していたと紹介されるが、実際はそうではなかった。

この事故は地元では悲劇的な事故として扱われており、アーノルド本人も報酬は重要ではない、と語っていた。そうした思いを抱くのはアーノルドだけではなかったようで、同年7月に機体が発見された際、発見者のバトラーは報酬の5000ドルの受け取りを辞退している。

墜落したC-46輸送機とレーニア山

■9個の奇妙な飛行物体に遭遇

同日14時59分、アーノルドは自家用機A‐2でレーニア山の上空２８００キロ付近を旋回しつつ残骸を捜しているとき、顔に明るい光を浴びた。

何事かと光源に目を向けると、連なった9個の奇妙な飛行物体が視界に入り、機体に反射した光であることが判明した。飛行物体は鎖のように連結しているかに見え、急下降と急上昇を繰り返してジグザグと飛行していた。

目撃した物体の形状は、後に三日月型のブーメランのような形状と描写するようになるが、少なくとも最初期の証言では、歪んだ円に近い半月型である。

なお、当時は超音速の航空機の実在は知られていないが、一例として『Popular Science』（１９４４年10月号）などに超音速飛行の可否について機体の構造が図解入りで解説されており、アーノルドが報告したＵＦＯのデザインは当時のこうした記事の影響が色濃く反映されている。

レーニア山麓の地形に詳しいアーノルドは、稜線や

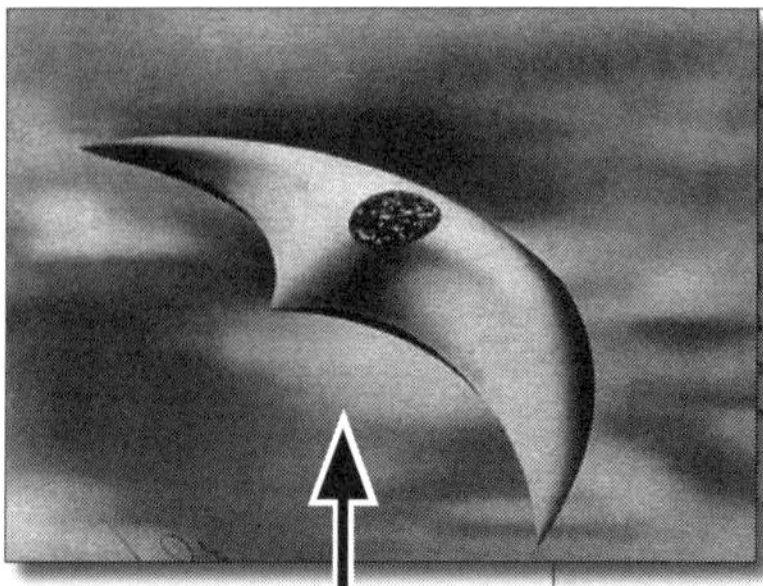

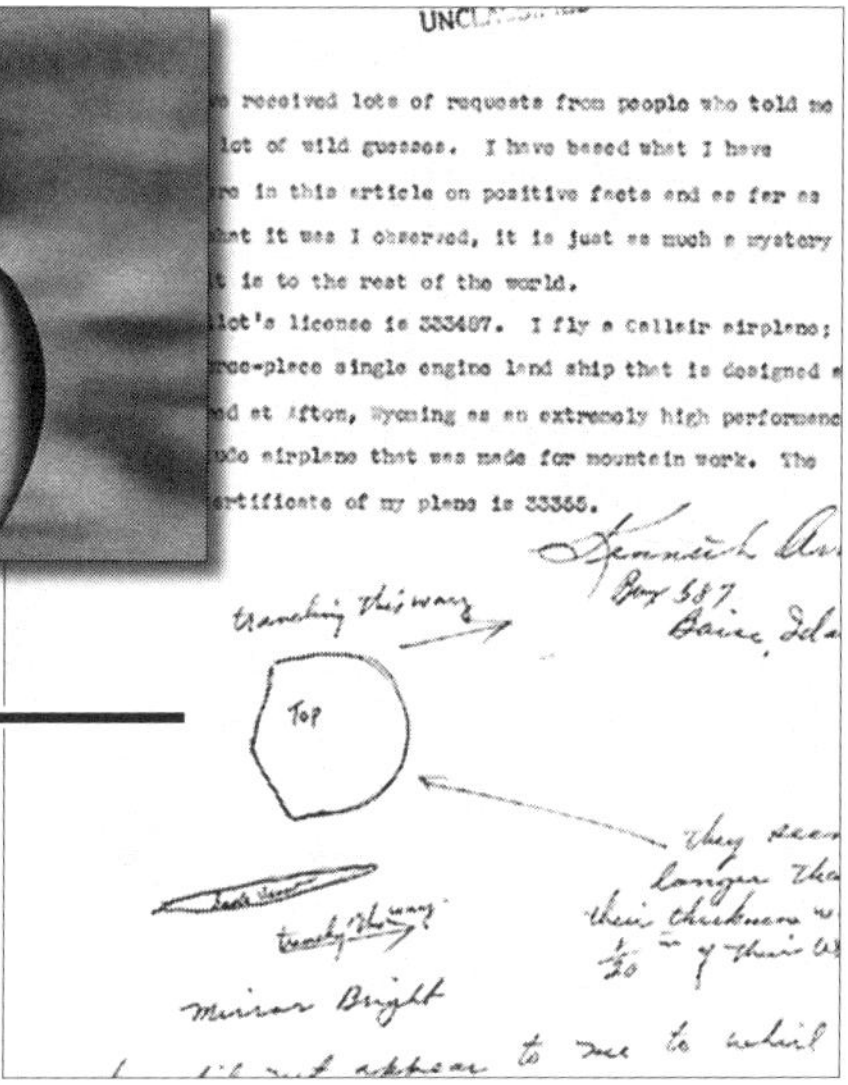

UNCL

e received lots of requests from people who told me
lot of wild guesses. I have based what I have
e in this article on positive facts and as far as
hat it was I observed, it is just as much a mystery
t is to the rest of the world.
lot's license is 333487. I fly a Callair airplane;
ree-place single engine land ship that is designed a
d at Afton, Wyoming as an extremely high performance
UCo airplane that was made for mountain work. The
ertificate of my plane is 33355.

アーノルドの目撃したUFOは円形に近い形状だったが、徐々に変化していき、最終的には上写真のような三日月型になった。（上写真：アーノルドの著書の表紙、右写真：プロジェクト・ブルーブックより）

前方を飛行していたDC－47機を基準に、物体までの距離を37キロ程度と推定し、物体の長さは約15メートル、幅はそれよりやや狭く、厚さは1メートル程度と見積もった。

さらに速度も目算しており、レーニア山からアダムズ山の間75キロほどの距離を、102秒で通過したことから時速2400キロ程度と推算した。

つまり、この日アーノルドは、見たこともないデザインの航空機9機が連結した状態で水切り石、あるいは中国凧の尾を思わせるような動きで編隊飛行している光景を目撃したと、少なくとも本人は確信したわけである。

■正体はいまだに不明

午後4時、驚きと共にヤキマの空港に帰還したアーノルドは、セントラル・エアクラフトの事業部長アル・バクスターのオフィスに向かい、自分が見た飛行物体について詳細に説明した。

バクスターは空港のパイロットたちを集めアーノル

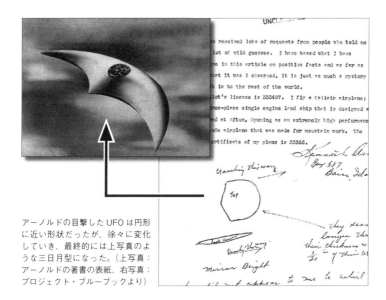

ドが見た物体について議論したが、モーゼスレイクから発射された誘導ミサイルだという意見があった程度で、誰も説明できなかった。

アーノルドによる謎の航空機の目撃報告はヤキマの空港職員の興味を集め、その日の内に全職員がアーノルドの目撃報告を知っていたというほどで、当時は相当に興味深い話であったことは間違いない。

その後アーノルドはオレゴン州ポートランドに移動し『イースト・オレゴニアン』紙の編集者ビル・ベケットとノーラン・スキッフに会う。

これが事件後最初のインタビューでもある。

アーノルドとしては自分が目撃した物体に関して情報を得ようと期待したが成果がなく、誰か正体を知っている人がいることを期待しAP通信に記事を流すことになった。この最初期の報道は6月25日にAP通信を通じて拡散され、目撃から3日の内に全米及びカナダの地方紙から全国紙までもがアーノルド事件を取り上げることになり、悪名高い「空飛ぶ円盤」（306ページ）は米空軍のプロジェクト・ブルーブック（70ページ）機関長のルッペルト大尉によってUFOという名を授かり、20世紀を彩るUFOという神話が始まった。

なお、現在にいたるもアーノルドが目撃した物体の正体については決着していない。もっとも、最初期の証言や類似案件と思しき1946年以降の事例などを総合すると——完全に後知恵ではあるが——遠さの目測を誤った連結型の気象観測用気球の可能性が最も高そうに思われる。

凧の尾がたなびくような太陽光を反射する、遠目では半月型に見えるフラットな銀の物体はそう多くはないだろう。

（若島利和）

【参考文献】

Saturday night UFORIA「saucer summer reading fest」（http://urx.blue/Fg4L）

エドワード・J・ルッペルト『未確認飛行物体に関する報告』（開成出版、2002年）

Ted Bloecher『Report on the UFO wave of 1947』（NICAP, 1967）

「PROJECT 1947」（http://www.project1947.com）

【UFO事件03】

ロズウェル事件

Roswell Incident
08/07/1947
New Mexico, USA

1947年7月8日のロズウェル・デイリー・レコード紙に「RAAF（ロズウェル陸軍飛行場）、ロズウェル地域の牧場で空飛ぶ円盤を回収」という記事が載った。この記事が事件の第一報だった。

ウィリアム・W・ブレーゼルが残骸を発見したのは6月14日である。現場はロズウェル北西約120キロにあるJ・B・フォスター牧場（ロズウェルというよりもコロナにあたる）。しかし、その時点では牧場の見回りを優先し残骸を放置していた。7月4日になってブレーゼルは残骸の回収を行った。この時点では牧場に散らばったゴミを片づける程度の認識だったのだろう。ブレーゼルは7月5日に初めて円盤の話を聞き、家へ帰った後にさらに残骸の回収を行った（当時は6月24日にケネス・アーノルド事件が起こり、全米に円盤ブームがわき起こっていた最中で、円盤の回収に懸賞金が掛けられていたほどだった）。

ブレーゼルがジョージ・ウィルコックス保安官に残骸の話をしたのは7月7日。保安官から連絡を受けたロズウェル陸軍飛行場のウィリアム・H・ブランチャード大佐がジェシー・A・マーセル少佐に出動を指示したのも同日である。

■即座に判明した落下物の正体

マーセル少佐はブレーゼルの回収していた残骸を受け取るとともに、午後には2時間程、自分も現場で残

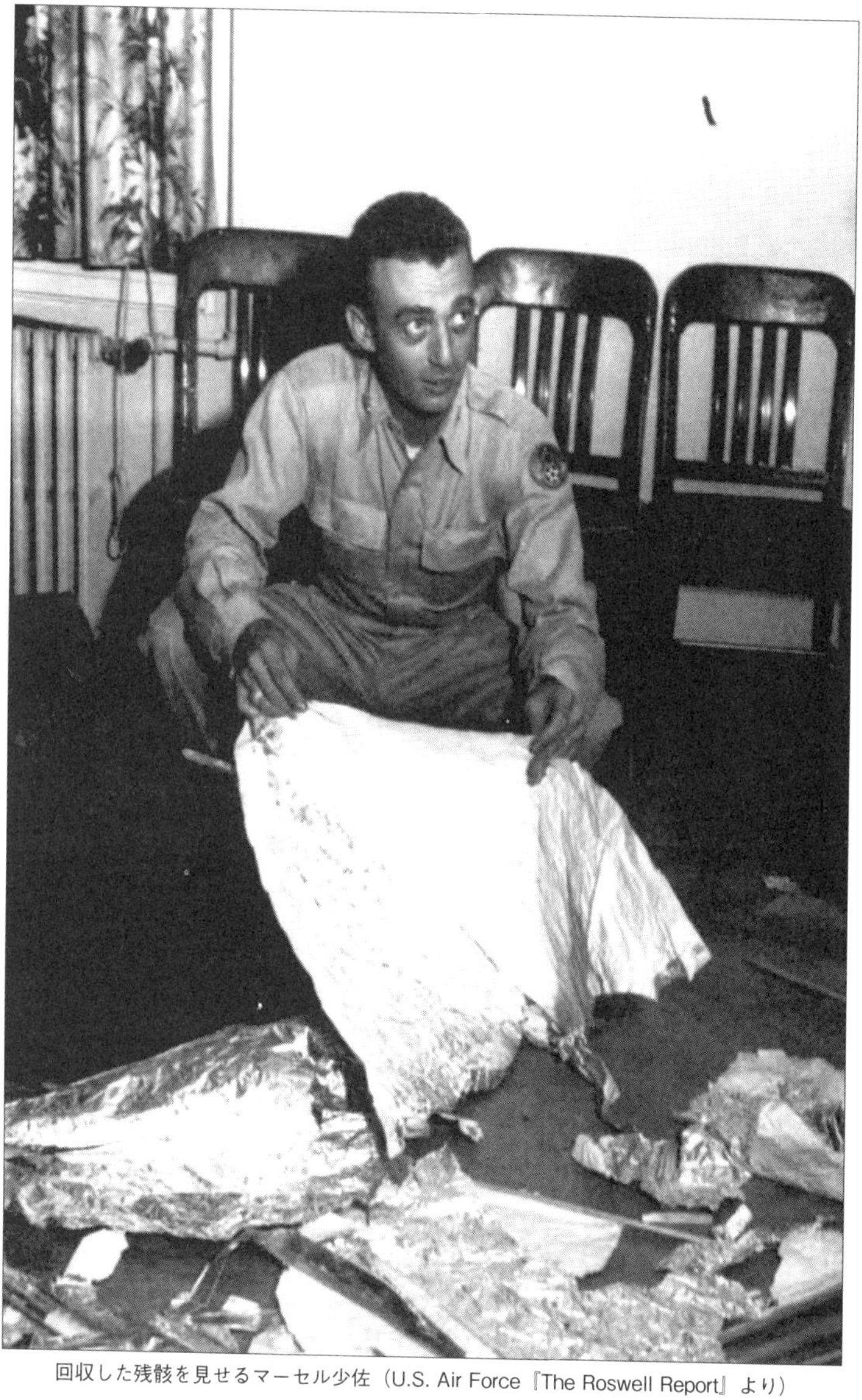

回収した残骸を見せるマーセル少佐（U.S. Air Force『The Roswell Report』より）

骸を回収した。マーセル少佐は直帰し、次の日の朝に基地に戻った。マーセル少佐とウォルター・G・ハウト中尉による公式プレスリリースの後、7月8日のデイリー・レコード紙夕刊に第一報が載ることになる。この報道は地元紙だけでなく、UP、APなども取り上げ全米から国外まで広まった。

　マーセル少佐はハウト中尉にプレスリリースを指示した後、残骸とともにフォート・ワースの第8空軍司令部に飛んだ。司令官のロジャー・M・レイミー准将に届けられた残骸は、レイミー准将とトーマス・J・デュボーズ大佐により気象観測用気球であると識別された。基地の気象官アーヴィング・ニュートン准尉はその識別結果を再確認した。7月9日にはレイミー准将の説明が大きく報道され、ロズウェルに墜落した残骸は気象観測用の気球だということで決着がついたのである。

残骸を観察するレイミー准将（左）とデュボーズ大佐（U.S. Air Force『The Roswell Report』より）

　ロズウェル事件で回収された残骸は、当時の新聞記事と写真からアルミホイル、硬い紙、テープ（スコッチテープ）、木片（バルサ材）、ゴム片であることが分かっている。ゴム片は気球の残骸である。

　当時の資料を読むと、気球に吊り下げられていた用途不明の物体を「空飛ぶ円盤」と呼んでいたことがわかる。これは「宇宙人の乗り物」を指すものではなく、「正体不明の何か」程度を意味する言葉にすぎない。

　これらの残骸は気象観測用気球が落ちた場合に残るだろう残骸と一致する。当時の気象観測用気球は、ゴ

アルミホイルを使って作られた当時のレーダー反射板

ム気球にラジオゾンデ（無線機付き気象観測機器）をぶら下げたタイプと、ゴム気球にレーダー反射板をぶら下げたものが一般的だった。

ロズウェル事件の残骸と一致するのは後者である。アルミホイルを張った凧（ボックスカイト状の物体）は、レーダーを効率良く反射するように組み立てられたレーダー反射板だ。

■モーガル気球墜落説の信憑性

ただ、気象観測用気球説では問題がひとつあった。気象観測用気球としては残骸の量が多過ぎるのである。そこで量の問題を解決できる仮説が現在定説となっている「モーガル気球」墜落説である。

モーガル気球とはアメリカ軍の極秘プロジェクト・モーガル計画に使用された気球を指す。この気球は成層圏と対流圏の間の大気層まで上昇し、とどまるよう設計されていた。大気層では地球上のどの場所で起こった爆発音でも検知できた。その層に気球を浮かべ、上空を伝わる低周波の音波を継続的に監視し、ソ連が核実験を行っているか判断しようという計画だった。

　牧場に墜落したと考えられているモーガル気球フライトNo.4は20個以上のネオプレン製気球（連結気球）と3個以上のレーダー反射板を備えていたと考えられている。この一部がブレーゼルによって回収されたのであれば、ロズウェル事件の内容を説明できる。

当時の気象観測用気球。左から２番目の人物が提げているのがレーダー反射板（『Fort Worth Star-Telegram』1947年7月11日）

　ただし、ほかの実験や軍事演習でもネオプレン製の気球にレーダー反射板をぶら下げたものは使われているため、本当にモーガル気球であったかということに関しては、いくつかの疑問が残る状態である。

■蒸し返された〝事件〟

　１９７０年代後半に墜落円盤の話題が盛り上がると過去の円盤墜落事件も探された。そのような流れの中でオーロラ事件、アズテック事件などと共にロズウェル事件も発掘された。事件に直接関わっていたマーセル少佐のインタビューが取れたこと、もともと軍の正式なプレスリリースとして円盤回収が報告されたという直接的な根拠があることで、ロズウェル事件は徐々に大きく取り上げられる事件になっていった。

　１９８０年代後半から１９９０年代になると、ロズウェル事件は異星人の乗った宇宙船の墜落事故であり、異星人の遺体も含めて軍が残骸や遺体の回収を行った事件だと考えられるようになったが、これらはすべて事件の目撃者とされる人々の証言が根拠になっている。

しかし、多くの証言は又聞きのレベルであり、証拠と呼べるものではない。また、直接事件を目撃したという証言を行っていた者たちの嘘や間違いは次々と暴かれることになった。

事件当時気球を確認しているニュートン准尉や、マーセル少佐と墜落現場に同行したというシェリダン・キャビットの証言は、ロズウェル事件が異星人の宇宙船の墜落事故ではなく、単なる気象観測用気球が墜落したものだという結論を支持するものであるため、一般には信用されている。しかし、彼らの証言も長い時間による忘却とロズウェル事件に関する事後情報によってねじ曲がっているのではないかと考えられる。

ロズウェル事件には、バリエーションに富んだ極端に多くの証言が存在する。異星人の宇宙船の墜落事故というストーリーであれ、気象観測用気球の墜落というストーリーであれ、お気に入りの証言を採用し、気に入らない証言を否定していけば、自分の好きな真相を作り上げることができる状態になってしまった。

報道された事件の真相として証拠に基づいて確実にいえるのは、ロズウェル事件はゴム製の気球につり下げられたレーダー反射板の残骸が回収された事件だということである。


（蒲田典弘）

【参考文献】

『Roswell Daily Record』（１９４７年７月８〜９日）
『THE LAS VEGAS REVIEW-JOURNAL』（１９４７年７月９日）
『The Wyoming Eagle』（１９４７年７月９日）
『Fort Worth Star-Telegram』（１９４７年７月９日）
『Alamogordo News』（１９４７年７月10日）
『Roswell Daily Record』（１９４７年７月17日）
U.S. Air Force『The Roswell Report: Fact Versus Fiction in the New Mexico Desert』
Benson Saler, Charles A. Ziegler, Charles B. Moore『Ufo Crash at Roswell: The Genesis of a Modern Myth』
Kevin D. Randle『Roswell in the 21st Century』
『Myth of Roswell Incident』
(http://www.geocities.jp/myth_of_roswell/)
ＡＳＩＯＳ『ロズウェル事件の調査』
(http://www.asios.org/reports/roswell)

【ＵＦＯ事件04】

マンテル大尉事件

Thomas Mantell UFO Case
07/01/1948
Kentucky, USA

１９４8年1月7日、アメリカはケンタッキー州で発生したこの事件は「ＵＦＯを追跡した空軍機が撃墜され、パイロットが死亡した」事件として知られている。

この日、ケンタッキー州兵航空隊に所属するトマス・Ｆ・マンテル大尉はケンタッキー州ルイビル付近を、僚機を含め４機で飛行中だった。訓練飛行を実施し、その帰路である。州兵航空隊とはアメリカ空軍の予備組織で、戦時には正規の軍に編入され、平時には各州の治安維持や災害時の救援活動に従事する組織である。各州が国家のように自治を行なっているアメリカでは、各州を守るための軍隊も存在するのである。

マンテル大尉は当時まだ25歳であったが、第二次世界大戦に参加し、名誉ある殊勲飛行十字章やエアメダルも授与されている歴戦の勇士だった。

搭乗していたのは、レシプロ戦闘機の最高傑作と言われるＰ－51ムスタングの中～後期生産型Ｐ－51Ｄである。資料によって、マンテル大尉の乗機がＦ－51とされる場合もあるが、これは陸軍航空隊と、そこから独立して発足した空軍の戦闘機を表すアルファベットが戦後にＰからＦに変更されたためである。

■ＵＦＯに撃墜された空の英雄

ケンタッキー州兵航空隊のゴッドマン空軍基地の近隣の街で昼頃、複数の市民により正体不明の飛行物体

フランクリンで発見されたP-51Dの残骸と死亡したマンテル大尉（右下）

が目撃される。それは「尖った涙滴型」「巨大なアイスクリーム・コーンのような物体」であった。この事は直ちにゴッドマン空軍基地に通報され、また、基地の管制塔からもその物体が確認された。このため訓練飛行から帰投中のマンテル大尉らに、管制塔から追跡して確認するよう指示が出される。直ちにマンテル大尉ら4機はこの物体の追跡に入るが、高高度飛行用の酸素マスクが用意されていなかったため、僚機は次々と離脱せざるを得なかった。結局はマンテル大尉機が単独で追跡することとなる。

マンテル大尉は管制塔に随時報告を入れてきた。UFOは金属製に見える非常に大きな物体で、ぐんぐん上昇していく。マンテル大尉もこれを追跡し、高度を上げていった。

マンテル大尉は高度6000メートルまで追跡すると連絡してきた。P-51Dの実用限界高度は約1万2000メートルなので、機体性能的にはまだ大丈夫だった。しかし、大尉との連絡はそれ以上取れなくなり、その日の夕方、ケンタッキー州シンプソン郡フランクリンで、乗機の残骸とともにマンテル大尉は遺体で発見された。腕時計は午後3時18分で止まっており、これが墜落時刻だと推定された。

■墜落の原因は酸素不足

この事件でマンテル大尉は「UFOに撃墜された男」として世界中で知られる事となる。もっとも、何か光線で撃たれたりしたような痕跡があったわけではない。ストーリーに尾ひれがついて「遺体には無数の弾丸の跡があった」「遺体は何かで焼かれたように黒焦げだった」「マンテル大尉は最後の交信で、中に人がいる！　と叫んだ」とまことしやかに語られる場合もあるが、これらは話を面白おかしくするために後から付け加えられたもののようである。

墜落の原因はUFOからの攻撃ではなく、酸素マスクを持たないまま高高度に上昇したことによる酸素不足であるとする説が有力視されている。あまりに高く上昇しすぎたため、酸欠から意識を失い、操縦不能になった機体は急降下しながら錐揉み状態に陥り、空中分解を起こしたと考えられている。

では、UFOの正体は何だろうか。

当時空軍内でUFO調査をしていた「プロジェクトサイン」では、大尉の追跡していたUFOを「金星の見誤り」と回答していた。

だが、これは大尉やその他の目撃者からの報告と著しく乖離しており、また、目撃時間帯が金星を見ること自体が困難な昼間の出来事だったため「金星説」は説得力に乏しいものだった。

■謎の飛行物体の正体は？

後に再編された空軍UFO調査機関「プロジェクト・ブルーブック」が発表したのが「スカイフック気球を見間違えた」という説である。

金星と言っていたのが急に気球と言い出す様を、まるで空軍の言い訳が二転三転しているかのように捉えるUFOマニアもいるかもしれないが、スカイフック気球説が登場するのに時間がかかったのは、空軍のUFO調査機関が新たにエドワード・ルッペルト大尉をリーダーとしてプロジェクト・ブルーブックとして再

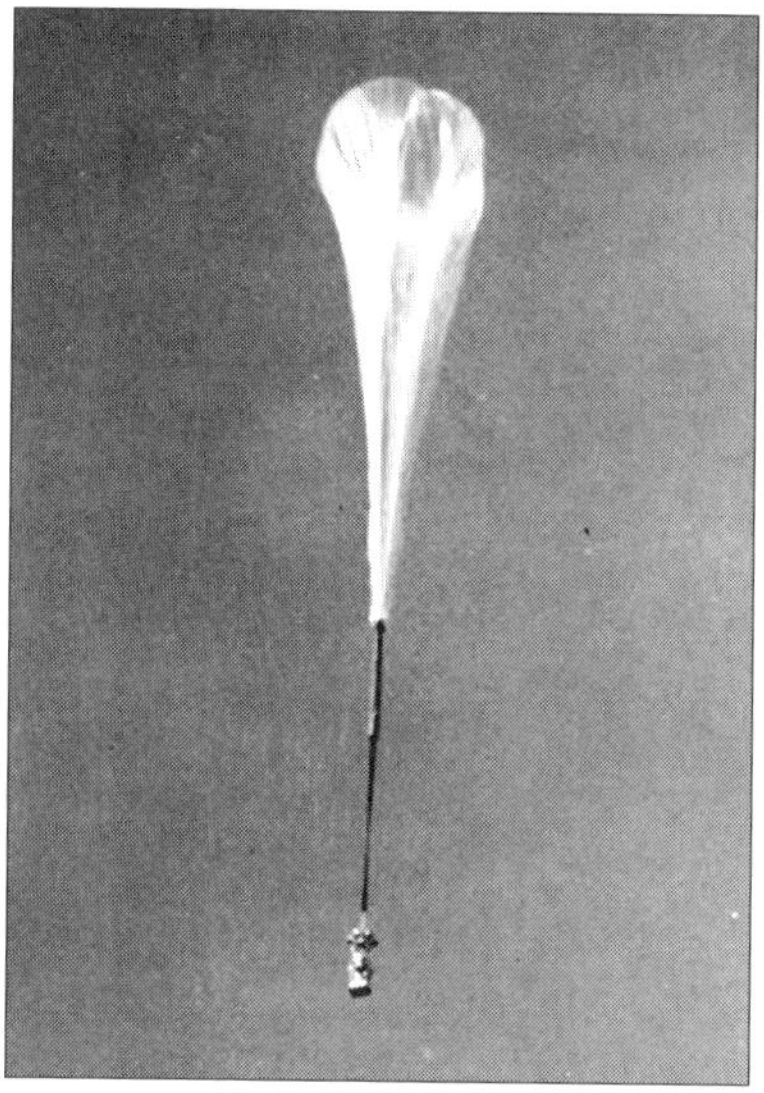

「プロジェクト・ブルーブック」の初代リーダー、エドワード・ルッペルト大尉（上）。マンテル大尉事件の「謎の飛行物体」の正体はスカイフック気球（左）ではないかと指摘した。

始動した際、金星説を信じていなかったルッペルト大尉が再調査をしたためである（ルッペルト大尉はスカイフック気球の存在を知っていたようである）。

調査を進めるとオハイオ州のクリントン郡空軍基地（現在はウィルミントンエアパークという飛行場になっている）から、当時スカイフック気球が打ち上げられていたことが判明した。また、ミネソタ州リプリー基地からも打ち上げられていた。

つまり、実際に「謎の飛行物体」が飛んでいたのに、事件を調査する側である空軍のUFO調査部門がスカイフック気球の情報を得ていなかったせいで、最も重要な情報を欠いたまま推論を組み立てなければならなくなり、金星説というおかしな結論に至ってしまったのである。

スカイフック気球は高度3万メートルに達する非常に高い空を観測するための気球で、空軍や海軍は高高度の各種観測を行なっていたようだが、科学的な観測以外にも偵察の手段として研究していたようである。

気圧の低い高高度では、浮揚ガスを満タンにつめた気球では膨らみすぎて破裂してしまう。そこでこの手の観測気球は非常に軽く作られ、地上付近ではガスを少なめに入れてしぼんだ状態で打ち上げられる。上昇するほど周囲の気圧は下がり、逆に気球はゆとりを持って膨らんでゆき、成層圏にでも破裂せずに到達することができる。

このためスカイフック気球は成層圏では丸く膨らんでいるが、比較的低い高度では気球の上部だけが膨らんだ、まさにアイスクリーム・コーンの形をしているのである。また、機種によっては素材のポリエチレンがアルミでコーティングされており、膨らむと巨大な金属製の物体にも見えた。

当時、スカイフック気球のような高高度用の観測気球は打ち上げるたびにUFO騒動を引き起こし、同時期にニューメキシコ州ホロマン空軍基地で打ち上げられていた同様の気球は、大量に集まるUFO目撃報告を使って、当時未熟だった気球の飛行ルート追跡技術を補えるほどだった。

結論を言えば、マンテル大尉事件は「(事情を知らされていない人々にとっての)未確認飛行物体を追跡中に死亡事故が発生した事件」という意味において、紛れもなく〝UFOが引き起こした事件〟と言えるのである。

(横山雅司)

【参考文献】
並木伸一郎『決定版 超怪奇UFO現象FILE』(学研、2008年)
『実録ロズウェル事件』(グリーンアロー出版社、1997年)
『世界の傑作機P-51ムスタングD型以降』(文林堂、1999年)
David C. Knight『UFOs』(Mc Graw-Hill Book Company, 1979)
MUFON「Mantell case,Kentucky」(http://www.nicap.org/docs/mantell/mantell7.htm)
EagleSpeak「Sunday Ship History*: Skyhooked」(http://www.eaglespeak.us/2008/01/sunday-ship-history-skyhooked.html)
「A Brief History of the Kentucky Air National Guard」(http://urx3.nu/EXax)
「WILMINGTON AIR PARK 公式サイト」(http://www.wilmingtonairpark.com/)
Kevin Randle「An Analysis of the Thomas Mantell UFO Case」(www.nicap.org/docs/mantell/analysis_mantell_randle.pdf)

【UFO事件05】

アズテック事件

Aztec, New Mexico, UFO incident
??/03/1948
New Mexico, USA

1948年3月、ニューメキシコ州アズテックの北東約20キロにあるハートキャニオンにUFOが墜落したとされる事件。墜落したUFOは直径30メートルの金属製。16人の宇宙人の遺体もあった。宇宙人は身長90センチから110センチ程度、身長を除けば地球人と変わらない姿だった。年齢は35〜40歳前後だと考えられ、服は1890年代の流行のような印象、ダークブルーの長い上着を着ていた。宇宙人は金星から来たものと考えられた。

この時期、複数の新聞にUFO墜落事件の記事が載っており、さらにはデンバー大学の講義でもUFO墜落事件の話が出ていた。それぞれの話の出所は様々だが、情報源を追っていくとデンバーのラジオ局KMYRのジョージ・ケラーの名前にたどり着く。

■情報ソースは科学者X

ケラーの情報源として「科学者X」の存在が浮かび上がった。この科学者Xの正体はサイラス・ニュートンという人物で、石油業を営んでいる者だった。UFOの情報については「ギー博士」より得ていたが、ギー博士の正体はレオ・ゲバウアーという人物であることが判明している。ニュートンは新たな油田を見つける研究を進めるために、磁気の専門家であるゲバウアーと協力しているということであった。ゲバウアーは磁気の専門家である知識を買われ、回収されたUF

先住民の遺跡が残るニューメキシコ州アズテック。UFO は同地の荒野に墜落したとされた。

Oの調査を行うために政府から雇われた人物だと主張していた。

この事件を有名にしたのは、1950年にベストセラーとなったフランク・スカリーの『UFOの内幕』である。ただし、この事件には様々なバージョンの話があるため、ここで書いたことが典型的なアズテック事件の概要だと言い切ることはできない。『Wyandotte Echo』紙、『Kansas City Star』紙、『タイム』紙の記事の他、『バラエティ』紙に載ったフランク・スカリーの話ですらこの概要と一致しない。探せばいくらでも別バージョンのアズテック事件が見つかるからである。

そもそもニュートンとゲバウアーがUFOの話を広めた目的は、UFOそれ自体ではなく油田を見つける機械やその能力に出資してもらうために、自分たちには他の者にはない技術があるという話に説得力を持たせることにあった。これは、スカリーの本でも垣間見られる（とくに『UFOの内幕』の第三章に彼らの詐欺師としての本質がよく表れている）。

1950年前後、UFOの話は酔っ払いのたわごとという雰囲気を伴っていた。UFOの話を信じる者で

アズテック事件が広まるきっかけになったフランク・スカリー（上）の『UFOの内幕(BEHIND THE FLYING SAUCERS)』(1950年)。ニューメキシコ州にUFOが墜落していたという衝撃的な内容だったが、証言があやふやで事件の内容も一定しないなど、不可解で信頼できない点が多い。

あれば、油田探索機械のホラ話も信じるだろうという顧客の選別という意味もあったのかもしれない。

■信用できない登場人物

J・P・カーンの調査によれば、ジョージ・ケラー、サイラス・ニュートン、レオ・ゲバウアーの3人共に、信用できない人間であることがわかる。

ジョージ・ケラーはシカゴ・ベアーズのフットボール選手だったと語っていたが、カーンがシカゴ・ベアーズのマネージャに確認すると、マネージャはそんな記録はないと言うだけだった。レオ・ゲバウアーは商取引改善局の調査によって経歴詐称が判明した。彼は当初複数の学位を持っていると主張していたが、実際には学位を持っていなかった。また、エアリサーチ社の試験所長だったとも主張していたが、これも嘘で、実際には修理保全業者に過ぎなかった。サイラス・ニュートンは、過去に重窃盗と有価証券詐欺の容疑で逮捕されたことがあった。そのほか複数の民事訴訟に被告として関わっていた。カーンはゲバウアーがUF

『宇宙のパイオニア』

Oから得られたとする部品を手に入れて分析にかけたが、ごく普通のアルミニウムであることが判明した。物的証拠も全くあてにならなかったということである。

また、このUFO事件には目撃者も存在しない。デイリータイムズ紙のレポーターの調査によれば、当時事件現場の近くに住む住人の中にはUFO墜落事件を知る者は誰もいなかった。つまり、事件の根拠は詐欺師の話だけだというのが結論である。

おそらく、アズテック事件の発想のネタとなったのは『Aztec Independent Review』紙に載ったUFOに関するでっち上げ記事だった。そして、アズテック事件もまた後に登場する他のUFO譚の元ネタになったのではないかと思われる。

その一例はジョージ・アダムスキー（262ページ）のコンタクト話である。アズテックで回収されたUFOは円形の窓が複数ついており、3つの球形の着陸ギアを備えており、金星から飛来したのだ。いや、逆にアダムスキーの『宇宙のパイオニア』（アダムスキーがコンタクティーとしてデビューする前に書いたSF小説。月や火星、金星などに高度な文明を誇る宇宙人が住んでいたという話）とアズテック事件は相互に影響を与えあったのかもしれない。

（蒲田典弘）

【参考文献】

フランク・スカリー『UFOの内幕』（たま出版、1985年）
『Wyandotte Echo』（1950年1月6日）
『Time』（1950年1月9日）
『True』（1952年9月号、1956年8月号）
『Ommi』（1988年9月号）
C・ピープルズ『人類はなぜUFOと遭遇するのか』（ダイヤモンド社、1999年）
William S. Steinman, Wendelle C. Stevens『UFO CRASH AT AZTEC』（UFO Photo Archives, 1987）
Donald Keyhoe『Flying saucers are real』（Gold Medal Books, 1950）
ASIOS『謎解き超常現象Ⅲ』（彩図社、2012年）

【UFO事件06】

イースタン航空機事件

Chiles-Whitted UFO encounter
24/07/1948
Alabama, USA

1948年7月24日の午前2時頃、イースタン航空のダグラスDC-3旅客機576便は、ジョージア州アトランタに向かって飛行していた。高度は約1500メートル、夜空は澄んでおり、ちぎれ雲の間に月が明るく光っていた。

炎を噴射する円筒形の物体

午前2時45分、アラバマ州モンゴメリーの南西約32キロの地点で、クラレンス・S・チャイルズ機長は、前方から急速に接近しつつある物体に気づき、ジョン・B・ウィッテッド副操縦士に警告した。

衝突を避けるためにチャイルズ機長が左側に回避すると、その物体も左側に転進した。物体は明るい光を放っており、円筒形で、翼が無かった。その直後、物体は後部から大きな炎を噴射しながら急上昇し、雲の上に消えた。

アトランタに着陸後、2人は空軍に事件を報告した。2人の証言は、物体の直径が7・6～10メートル、長さ約30メートルほどだったという点で一致していた。チャイルズ機長は物体の印象をこのように述べている。

「後部から約15メートルほどの炎を噴出する、ジェットエンジンまたはそれ以外の動力によって推進していた。2列の窓があったから機内は2層のデッキに分かれていたようで、窓の内側からはとても明るい光が洩

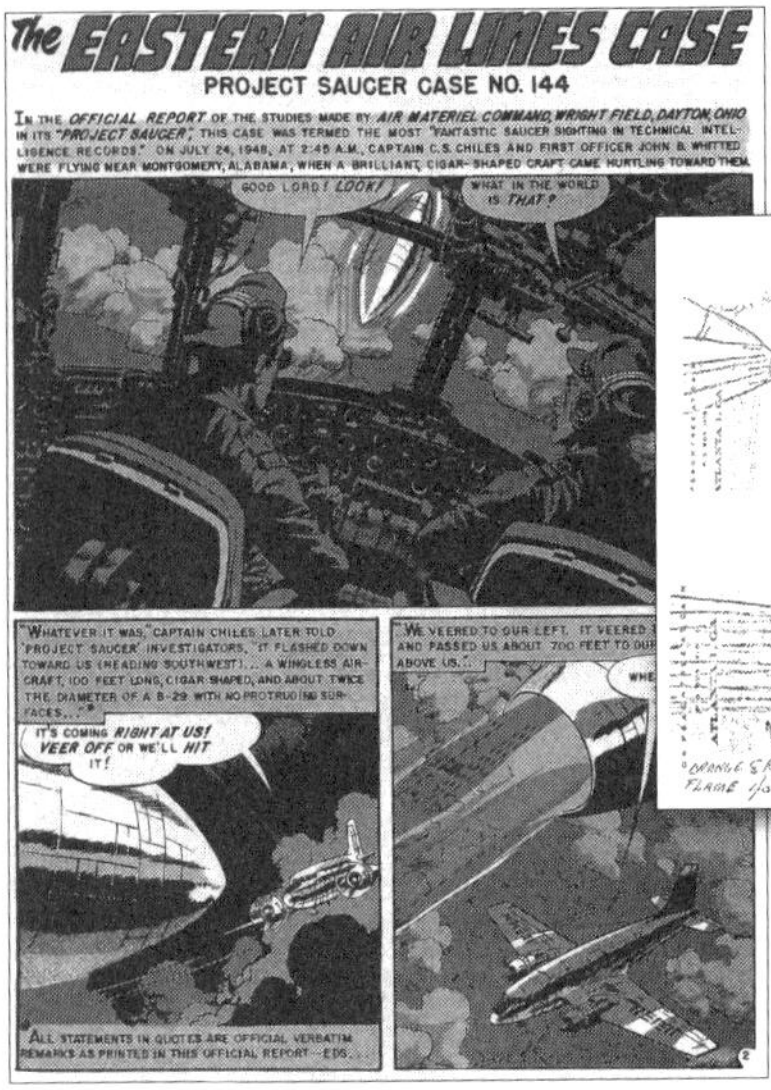

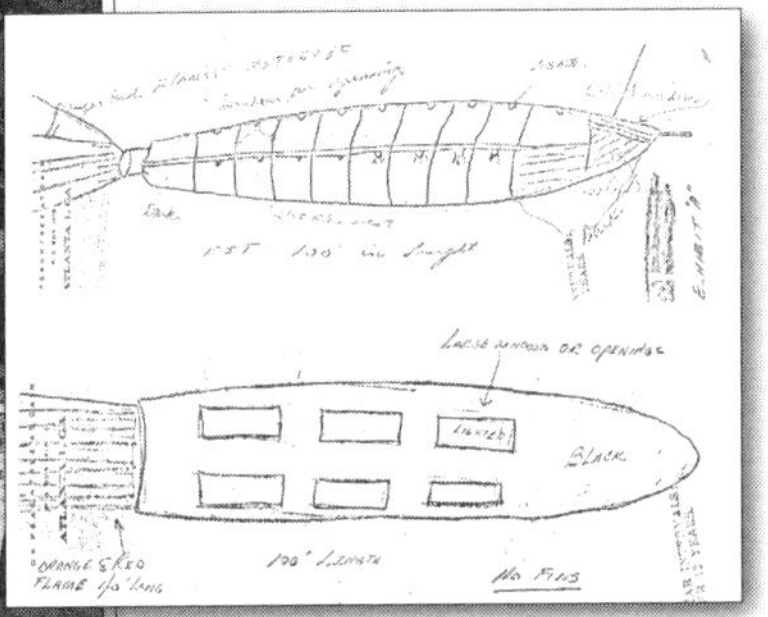

チャイルズ機長とウィッテッド副操縦士の証言を元にしたコミック（「Weird Science-Fantasy」）と、２人が描いた飛行物体のスケッチ。上がチャイルズ機長、下がウィッテッド副操縦士のもの。

れていた。飛行物体の下部には青い光が見えた。機体はB-29爆撃機の3倍ぐらいのサイズがあるように見えた。窓はとても大きく、四角形のようだった。窓はある種の燃焼によると思われる明かりによって白く照らされていた」

ウィッテッド副操縦士はその物体を、「『フラッシュ・ゴードン』風の空想的な宇宙船」のようだったと表現している。

深夜だったため、乗客の中で起きていたのはクラレンス・L・マッケルヴィーだけだった。彼は見たこともない強烈な光を目にしたが、「はっきりした輪郭も形態も見て取ることはできなかった」と証言している。

■20年後に起きた類似事件

このイースタン航空機事件（別名チャイルズ－ウィッテッド事件）はずいぶん昔の事件であるうえ、写真などの証拠もないため、今となっては完全な解明は不可能である。

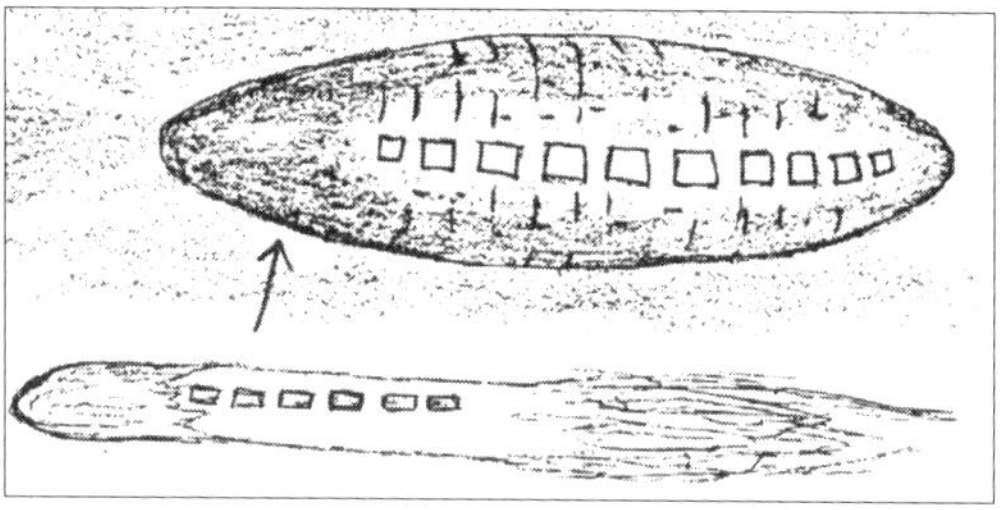

ゾンド４号のブースター大気圏再突入を目撃した人が描いたスケッチ

しかし、2人の乗員が見たものを推測できる手がかりはある。

1968年3月3日午前9時45分頃、アメリカのケンタッキー州からペンシルヴェニア州にかけての広い地域で、「金色がかったオレンジ色の尾を引いた、炎のような物体の壮大な行進」が、多くの人に目撃された。

30件の目撃例のうち、12人の目撃者は物体が葉巻型か円盤型をしたロケットだと思い、6人は物体が方向転換をしたと証言し、3人は飛行物体に窓があったと語った。UFOの胴体がたくさんの部品や板をリベットで接合したような構造だったと証言した者や、UFOが木々と同じ高さを飛んでいたと証言した者もいた。

だが、その正体はすぐに判明した。その前日、旧ソ連が無人宇宙船ゾンド4号を打ち上げたのだが、そのロケット・ブースターが大気圏に突入したものだった。

1978年の大晦日の午後7時頃、イギリス・チェシャー州ランコーンで、ヴェロニカ・スカントルベリー夫人が、夫や数人の知り合いとともに、夜空を飛ぶUFOを目撃した。彼らの証言によれば、物体は葉巻形をしていて、輝く窓があり、尾部からは炎を噴射していた。物体の高度はあまりにも低く、今にも屋根にぶつかるのではないかと思えたという。

この物体の正体もブースターだった。その5日前、旧ソ連が人工衛星コスモス1068号を打ち上げるのに使ったものだ。

ロケットや人工衛星が大気圏に突入する際、分離した多数の破片が燃え上がり、明るい光を放つ。一団となって夜空を飛翔する多数の光体が、窓を持つ円筒形の物体と誤認されることがよくあるのだ。この現象は「飛行船効果（エアシップ・エフェクト）」と呼ばれて

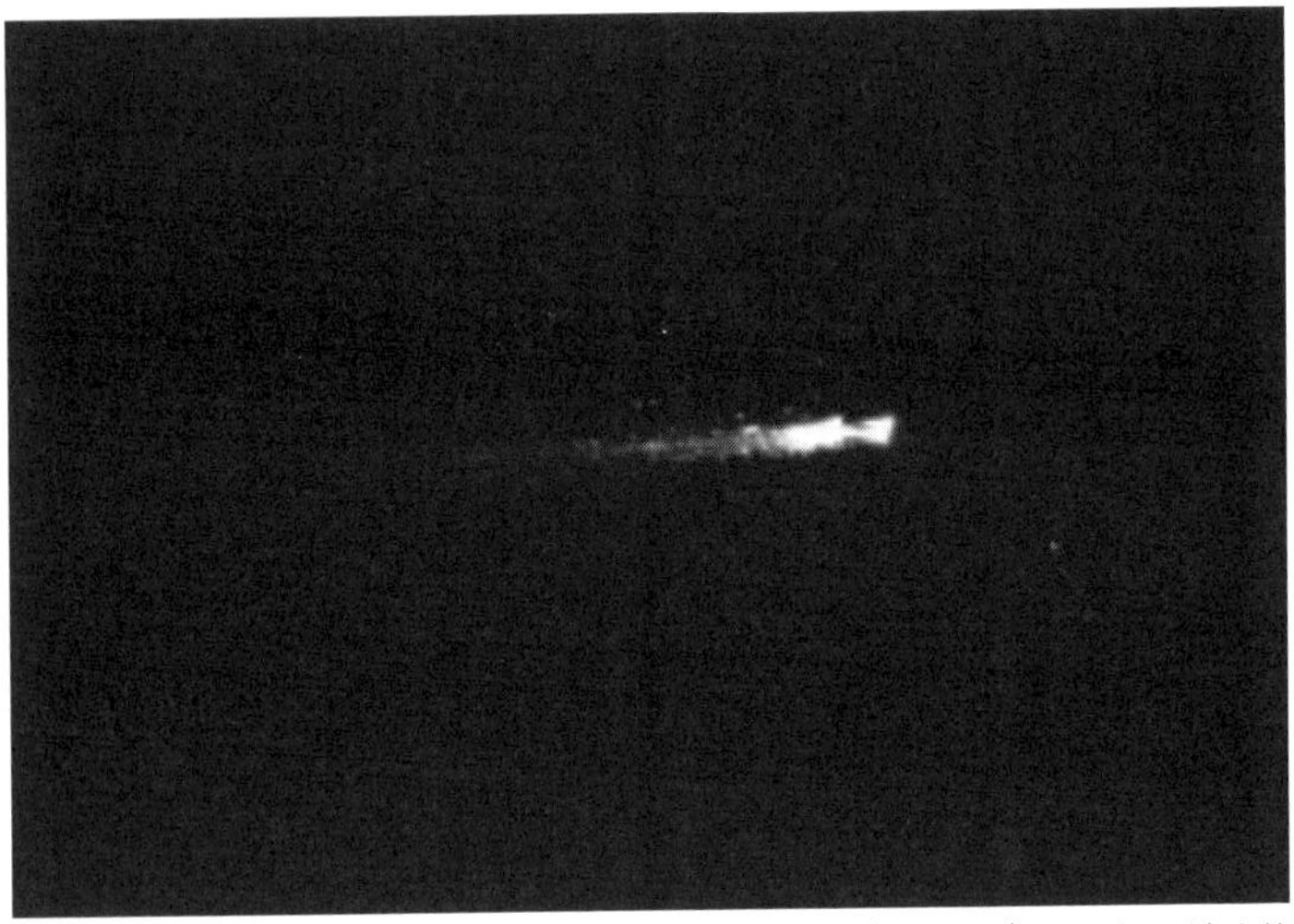

2010年6月、大気圏に再突入し、分解焼失する小惑星探査機「はやぶさ」。モノクロでわかりづらいが非常に明るい光を放っており、見ようによっては円筒形の物体にも見える（©NASA）

いる。その光は星よりもはるかに明るいため、目撃者は距離を見誤る。1968年の例の場合、木と同じぐらいの高さに見えたブースターは、実際には約100キロもの上空で燃えていたのである。また、実際には直進しているのに、「方向転換をした」と錯覚してしまう者もいる。

■UFOの正体は隕石？

イースタン航空機の事例も、こうした飛行船効果で説明できるだろう。

当時、プロジェクト・サインのコンサルタントだったオハイオ州立大学の天文学部長J・アレン・ハイネック（276ページ）は、チャイルズ機長らが見たのは大きな隕石だったと推論している。7月23日から24日にかけて、多くのアマチュア天文家から明るい隕石の目撃報告が寄せられていたからだ。

走る車や列車の中から月を見ると、月が追いかけてくるような錯覚が生じる。UFOがイースタン航空機を追うように針路を変えたというのも、そうした錯覚だったのかもしれない。また、急上昇して雲の上に消えたというのも、火球が燃え尽きて暗くなったのを、「距離が離れた」と誤認したとも考えられる。

チャイルズ機長は「我々がその物体を見ていた時間は少なくとも5秒で、多くても10秒は超えていなかっただろう」と証言している。そんな短時間では、正確な観察ができたとは思えない。

実際、2人の乗員の報告は、細部はかなり矛盾している。チャイルズの描いた絵では物体は両端がすぼまった葉巻型なのに、ウィッテッドの絵では円筒形である。チャイルズは先端部に棒状の突起とコクピットを描いているが、ウィッテッドの絵には無い。また、チャイルズの絵では物体は透明で、内部のライトが透けて見えているのに対し、ウィッテッドの絵では物体は黒く、6つの長方形の窓がある。後部からの噴射の広がり方も違う。

事実はどうだったのかは永遠の謎である。

しかし、少なくとも「飛行船効果」なら、この事件を合理的に説明できるのだ。

（山本弘）

【参考文献】
サイモン・ウェルフェア／ジョン・フェアリー『アーサー・C・クラークのミステリー・ワールド』（角川書店、1998年）
カーティス・ピープルズ『人類はなぜUFOと遭遇するのか』（ダイヤモンド社、1999年）
ピーター・ブルックスミス『政府ファイルUFO全事件』（並木書房、1998年）
Kevin Randle「The Meteorite Men and UFOs」(http://kevinrandle.blogspot.com/2010/04/meteorite-men-and-ufos.html)
My skeptical opinion about UFOs「THE ROCKET'S RED GLARE」(http://www.astronomyufo.com/UFO/rocket.htm)
「Soviet Conquest of Space」(http://junji.la.coocan.jp/)

【UFO事件07】

ゴーマン少尉の空中戦

Gorman dogfight
01/10/1948
North Dakota, USA

1948年10月1日の夜9時ごろ、ノースダコタ州ファーゴの上空を飛行していたノースダコタ州兵航空隊のジョージ・ゴーマン少尉は、奇妙な空飛ぶ発光体と遭遇する。その日は僚機とともに愛機のP－51ムスタングで訓練飛行に出ており、その帰りにゴーマン少尉は夜間飛行の飛行時間を伸ばそうと考え、仲間の機を先にファーゴのヘクター空港（現在のヘクター国際空港）に着陸させ、自分はそのまま飛び続けていた。ヘクター空港は軍民共用の飛行場で、民間機の発着が行われる他、ノースダコタ州兵航空隊の基地でもあった。街の上空を旋回していたゴーマン少尉は夜9時ごろ着陸の準備に取り掛かった。

その時、ゴーマン少尉は白くて明るい光が点滅しながら飛行しているところを確認する。管制塔に報告すると、管制塔はゴーマン少尉に、同じ空域に小型機のパイパーカブが飛行中であると注意した。

■発光体とのドッグファイト

ゴーマン少尉はそのパイパーカブ機の灯火を確認、ところがそれとは別の光がやはり飛行中であることに気がつく。高度は約300メートル。正体を確かめようと接近したところ、その光は急速に左へと旋回した。

そのターンは戦闘機でも追いつけないほど鋭く、なんとか追いつこうとすると、今度は急上昇を始めた。その激しい機動のためにゴーマン少尉は一瞬失神して

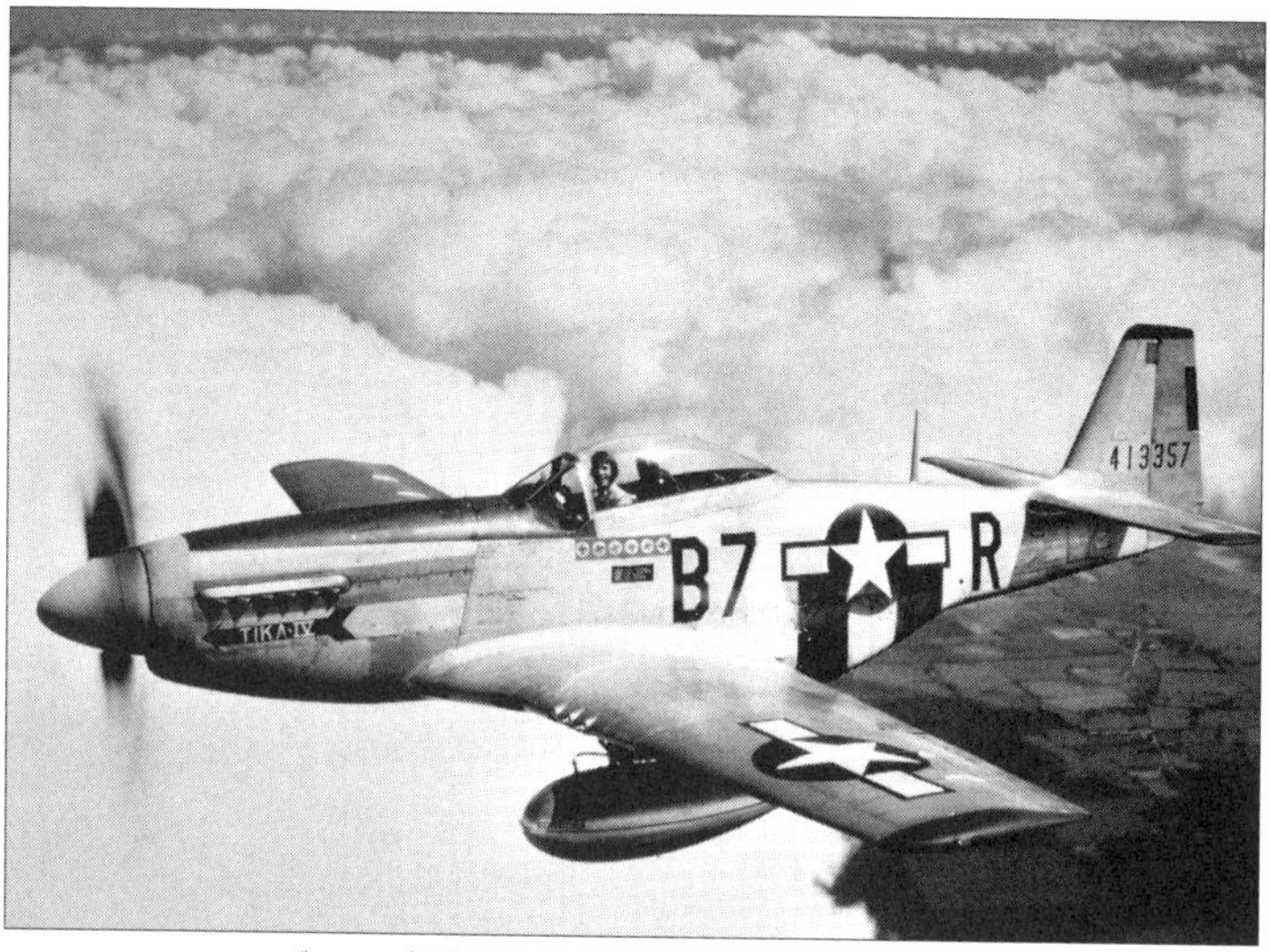

ゴーマン少尉が乗っていたP-51ムスタングの同型機

しまうほどだった。

ゴーマン少尉はその後も追いつ追われつの空中戦を繰り広げながら上昇していった。すれ違った際に確認できた発光体の大きさは直径15～20センチの小さなものだったという。

■発光体の正体は…？

空中戦が20分ほど続いた後、不意にムスタングのエンジンが不調になり、発光体も見失ったため、この事件は終了した。この時の高度は約4000メートルに達していた。この発光体は管制塔からも目撃されており、パイパーカブ機の見間違いではないことは確認されている。この事から、少なくともゴーマン少尉が何かを目撃していたことは間違いない。

実は同じ時間、ファーゴ上空をファーゴ気象台が打ち上げた気象観測用気球が飛んでいたことがわかっている。これは灯火を点滅させながら飛ぶ気球で、最初に見た光はこれではないかと考えられている。

現在では、気球を謎の飛行物体と誤認したゴーマン

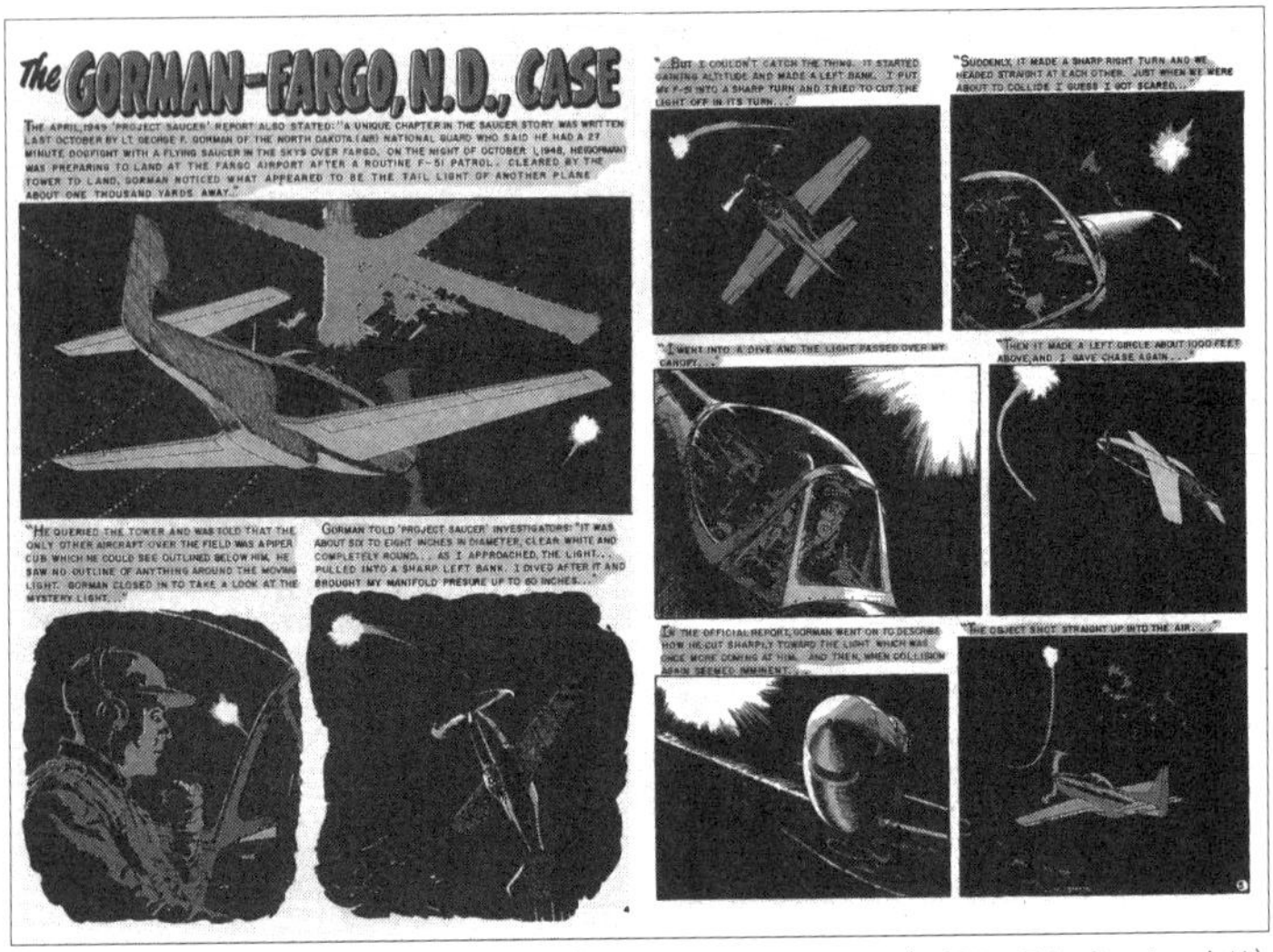

コミック化されたゴーマン少尉の空中戦（「Weird Science-Fantasy」1954, E.C. Comicsより）

少尉が、黒一色の夜間に急激な機動を行なったために方向感覚を失った上に一瞬気を失い、その後に夜空に浮かぶ天体や気球をＵＦＯと勘違いしたまま、一方的に空中戦を演じていたのではないか、との説が有力である。つまり発光体が素早く動いたのではなく、飛行機の方が激しく飛び回っており、すれ違ったのではなく気球を追い越しただけというわけだ。天体の方は、蜃気楼のように大気の影響で普段より大きく見えた木星ではないかと考えられている。

なお、ジョージ・Ｆ・ゴーマン少尉は軍を勤め上げ、中佐として退役している。

（横山雅司）

【参考文献】

『ＵＦＯと宇宙人の大百科』（学研、２０１４年）
『世界ＵＦＯ大百科』（学研、１９８９年）
「ＵＦＯ事件簿　ゴーマン少尉機空中戦事件」
（http://urx2.nu/FaQC）
「Goman "Dog Fight" -nicap」（http://urx2.nu/FaQG）
「Hector International Airport 公式サイト」
（http://fargoairport.com/）

【コラム】

ナチスドイツとUFO

横山雅司

『アイアン・スカイ』（2012年公開）という映画をご存知だろうか。1945年に滅びたはずのナチスドイツが、超科学力を使って月面に逃れ、そこで地球侵略の準備を着々と進めていた…というブラックコメディ映画である。

実はこれ、この映画の制作者の勝手な空想ではなく、「敗戦時に逃げ延びたナチスの残党が、世界征服のための秘密の軍隊を準備している」という都市伝説が実際に囁かれているのである。

この都市伝説が生まれた背景には、ナチスが実際にオカルトに傾倒していた、という事実がある。

ナチス親衛隊の長官ハインリヒ・ヒムラーなどは心霊術を愛好していたし（菜食主義や天然水にも傾倒しており、現在のスピリチュアル信者のような生活だったようである）、ゲルマン民族の優越性を説く根拠としたのも、ナチス成立に大きな影響があった神秘思想集団トゥーレ協会の怪しげな与太話だった。

また、科学技術の育成に力を入れていたドイツは、当時としてはかなりの科学技術力があり、第二次世界大戦中に現代の巡航ミサイルに当たるV－1ミサイル、大陸間弾道ミサイルであるV－2ロケット、ジェット戦闘機Me262、ロケット戦闘機Me163など、最新の科学兵器を次々に実戦投入していた。

そうしたことから、滅びたはずのナチスが超科学力で月面に基地を作っている、という話が生まれたのだろう。

■ナチスドイツの円盤計画

映画『アイアン・スカイ』の注目すべき点は、ナチス〝第四帝国〟の主力兵器として、空飛ぶ円盤が使われていることだ。実はナチスが空飛ぶ円盤を作っていた、という伝説じみた噂話はかなり以前からあったようで、「UFOは宇宙人の乗り物」という固定観念が広まる前はソビエトかナチス残党の秘密兵器ではないか、という説もあった。実際、元ナチスドイツの技師には機体の内部にファンやジェットエンジンを内蔵した、空飛ぶ円盤を設計したと主張する者も存在する。

例えば元ナチスの士官だったというアンドレアス・エップは、円盤型の機体内部にプロペラを埋め込んだ垂直離着陸機を設計したと主張している。また、同じくルドルフ・シュリーバーやオットー・ハーバーモールも似たような機体を設計したと証言しているようだが、これらの証言が事実だったとしても、それは現在のドローンによくある構造のマルチコプターに近いもので、反重力だの電磁力だのといった超科学の産物とまでは言えない。

また当時のドイツはハインケル、メッサーシュミット、ドルニエ、フォッケウルフ、ブロームウントヴォスなどの多数の一流航空機メーカーが軍からの発注を勝ち取ろうと魑魅魍魎とも言える怪飛行機を多数提案しており、その中に円盤型のものがあったかもしれない。しかしいずれにせよ、現代科学を超えるような衝撃的なものではない。

■ナチスの科学力の限界

ここまでであれば秘密兵器として円盤型の飛行機を作っていたかもしれない、というお話で終わるところだが、ナチスのオカルト志向の影響か「ナチスの幹部はテレパシーで宇宙人と交信し」「超テクノロジー反重力エンジン」を手に入れていた、という説まで登場している。アルデバラン星系の宇宙人からの技術協力によって「ハウニヴ」シリーズの円盤と秘密結社ヴリル協会の「ヴリル」シリーズが開発されていたというのである。ナチスの科学力が異常に発達しているのも、背後に宇宙人と交信する秘密結社があったからだ、とする説もまことしやかに囁かれている。

もっとも、当時のドイツの科学力は確かに高度だったが、他の先進国と比べるとそこまで隔絶された超テクノロジーを持っていた訳ではない。

ジェットエンジンの技術で言えばドイツとイギリス

ナチスドイツが誇るロケット戦闘機Me163。速度は驚異的だったが、欠点も多かった。

は同程度だったし、レーダーを使った戦術ではイギリスが先んじていた面もある。ドイツのロケット戦闘機Me163は、速度では当時の戦闘機でぶっちぎりの最速だったが、爆発しやすく、燃料が8分間しか持たなかった。機関砲弾の命中率も今ひとつで、出撃しても撃墜率は低かった。そのような兵器でも使わざるを得なかったのは、ドイツが守勢に回り、押し寄せる連合軍爆撃機をなんとか食い止める必要に迫られたからで、連合国側がそのような兵器を作らなかったのは、作れなかったのではなく必要がなかったのである。

■アメリカに渡った円盤計画

このように「ナチスがUFOを作っていた！」というネタは都市伝説、もしくは1のことを10に誇張して紹介するいつものオカルト記事以上のものになりそうもないが、それでもなおこの伝説が人々の心をとらえて離さないのは、細部に奇妙な説得力があるからだ。

例えば、「ナチスの空飛ぶ円盤の技術は戦後アメリカに持ち去られ、今度はアメリカで密かにUFOが作られている」というのが、この伝説の定番の締めである。ところが、歴史的事実として、ちょうど終戦から冷戦期にかけて、アメリカも円盤型戦闘機を作ろうとしていた時期がある。「全翼機と円盤翼機の世界」（95ページ）で少し触れているが、アブロ・カナダ社の技師ジャック・フロストの円盤翼機に関心を持ったアメリカ空軍は、アブロ・カナダの円盤機開発計画「プロジェクトY2」に出資、アメリカ空軍の空飛ぶ円盤開発計画「プロジェクト1794」となる。

この計画で研究されていたのが、機体内部に内蔵したジェットエンジンを動力として飛行する、通称シルバーバグと呼ばれる機体である。シルバーバグは円盤型の機体の中心部に透明なキャノピーがついた、古き良きアメリカンコミックに登場しそうなデザインをしている。機体の全周にわたって吸気口と排気口があり、エンジンの燃焼ガスを噴射することで、垂直に離着陸できるとされた。もっとも、この計画にはやはり無理があり、途中で中止されている。

ジャック・フロストはアメリカのUFOブームで目撃されるものはソビエトかナチス残党のものではないか、という仮説から〝では我々も円盤型機を作ってみよう〟という動機で研究を開始したと言われている。その動機が逆にUFO陰謀論を補強する材料になるとは、歴史の皮肉といえよう。

元々ナチスドイツの第三帝国は科学力とオカルト志向の両方を持った奇妙な国家であり、多数のフィクションの題材になってきた。そのナチスドイツが妄想と現実の入り混じったオカルト界隈に格好の素材を提供するのは、むしろ必然とさえ言えるのかもしれない。

【参考文献】

別冊宝島2456『ヒトラーミステリーファイル』（宝島社、2016年）
『ムー』（2017年3月号、学研）
『ドイツ空軍　偵察機・輸送機・水上機・飛行艇・練習機・回転翼機・計画機1930-1945』（文林堂、2008年）
『未完の計画機2』（イカロス出版、2016年）

【第二章】
1950年代のUFO事件

50年代は、その始まりからアメリカで空飛ぶ円盤に関する本が相次いでベストセラーになった。そうした影響もあり、アメリカや日本では複数の研究団体が設立されるなどし、熱気を帯びた時代になった。

「UFO」という言葉が誕生したのも、この時代である。

また、アメリカ空軍内ではUFO調査機関の「プロジェクト・ブルーブック」が始動。52年には、その活動方針の大きな転換点となった「ワシントンUFO侵略事件」が起きている。

また、この時代は宇宙人との友好的なコンタクト（交流）をしたと主張するコンタクティーが数多く登場するようにもなった。他にも世界中に拡散された「捕まった宇宙人写真」や、真偽論争を巻き起こした「トリンダデ島事件」のUFO写真などのように、写真が増えていったのもこの時代の特徴である。

有名なUFO事件では、今や伝説の未解決事件となっている「ジル神父事件」や、「3メートルの宇宙人」として有名になった「フラットウッズ・モンスター事件」、さらには宇宙人との銃撃戦が行われたという「ケリー・ホプキンスビル事件」などが起きている。

【UFO事件08】

捕まった宇宙人の写真

The FBI/KGB/SS Alien Photo
??/??/195?
??, Mexico

1枚の有名な写真がある。そこには、トレンチコートを着た2人組の男と小さな宇宙人らしき生物が写っている。「捕まった宇宙人写真」とも呼ばれる世界的に大変よく知られた写真である。

宇宙人は1950年代頃、メキシコに墜落した空飛ぶ円盤の乗組員で、FBI、もしくはCIAのエージェントに捕まって連行されるところを撮影されたものだという。しかし、その後、この宇宙人が一体どうなったのかなど、詳しい情報は知られていない。

このように写真の方は非常に有名でありながら、その背景についての説明は曖昧な点が多い。それが、この写真の特徴だった。

ところが、こうした状況もUFOマニアたちの地道な調査によって変化した。それまで謎に包まれていたその正体が、彼らの努力の結果、明らかになったのである。

■写真のルーツを探る歴史

捕まった宇宙人写真の正体を最初に突き止めたのは、ローレン・グロスというUFO研究家である。

彼は1982年に、自身の研究をまとめた『UFO：1950年4月から7月の歴史』という研究誌の中で、捕まった宇宙人写真のルーツが1950年に発行されたドイツ・ケルンの雑誌『ノイエ・イルストリーアテ』にあることを発表した。グロスによれば、

よく見かける捕まった宇宙人の写真。海外ではこの宇宙人のことを「シルバーマン」とも呼ぶ。

写真はエイプリル・フールの冗談記事で使われたものだったという。

それから約20年後の2003年、グロスはさらに調査を進め、前出の雑誌記事のコピーをドイツから入手。自身の研究誌にて、その誌面を紹介した。そこには捕まった宇宙人写真が掲載されていたことが確認できる。

ところが残念なことに、グロスの研究誌は一部の人たちしか読んでおらず、掲載された誌面もやや画質が悪かったため、その真相が広く知られることはなかった。

それでも、イギリスの弁護士でUFOマニアのアイザック・コイが、埋もれていたグロスの研究を発掘。捕まった宇宙人写真の歴史をまとめている自身のウェブサイトで紹介した。

そして2012年、こういった先行研究をもとに、人気検証サイト「フォーゲット・モリ」の管理人、ケンタロウ・モリ（日系ブラジル人だという）が、保存状態の良い『ノイエ・イルストリーアテ』を入手。元記事の鮮明な画像を内容と共に紹介したことで、ネットを中心に捕まった宇宙人写真の正体が知られることになった。

■実物を確認してわかったこと

今回、幸いなことに筆者も、保存状態の良い『ノイエ・イルストリーアテ』の実物を、お世話になっている方からお借りして確認することができた。

同誌は1946年創刊の雑誌で、誌名の「ノイエ」には「新しいこと、ニュース」という意味があり、「イルストリーアテ」には「写真を主体にした雑誌、画報」といった意味がある。

捕まった宇宙人写真が世界で初めて世に出たのは、同誌の1950年4月1日号（3月29日発売）でのことだった。

記事として載っているのは3ページ目。そこには空飛ぶ円盤の墜落と宇宙人の捕獲話が報じられている。事件が起きたのは1950年3月。場所は（噂にあったメキシコではなく）アメリカのアリゾナ州フェニックス。そこに空飛ぶ円盤が襲来し、アメリカ軍のD・ウセルなる人物が対空砲で応戦して撃ち落としたという。

墜落した宇宙船の中にいたのは身長が約70センチの火星人らしき生物。これを連行する様子を写したものが、後に世界的に有名になる捕まった宇宙人写真である。

ところが、この写真が掲載されたのは先述のように4月1日のエイプリル・フール号だった。写真も記事も全部が冗談だったことは、翌週の4月8日号の43ページで明らかにされている。

ここでは「エイプリル！ エイプリル！」と題されたその記事を、翻訳家の中野真紀氏に訳出していただいたのでご紹介しよう。

「『Neue Illustriert』は、3月29日発売の4月号で読者のみなさんにいくつかのいたずらを仕掛けました。3ページに掲載した火星人の着陸は作り話です。したがって、D・ウセル（D. Ussel = Dussel）軍曹が撮影したものは実在しません。火星人とされたのはスケーターグループ『ザ・リッドストーンズ（The Lidstones）』のアーティストでした」

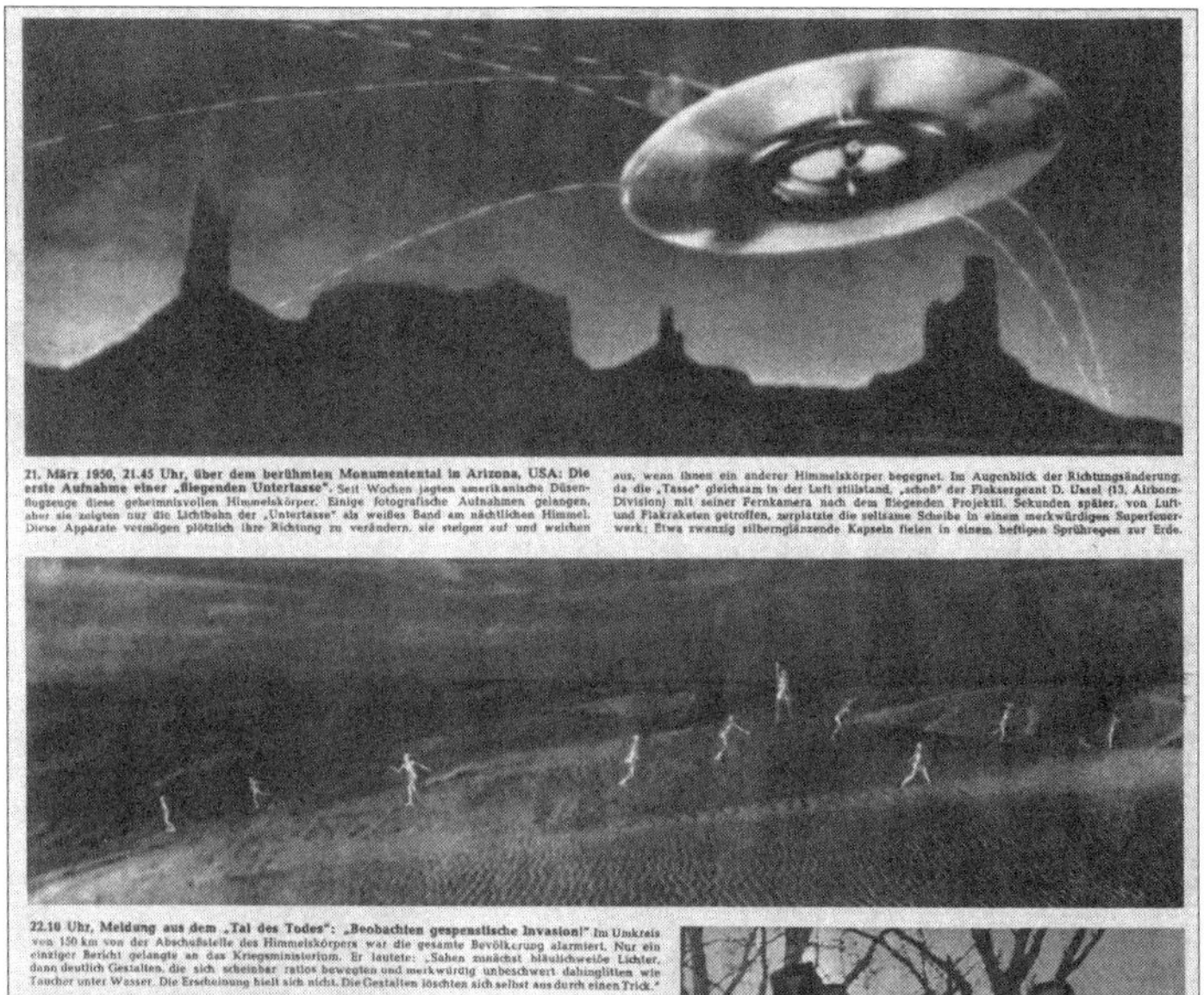

21. März 1950, 21.45 Uhr, über dem berühmten MonumententaI in Arizona, USA: Die erste Aufnahme einer „fliegenden Untertasse". Seit Wochen jagten amerikanische Düsenflugzeuge diese geheimnisvollen Himmelskörper. Einige fotografische Aufnahmen gelangen, aber sie zeigten nur die Lichtbahn der „Untertasse" als weißes Band am nächtlichen Himmel. Diese Apparate vermögen plötzlich ihre Richtung zu verändern, sie steigen auf und weichen aus, wenn ihnen ein anderer Himmelskörper begegnet. Im Augenblick der Richtungsänderung, da die „Tasse" gleichsam in der Luft stillstand, „schoß" der Flaksergeant D. Ussel (13. Airborn-Division) mit seiner Fernkamera nach dem fliegenden Projektil. Sekunden später, von Luft- und Flakraketen getroffen, zerplatzte die seltsame Scheibe in einem merkwürdigen Superfeuerwerk: Etwa zwanzig silberglänzende Kapseln fielen in einem heftigen Sprühregen zur Erde.

22.10 Uhr, Meldung aus dem „Tal des Todes": „Beobachten gespenstische Invasion!" Im Umkreis von 150 km von der Abschußstelle des Himmelskörpers war die gesamte Bevölkerung alarmiert. Nur ein einziger Bericht gelangte an das Kriegsministerium. Er lautete: „Sahen zunächst bläulichweiße Lichter, dann deutlich Gestalten, die sich scheinbar ratlos bewegten und merkwürdig unbeschwert dahinglitten wie Taucher unter Wasser. Die Erscheinung hielt sich nicht. Die Gestalten löschten sich selbst aus durch einen Trick."

Die ersten authentischen Bilder:

DER MARS-MENSCH!

Ein Sonderbericht aus der Wüste Arizonas

Welt-Copyright: NT

Die große Überraschung: Nur 70 cm hoch ... ist der Mars-Mensch. Er wurde in eine Spezial-Unterdruck-Kammer übergeführt. Das War-Department teilte ausdrücklich mit: Es steht in keiner Weise fest, ob das Heimatgestirn dieser Menschen der Mars ist. Fest steht nur, daß sie planetarischer Herkunft sind, also von einem anderen Planeten unseres Sonnensystems oder eines Nachbarsternes stammen. „Unsere Bilder", fährt das Kriegsministerium fort, „sind die einzigen echten Aufnahmen, wir warnen vor billigen Fälschungen, die zurzeit sogar in der Weltpresse Eingang fanden."

3

【上】『ノイエ・イルストリーアテ』（1950年4月1日号）の３ページに掲載されている記事と写真。これがすべての始まりだった。
【左】『ノイエ・イルストリーアテ』（1950年4月1日号）の表紙。左上に「４月１日号！」（1. april-Nummer!）と目立つように書かれている。

April! April!

Die „Neue Illustrierte" stellte in ihrer April-Nummer vom 29. März ihren Lesern einige Fallen: Die Landung der Marsmenschen auf Seite 3 ist ein Phantasiegebilde. Deshalb schoß Sergeant D. Ussel (Dussel) vergeblich nach ihnen. Den Marsmenschen stellte ein Artist der Eisläufergruppe „The Lidstones" dar. — Die fröhlichen Tänze der beschwingten Mitte von Seite 10 sind, trotz des unbestrittenen Frohsinns der Dargestellten noch nicht Wirklichkeit geworden. — Lettow-Vorbeck (Seite 11) wurde tatsächlich 80 Jahre alt. Indes erfand er nicht den Südwester, weil die Sonne Südafrikas immer von links scheint. Der alte General wird sich vermutlich manches Gefechtes erinnern, bei dem die Sonne von rechts herniederbrannte. — Der freundlich dreinblickende Ras Wolef war kein echter Abessinier, sondern ein Nachkomme des „kölschen" Karnevals (Anton Wolff, Lehrer an den Kölner Werkschulen). — „Der rote Kreis" hat nichts mit Atombomben zu tun. Seine Darstellung ist vielmehr ernsthafte Kunst der in Amerika lebenden Malerin Hilla Rebay. — Die Gründung der „Hohen Schule der Politik" (Seite 12) mußte bis zum nächsten 1. April verschoben werden, ebenso wie der Zweikampf Kolb-Schmid. — Die Wasserstoffbombe von Seite 29 wurde von einem Märchenerzähler gestohlen. — Der Bonner Moral-Test (Seite 37) ist ebenfalls aus der Aprillaune geboren. Die Männer von Bonn werden sich weiterhin vor dem schönen Geschlecht hüten müssen. — Briefmarkenfreunde (Seite 38) werden vergeblich nach den neuen Starmarken Ausschau halten. Sie waren gefälscht. Alles Übrige jedoch war echt.

1950年4月8日号の『ノイエ・イルストリーアテ』の記事。宇宙人写真の話は4行目の途中まで。それ以降は別ページのネタばらしが続く。

この文中に出てくる「Dussel」という単語は、ドイツ語で「バカ、間抜け」という意味になるそうだ。つまりエイプリル・フールの「4月バカ」にかけているわけだ。

また、「ザ・リッドストーンズ」というのは記事にあるように、スケーターのグループ名。宇宙人のモデルになったと思われる人物は、前出のケンタロウ・モリが見つけ出している。ジェームズ・リッドストーンという男性スケーターだという。写真は『スケート』誌（1962年4月号）の15ページに掲載されている。

ちなみにエイプリル・フールのネタばらしをした記事では、宇宙人の話に触れているのは4行目までだった。実は、それ以降は別のページにも仕込まれていた冗談記事のネタばらしが続いている。

記事によれば、他には10、11、12、29、37、38ページでそれぞれ冗談が書かれていたという。たとえば11ページでは、かつての陸軍大将レットゥ＝フォアベックが、南アフリカでは太陽が常に左から照りつけるので、左に傾いた帽子を発明したと書いていた。もちろんこれは冗談で、帽子はただそういうデザインだった。

このように捕まった宇宙人の写真も、本来はエイプリル・フールの数ある冗談記事のひとつのアイテムにすぎなかった。そのままでは広く知られることなく、埋もれていたかもしれない。

ところが、そのアイテムは、ある人物の目に留まり、アメリカに渡ることになった。

■世界へ広まった宇宙人写真

その人物とは、カリフォルニアの超常現象研究団体「ボーダーランド・サイエンス・リサーチ・アソシエイツ」の創設者、ミード・レイン。

彼は1949年頃から、空飛ぶ円盤の墜落と回収に関する情報を集めていた。そうした中、ドイツの仲間から送ってもらったのが『ノイエ・イルストリーアテ』の4月1日号の記事だった。レインは翌週号で冗談記事だと明かされたことを知らなかったようだ。特ダネだと思い、同じカリフォルニア州にあるサンディエゴの週刊誌『ポイント』（1950年8月25日号）で紹介してしまった。また同じような話を『トーク・オブ・ザ・タイム』という雑誌の1950年6月号でも紹介してしまった。

もはやこうなっては止まらない。ドイツ語から英語に翻訳された情報はUFO好きの作家たちにも知られるところとなり、どんどん拡散していった。

ちなみに、『ポイント』誌などの誌面は、前出のグロスによる研究誌の中で確認できる。それらを読んでみると、同じ記事の中で「メキシコシティの近くに空飛ぶ円盤が墜落した」という話も一緒に紹介されていたことがわかった。宇宙人がメキシコで墜落した円盤に乗っていたという話は、これらの記事が出所らしい。後に話が広まっていく過程で、元は別々の事件として紹介されていたものが、ごっちゃにされてしまったようである。

墜落場所は、80年代にロズウェル事件が有名になってくると、メキシコからロズウェルに変わることも増えていった。

一方で、2012年以降はエイプリル・フールの冗談記事だったという話も少しずつ一般にも知られるようにはなってきた。
　ただし、そうしたことを私たちが知ることができるのは、ローレン・グロスやアイザック・コイ、ケンタロウ・モリら、熱意を持ったＵＦＯマニアたちが地道に調査を重ねてくれたおかげでもある。彼らの存在は心に留めておきたい。

（本城達也）

【参考文献】

『Neue Illustrierte』(Koln, 29. Marz 1950)
『Neue Illustrierte』(Koln, 5. April 1950)
Loren E. Gross『UFOs: A History 1950 April–July』(1982)
Loren E. Gross『UFOs: A History 1949: July-December』(1988)
Loren E. Gross『UFOs: A History 1950 April–July Supplemental Notes』(2000)
Loren E. Gross『UFOs: A History January 1, 1947- December 31, 1959 Supplemental Notes』(2003)
Isaac Koi「Koi Alien Photo 01」
(http://www.isaackoi.com/alien-photos/koi-alien-photo-01.html)
「Borderland Sciences Research Associates」
(https://borderlandsciences.org/history/BSRA.html)
Donald E. Keyhoe『Flying Saucers from Outer Space』(Henry Holt, 1953)
Kentaro Mori「The FBI/KGB/SS Alien Photo: Found」(http://forgetomori.com/2012/ufos/the-fbikgbss-alien-photo-found/)
Susan Miller「Classic Art Skating: SKATE Magazine - 1962」
(http://www.susan-a-miller.com/sm/1962 html)
「幻解！　超常ファイル ダークサイド・ミステリー」（ＮＨＫＢＳプレミアム、２０１３年６月12日放送）
並木伸一郎『決定版 超怪奇ＵＦＯ現象ＦＩＬＥ』（学研、２００８年）
ジョン・スペンサー『ＵＦＯ百科事典』（原書房、１９９８年）
『独和大辞典 第２版』（小学館、１９９７年）
『アクセス独和辞典』（三修社、２０００年）

※貴重な『ノイエ・イルストリーアテ』の実物は、番組制作会社「ジーズ・コーポレーション」の小島智氏を通じてお借りすることができました。お礼申し上げます。

【UFO事件09】

ワシントンUFO侵略事件

Washington flap
19/07/1952 - 26/07/1952
Washington,D.C, USA

1952年7月19日とその1週間後の26日の深夜に、米国の首都ワシントン上空に多数のUFOが現れ乱舞したとされる事件。事件発生に驚いた米空軍は、ワシントン上空の民間機の飛行をすべて禁止し、F-94ジェット戦闘機を未確認飛行物体に向けてスクランブル発進させるという事態にまでなった。

■レーダーに映る謎の光点

最初の事件は7月19日午後11時40分、ワシントン国際空港航空管制センターに設置されていた長距離レーダー上に、7つの光点が突然現れたことから始まった。光点はまるでワープでもしたかのようにスコープ中央に突然現れてきた。光点がホワイトハウスや議事堂の上空に向けて移動し始めたため、管制官は16キロほど離れているアンドリューズ空軍基地に電話を入れ、南の空を見張るよう要請した。同空軍基地からはぐるぐる回るオレンジ色の火の玉が目撃されたとされ、この事件はレーダーと目視で同時に確認された「レーダー目視事件」となった。

1週間後の7月26日午後10時30分、ワシントン国際空港航空管制センターのレーダー上に、ジグザグに並んで飛ぶ4つの飛行物体が再び出現した。デラウェア州北部のニューカッスル空軍基地からF-94迎撃機が緊急発進されたが、光の正体を結局追えず、何もできないまま帰還した。

■空気のふくらみが見せた幻

この事件に関する調査は、民間航空局技術開発評価センターに依頼された調査の結果、未確認物体が報告されたほとんどの時点で、ワシントン上空に空気が乱れる気温逆転層が出現していたことがわかった。気温の逆転層内にレンズのような作用をする空気のふくらみが形成され、レーダーの信号を地面に向けて反射していたのだ。

このふくらみは風に乗って移動するため、物体が動いているように錯覚された。また、いくつかのターゲットが見せた超音速とも思われる移動は、逆転層のふくらみが突然消えることで引き起こされていた。レーダーが1回転するうちにターゲットが消えたため、これを実在する物体だと思ったオペレーターは、物体がレーダーの範囲内から加速して突然消えたと判断していたのだ。

空軍のUFO調査機関ブルーブックも、航空会社のパイロットからレーダーが奇妙な弾み方をしていたという証言を得ていた。このパイロットは、航空機の前方にいるUFOを追跡してほしいと管制塔から要請され、レーダーターゲットがいると指定された地点を数回通り過ぎてみたものの、彼らに見えた唯一の物体は、ポトマック川に浮かんでいたウィルソン・ラインの汽船だけだった。パイロットは「レーダーが混乱して、蒸気船を捉えていたのは確かだ。ワシントン周辺にはいくらでも灯りがあったから、誰でも簡単に、神秘的な光を見ることができただろう」と証言した。

「気温逆転層説」について、当日のワシントン上空の気温差は、レーダーを反射できるほど強くはなかったとする反論もある。だが当時ワシントン近郊には、国際空港に加え、ボーリング空軍基地、アンドリューズ空軍基地と全部で3つのレーダー施設があった。最初の事件があった19日の深夜、この3施設が揃ってカバーしていた空域内で多くのターゲットが捉えられていたにも関わらず、3つのレーダーが同じタイミングで目標を捕獲できたのはたった一回しかなかった。本当にそこに何かがいれば、3つのレーダーに同時に映っていたはずだ。こういった点を考慮すると、実体

【上】レーダーの異常を察知したワシントン国際空港。
【左】ワシントン事件の際に撮られたとされる合衆国議会議事堂の写真。謎の光点は下部の外灯が反射したもの。

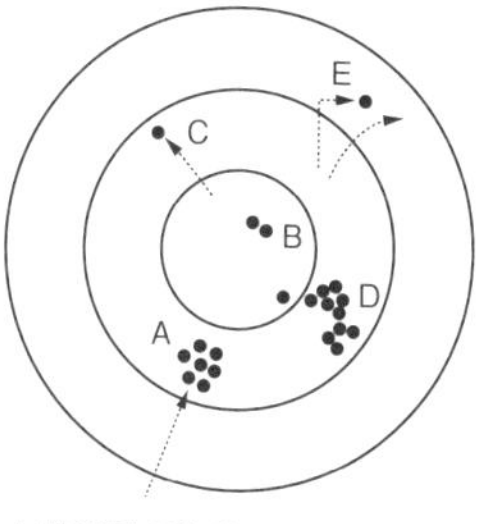

未確認飛行物体のレーダー上の動き。突如、7つの飛行物体が現れ（A)、そのうち2つがホワイトハウス、1つが議会議事堂近くに移動（B)、ほぼ同時刻、民間機のパイロットが光点を目撃（C)。その後、飛行物体は数を増やしてアンドルーズ空軍基地の上空に現れ（D)、北東方向に消えた（E)。

謎の物体をレーダーで確認した、航空管制センターのバーンズ主任（「LIFE　1952年8月4日号」より）

のある固形物が空域を飛んでいたとは考えにくいのである。

■大統領と天才物理学者の逸話

ちなみに、2回めのUFO出現の際に、当時のトルーマン米大統領が自らアインシュタインに電話を掛け、どう対処すべきか指示を仰いだという逸話がある。ムー別冊『世界UFO大百科』(学研)に書いてあるエピソードだが、その時アインシュタインはトルーマン米大統領に向かって「未知なる知性体の科学技術力がいかなるものかわからぬ以上、むやみに発砲したり戦闘することは絶対に避けるべきだ」と答えたとされている。

だが、こんなことが本当にあったのだろうか?

首都を乱舞するUFOの対処を巡って、米大統領と天才物理学者アインシュタインの間で本当に議論が交わされていたのなら、ワシントン侵略事件における大変興味深いエピソードとして記録されたはずだ。だが、この事件を扱った米国人研究者の著作には、このエピソードが出てこない。

例えば、プロジェクト・ブルーブックの機関長として、この事件の調査に当たったエドワード・J・ルッペルトの著書「未確認飛行物体に関する報告」には、トルーマン大統領がこの事件のことを気にしていた、ということは記されてはいる。だが、「大統領の航空問題補佐官ランドリー将軍がトルーマン大統領の『何が起こっているのか明かにせよ』との要請に基づいて情報部に電話をかけてきた」というだけで、電話の相手は空軍の情報部で、そこにはアインシュタインのアの字も出てこない。また電話があったのは7月29日のことで、2回目の事件からすでに3日が経っていた。

マイケル・ジェイコブスの『全米UFO論争史』(ブイツーソリューション)には、アインシュタインのコメントらしきものが出てきてはいる。同書によれば、アインシュタインはロサンゼルスの福音伝道者からこの事件についてコメントを求められ、その際に「彼らが何を見たのかは私には分からないし、知りたいとも思いません」と答えた、とされている。

こちらのほうは、コメントを求めたのは(何故か)

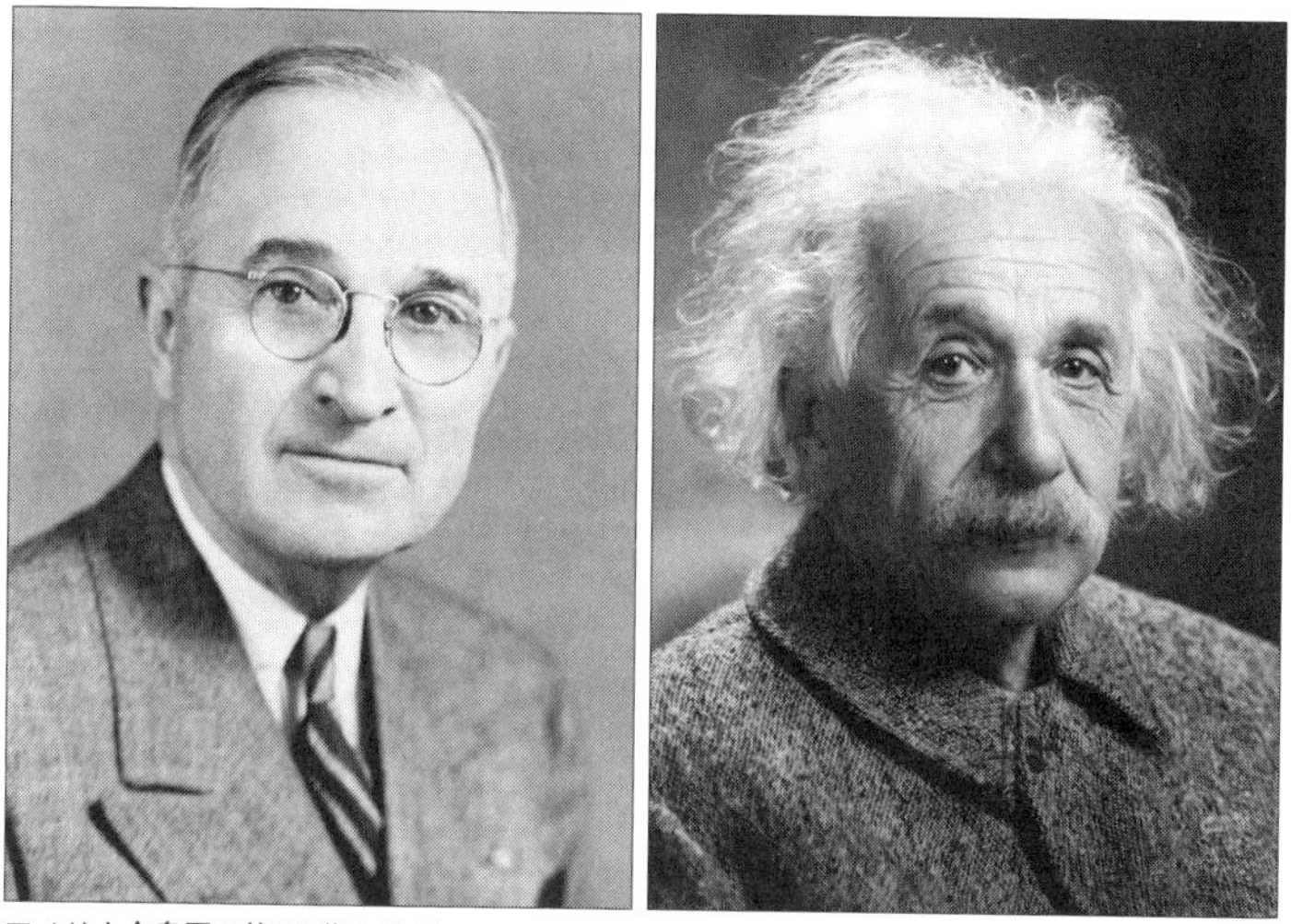

アメリカ合衆国の第33代大統領のハリー・S・トルーマン（左）。ワシントン事件を受けて、トルーマン大統領がアインシュタイン（右）にUFOへの対応を相談したというが…。

福音伝道者で、トルーマンのトの字もない。また、アインシュタインはUFO事件に全く関心がなさそうで、コメント内容もまるで違う。どちらにしても、ムー別冊『世界UFO大百科』にある記事とは話が全く違っている。

そもそも、ワシントン上空にUFOが出現したからと言って、なぜ大統領が直接、理論物理学者にその対処法を相談しなくてはならないのかが分からない。理論物理学者が宇宙人の対処法を知っているわけもなく、全くお門違いの相談相手としか思えない。それに空軍ではなく、大統領本人がわざわざ電話をする必要がどこにあるのかもわからない。

極めて怪しいエピソードである。

■逸話の意外なルーツ

そうしたら、この話のルーツっぽい話が他にあったことを見つけた。事件から50周年を記念する記事をピーター・カールソンという記者が、2002年7月21日のワシントン・ポスト紙に載せていた。この記事には、ワシントン侵略事件を憂慮した当時の米国ロケット協会会長のロバート・L・ファーンズワースという人物が、「彼らが地球外生命体であるとしたら、攻撃するような行為は最も重大な結果を招くのみならず、はるかに超越したパワーを持つ存在が私たちに対して敵意を持つよう仕向けてしまうかもしれない」「友好的な接触をできるかぎり長く保つようしなければならない」とする内容の電報をトルーマン大統領に送っていた、というエピソードが紹介されていた。この電報の内容と、ムー特別編集「世界UFO大百科」に出てくるアインシュタインと大統領の電話の内容がほぼ一致している。

　無名な米国ロケット協会会長の電報ではあまり面白くないので、アインシュタインと大統領の電話であったと誰かが話を勝手にすり替えた、というのが事の真相ではなかったのか。

　ちなみに、ワシントンUFO侵略事件の証拠写真として、合衆国議会議事堂の上空を数個の光点が舞っている写真が紹介されることがある。だが、この写真とワシントン事件は全く関係ない。オリジナルの写真の下部には、強く輝く街灯が写っているのだが、雑誌などに掲載される際には、その部分は大抵カットされている。カットしないでそのまま掲載してしまうと、各街灯の光と空に光る光点を結ぶと、いずれの線も写真の中央部で交わることがわかってしまうからだ。

　つまり、宙に浮いているように写っている各光点は、街灯の強い光がカメラ内部のレンズで反射を起こして生まれたハレーションによる虚像に過ぎない。

（皆神龍太郎）

【参考文献】

ムー特別編集『世界UFO大百科』（学研、1989年復刻版）
カーティス・ピーブルズ『人類はなぜUFOと遭遇するのか』（文春文庫、2002年）
デビッド・マイケル・ジェイコブス『全米UFO論争史』（ブイツーソリューション、2006年）
エドワード・J・ルッペルト『未確認飛行物体に関する報告』（開成出版、2002年）

【UFO事件10】

フラットウッズ・モンスター

Flatwoods Monster
12/09/1952
West Virginia, USA

事件は1952年9月12日の午後7時頃、場所はウェストバージニア州ブラクストン郡の村フラットウッズで起きた。

小学校の校庭で遊んでいた少年らが、西から飛んで来た光る物体が丘の向こうに降りるのを目撃。好奇心に駆られた少年らは丘を登ることにし、途中で1人の少年の母親だったキャサリン・メイ夫人の家に立ち寄り、彼女はただ1人の大人として少年らに同行した。

丘の頂上近くまで来ると、点滅する光を発するUFOを目撃、付近は霧が立ち込め鼻を衝く異様な臭いがしていた。すると先頭を歩いていた少年が、UFO横の闇の中に、突然、緑色に光る2つの目のようなものを見た。キツネだと思い懐中電灯を向けるとそれは巨大な怪物だった。

怪物は仏像の光背のようなスペード形のフードを持ち、体は暗い緑色で、鉤つめのようなものを手前に延ばし、腰から下はスカートのようなものを履いていた。身長は約3メートル、目から光ビームを放射し地面から90センチくらい浮き上がりながら、すべるように少年らの方向に向かって来た。

■少年たちの恐怖体験

恐怖に駆られた少年らは、振り返ることなく一目散に丘を駆け降りた。メイ夫人から連絡を受けた警官が現場で目撃者から話を聞いたが、警官が見るところ、

少年たちが〝3メートルの怪物〟に遭遇したという、ウェストバージニア州ブラクストン郡フラットウッズの丘。怪物は矢印で示した辺りから突然姿を現したとされる（撮影：加門正一）

少年らは大きなショックを受けており嘔吐した少年もいて、メンバー全員、明らかに震えていた。

翌朝、地元の新聞記者が現場を訪れると、草の中に長さ約9メートルにわたって何かを引きずったような2本の跡と、オイルのようなものを発見した。

事件が地元新聞に取り上げられると、全米のメディアが興味を持ち、翌週には、メイ夫人と少年1人が記者と一緒に飛行機でニューヨークに行き、金曜日の夜のNBCテレビ番組で体験談を話した。

事件は全米の大ニュースとなり、テレビ出演時、少年らの証言をもとにテレビ局が作成した怪物イラストは、東洋の仏像を彷彿させる印象的な造形から、全米のみならず全世界に衝撃を与えた。日本でも〝3メートルの宇宙人〟と呼ばれる人気エイリアン・アイテムになった。この事件は「フラットウッズ・モンスター」としてUFO伝説の一節となった。

■ジョー・ニッケルの見解

事件についてUFO懐疑論者のジョー・ニッケルは

有名なフラットウッズ・モンスターの絵。現場写真に絵を挿入したモンタージュ写真。

事件を調査したジョー・ニッケルは、怪物の正体はメンフクロウの見間違いではないかと指摘した。（©Arun Marsh）

現地調査を行い、以下のような説を唱えている。

当日、大きな流星がウェストバージニア州上空を飛び、地元住人も目撃している。少年らは丘の向うに消えた流星を丘に落ちたＵＦＯと思ったらしい。当夜は霧が出ていて、目撃者らの見た点滅するＵＦＯは近郊のブラクストン郡飛行場に着陸する飛行機の光。異様な匂いは現場に生えている草の匂い。怪物はおそらく木の枝に留まっていた〝メンフクロウ〟で、怪物の頭の形、目の形・大きさ、鳴き声等は、目撃者の証言とよく合う。目撃者らが怪物を見た時間は、ほんの2、3秒にすぎず見誤りの可能性は高く、フクロウ説は事件直後の米空軍の調査でも報告されている。

怪物が3メートルの大きさに見えたのは、フクロウが高い木の枝に止まっていたためで、怪物の下部に関する目撃者の証言は曖昧だ。怪物が滑るように近づいてきたのは、メンフクロウが鉤爪を前にして威嚇のために目撃者に向かって滑空したのを見誤ったからだとする。

とは言うものの、ＵＦＯファンがメンフクロウ説に納得できない理由は、着陸したＵＦＯの目撃証言があ

2002年に開催されたフラットウッズ・モンスター・フェスティバルのパンフレット。有名な絵よりもっとメカニカルなモンスターだった、というフレッド・メイの証言を加味している。

るからではないか。

事件はモンスター目撃事件だがUFO目撃事件でもあり、不気味なモンスターは着陸したUFOに乗って来たはずだ。ところが着陸したUFOについての情報は曖昧である。

様々なUFO本には、

〝光る大きな球体でブンブン音を出すUFOを目撃〟

〝右手15メートルほどの場所に、直径約3メートルの火の玉のような物体が燃えるように輝いているのを見た〟

〝点滅する赤い光を見た。大きさは家くらいだった〟

といった記述が見える。

しかし、モンスターの絵は有名だが着陸したUFOの絵はほとんど見当たらない。

■村の伝説になった怪物

筆者が当事者のフレッド・メイ（キャサリンの息子）

にＵＦＯ目撃について直接に聞いたところ、彼は着陸したＵＦＯを目撃していなかった。少年達が見たのはせいぜい点滅する光で、メンフクロウ説に反論するのは難しい。この事件は闇夜で恐怖に駆られた少年らのパニックが発端で、着陸したＵＦＯに関する記述は新聞か雑誌記者の想像で書かれた可能性があるのではないだろうか。

筆者は２００２年に現地を訪れ、地元住人のマックス・ロッカードにインタビューすることができた。彼は事件の30分後に現場に駆け付けたが何の証拠も見つけられなかったという。さらに前出のフレッド・メイにもインタビューできたが、彼は今も証言を変えていない。また他には、入り口に「Home of Green Monster」（グリーン・モンスター生誕の地）という看板のある村人と話をして筆者が感じたのは、真偽は既に問題ではなく、事件は地元の大切な伝承で余計な詮索は無用という印象だった。

筆者が会った元小学校の先生で子供たちに地元の伝説として事件を教えたジュディ・デイビスは、フラットウッズ・モンスターの歌まで作っていた。日本のような古い歴史を持たない科学技術の国には、天狗、カッパ、妖怪といった民間伝承がなく、この事件のように科学知識が混在した民間伝承は、地元にとってかけがえのないコンテンツなのである。

事件の最大の功労者は、目撃者のあいまいな証言をもとに、有名なモンスターの絵を描いたテレビ局のイラストレーターで、ウェストバージニア州の小さな村は世界中のＵＦＯファンから忘れられることはないだろう。

（加門正一）

【参考文献】
Gray Barker「The monster and the saucer」『Fate magazine』(January 1953, pp.12-17)
Joe Nickell「The Flatwoods UFO Monster」『Skeptical Inquirer』(November/December 2000, pp. 15-19)
皆神龍太郎、志水一夫、加門正一『新・トンデモ超常現象60の真相』（彩図社、２０１３年）

【UFO事件11】

プロジェクト・ブルーブック

Project Bluebook
1948-1969,
Ohio, USA

「プロジェクト・ブルーブック」とはアメリカ空軍にかつて存在したUFO調査機関のことである。

この名称はいくつか変更されたコードネームの一つで、なかでも一番知名度の高く活動の期間が長かったのが「ブルーブック」であり、通常この名称が使われた場合アメリカが公的に行ったUFO調査活動全般を指すことが多い。

正式な名称は「米空軍航空資材コマンド航空技術情報センター技術分析課航空機および推進セクション空中現象調査機関」。この機関は1947年12月30日に設立の命令が出され、「サイン」「グラッジ」「ブルーブック」とコードネームを変えながら1969年までの22年間にわたってUFOの調査活動を行った。

この間に、この機関は1万2618件のUFO事例を収集・分析し、最終的にはそのうち1万1917件が何らかの説明がつくものとされた。この調査レポートは機関が存続していた当時は機密扱いであったが、現在はインターネットでも閲覧可能となっている。

ここでは公的なUFO調査として最大のものであるアメリカ空軍のUFO調査機関の活動を、おおまかに3つの期間に分けて概要をまとめた。

アメリカ空軍のUFO調査機関というと精力的にUFOの調査を行ったエドワード・J・ルッペルトが機関長であった時期のことが語られることが多いが、この活動を理解するためには、その前後と、この時代のUFOに対する社会的な状況をあわせて知る必要がある。一番重要なのは、なぜ空軍がUFO情報を機密扱いにしたのかということだ。その理解は、現在のUFOの在り方を考える上で欠かせないものであるはずだ。

■第1期：ブルーブック以前（1948年〜1950年）

第1期は、ケネス・アーノルドの歴史的UFO目撃事件（1947年）が発生し、空飛ぶ円盤という言葉が生まれた翌年から、ルッペルトがブルーブックの機関長に就任するまでの期間である。

「プロジェクト・サイン」の設立に関わった、アメリカ空軍のネイサン・F・トワイニング中将（1897-1982）。後に空軍大将に昇任し、アメリカ軍の事実上のトップであるアメリカ統合参謀本部議長も務めた。

最初のUFO調査機関である「プロジェクト・サイン」が前年の命令を受けて正式に設立されたのは1948年1月22日。1945年頃から米空軍（当時は陸軍航空隊）に寄せられていたUFOの目撃報告による予備調査において、「報告されている現象は、幻想や作り話などでなく、実在する何ものかである」と結論された報告書が司令官ネイサン・F・トワイニング中将に提出されたことにより、「国家安全保障に関係すると思われる上空の現象、目撃に関する全ての情報を収集、照合、評価し、関係する政府機関、米空軍に提供する」ことを目的とした機関が設立されることになる。このサインは、世間では「プロジェクト・ソーサー」と呼ばれ、機密レベルは低いものだった。

このサイン設立の2週間前、UFOを追跡した戦闘機が墜落し、そのパイロットが命を落とした「マンテル大尉事件」が起き、センセーショナルに報道されていた。サインはこの事件の原因を金星の誤認と公式に説明したが、世間はこの説明に納得することはなく、早くもUFO言説の多くを占める「米空軍は何かを隠しているのではないか？」という憶測が生まれることになった。

サイン内部ではそれが誤認ではなくドイツが設計したソ連の秘密兵器ではないかという可能性を精力的に調査している。さらに、報告にある航空機（UFO）をつくることが現時点では不可能であるという航空専門家の見解から、機関内に地球外起源説を信じるグループが生まれ、そう考えないグループよりも一時優勢になり、続けて起きた大きなUFO事件「イースタン航空機事件」においては、それが地球外起源であると軍の上層部に報告するまでに至っていた。UFO調査機関内で地球外起源説が主流になったのはこれが最初で最後であるが、公的な機関でこのような時期があったことはUFOと我々の歴史として特筆しておくべきだろう。

しかし、すぐに手に入ると思われていた宇宙船説の証拠はなかなか見つからず、機関内の地球外起源勢力は鳴りを潜めざるを得なくなり、翌年プロジェクト名を「グラッジ」に改名してからは、高まる世間のUFOへの関心と不安に対して、目撃者の心理面に重点を置いた調査とUFOが異常な存在ではないことを広報する活動に方向転換がなされた。

■第2期：ブルーブック前期（1951年～1953年）

第2期は、エドワード・J・ルッペルトが機関長であった期間である。

このあとグラッジはほとんど休眠状態となるが、1951年9月に戦闘機からの目視と地上レーダーによる捕捉の両方が叶った「フォート・モンマス目撃事件」が起きたことによりUFO調査再開の声が持ち上がる。翌月、エドワード・J・ルッペルト大尉を機関長とした「新生グラッジ」が始動。そして翌年3月には有名な「ブルーブック」と改名され、空軍によるUFOの調査が正式に再開されることになった。

ブルーブックはグラッジの頃とは違い、広報活動だけでなく本格的なUFOの調査を精力的に行なっている。ルッペルトらスタッフは様々な場所に出向き目撃者に話を聞き、サインの頃のように憶測で議論することを禁止し、目撃報告をインデックス化してファイリングすることを徹底した。

　また、報告の対象を「空飛ぶ円盤」ではなく科学的で客観的な響きを持つ「UFO」と呼ぶことを主張し、科学顧問として天文学者のJ・アレン・ハイネックを起用、UFO報告の統計的な研究のためにバテル記念研究所と契約、レーダーに写真撮影機器を取り付ける計画など、UFOの正体をさぐる様々なアイデアを提案・実践している。UFO調査機関として最良の時期だったと言えるだろう。

　しかし、そんな前向きな調査活動を阻んだのが1952年の4月ごろから断続的に起きたUFOウェーブ（集中目撃）による報告の増加である。3月までは10件程度だったものが、4月82件、5月79件、6月には148件と増えていき、7月にはこのウェーブ最大の事件となる「ワシントンUFO侵略事件」が起きた影響で536件にまで跳ね上がり、もはやブルーブックでは手に負えない数になっていた。そして空軍はその対応に追われ、通常業務に支障をきたすほどのパニックに陥ってしまう。

　この脆弱性に対してCIAはソ連等の敵国から情報戦に利用される可能性があるのではないかと危惧し、優秀な科学者を集めてブルーブックのデータを分析・評価する「ロバートソン査問会」を招集。この査問会の結論により、ブルーブックの規模は大きく縮小され、UFO情報は厳密な機密下に置かれることになった。

プロジェクト・ブルーブックに科学顧問として招かれたJ・アレン・ハイネック博士（1910～1986）。UFOの観測パターンによる分類法を考案するなど、UFO調査に貢献した（写真はオハイオ州立大学のHPより）。

■第3期：ブルーブック後期（1954～1969）

第3期は、ルッペルトがブルーブックを去り、機関が閉鎖されるまでの期間である。

ブルーブックの主な任務は、グラッジの頃と同じように「UFOが異常な現象ではない」ことを大衆に確信させる広報活動に後戻りし、正式に解散するまでこの状態が続くことになる。

UFOに対して否定的な見解を繰り返す空軍の広報活動とUFO情報の機密の徹底は、民間のUFO研究団体や大衆に「空軍はUFOに関する重大な事実を隠している」という疑惑を抱かせることになる。またそれを燃料に民間UFO研究団体は急速に成長し、空軍に対してUFO情報の開示、また議会でのUFO公聴会の開催を求めて強い圧力をかけてくることになる。この空軍と民間UFO研究団体との対立は激化し、やがてブルーブックのリソースを食いつぶすほどになる。

この頃のブルーブックはNICAPなどの民間UFO団体からの批判や広報コスト増に嫌気がさし、空軍にとって非生産的な重荷となっていた。また、すでに冷戦も鎮まりつつあったことから、UFOが国防上脅威でないのであれば、やめるか他の組織に移管してしまいたいという気運が内部的に高まっていた。

やがて民間UFO研究団代や大衆からの、なぜ政府はこの現象を真面目に調査し事実を明らかにしないのかという疑念の声に耐えかね、1966年4月、コロラド大学にUFO研究を委託することで、空軍はついにUFOから手を引くことを決断する。このコロラド大学での研究の結果、1969年にブルーブックは正式に解散し、22年間に及ぶ空軍のUFO調査は幕を下ろした。

このように米空軍のUFO調査機関活動の歴史は、国防上の政策と世間の認識との違いによる葛藤の歴史といってよいだろう。空軍によってUFOが真面目に調査された期間はきわめて短い。ほとんどの期間は大衆をパニックにさせないための広報に費やされていたというのが事実だ。思えば空軍が国防上の理由から未確認飛行物体としてのUFOに関心を持つのは当然なことである。そして大衆をパニックに陥らせないためにUFO情報を隠さねばならなかったことも、当時の状況として必然だったはずだ。

ブルーブックの活動によってもたらされたものは、UFOの正体といった本質的な問への答ではなく、む

「プロジェクト・ブルーブック」の末期のメンバー。写真中央、デスクに座っているのが、最後にブルーブックの機関長を務めたヘクター・クインタニラ（1923～1998）である。

しろ混乱と、その存在の意義を実際よりも過大評価させる一因となったといったほうがいいかもしれない。
具体的に言えば、UFO調査の情報を機密としたことによる陰謀論の発生と蔓延、それによるUFO地球外起源説の過熱。そして分析により説明可能とならなかった意味ありげな残りの5%――701件の識別不能なUFO事例は様々な憶測と妄想を生んだ。ブルーブックの活動の概要を知れば、「米政府はUFO情報を隠している」というおなじみの言説がどのように形成されたのか理解できるはずだ。

（秋月朗芳）

【参考資料】
エドワード・J・ルッペルト『未確認飛行物体に関する報告』（開成出版、2002年）
エドワード・U・コンドン監修『未確認飛行物体の科学的研究（コンドン報告）第1巻』（本の風景社、2003年）
C・ピーブルズ『人類はなぜUFOと遭遇するのか』（文藝春秋、2002年）
デビッド・M・ジェイコブス『全米UFO論争史』（ブイツーソリューション、2006年）

【UFO事件12】

ロバートソン査問会

Robertson Panel
14-17/01/1953
Washinton,D.C. USA

「ロバートソン査問会」とは、CIA（アメリカ中央情報局）が呼びかけ、H・P・ロバートソン博士を中心とした科学者グループにより、UFOの国防上の危険性や科学的な価値について評価するため、1953年の1月14日からの4日間、ワシントンで協議された査問会のことである。

この査問会は結論として、UFOに科学的価値がないこと、情報戦の潜在的脅威になりうることを認め、以後空軍が保有するUFO情報は機密性が高く設定されることになった。

■目撃情報が持つ潜在的な脅威

ブルーブックが空からの脅威を危惧して生まれたのに対して、CIAは情報の脅威を危惧してロバートソン査問会を開いた。

1952年、全米は未曾有のUFOラッシュに見舞われた。この一年を通じて空軍のブルーブックが受けたUFOの目撃報告数は1501件にのぼり、4月〜9月までの6ヶ月間で148の新聞が、1万6000ものUFO記事を掲載していた。それは空軍の22年間にわたるUFO調査史上最大であり、そのピークとなったのは「ワシントン侵略事件」と呼ばれている集中目撃事件である。

1952年7月19日、ワシントン国際空港の航空管制センターの2つのレーダーが7個の機影を補足、そ

査問会の議長を務めたアメリカの物理学者ハワード・P・ロバートソン（左）。ノーベル賞を受賞した実験物理学者のルイス・ウォルター・アルバレス（右）も査問会の会員だった。

れは不自然な低速で飛行し、突然ものすごい速度で弾丸のように飛び去っていった。同時刻に民間航空機の乗組員もジグザグと不可解に動く光体を目撃、地上からも多くの目視報告があった。日付が変わった深夜3時、空軍は迎撃のためにF－94ジェット戦闘機を緊急発進させたが、対象に近づいたところでレーダーから姿を消し、戦闘機からの目視には至らなかった。

それからしばらく静かな日々が続いたが、7月26日、再び彼らは姿を現した。夜の10時30分ごろ、レーダーに6～12の不可解な動きをする機影が捕捉され午前2時に迎撃機をスクランブル。前回と同じように迎撃機が近づくと物体は姿を消してしまったが、午前3時以降に発進した二陣が到着した時には物体はそのままだった。しかし迎撃許可がおりる前に物体は飛び去った。

■UFO事件で全米が大混乱に

この事件は1948年のマンテル事件以来のセンセーショナルな事件となった。UFO歴史家であるデビット・M・ジェイコブスは『全米UFO論争史』でこの時の状況をこう書いている。

「多くの新聞が、一面にくるはずだった民主党全米大会のニュースを差し替え、この事件がヘッドラインを飾った。目撃があった日の午前10時、トルーマン大統領の要請により大統領補佐官ランドリー空軍准将は、ワシントン上空で何が起きたかを知るために、オハイオ州デイトン（ブルーブック）に連絡した」

「ペンタゴンとブルーブックには、この件で報道機関と議会から問い合わせが相次いだ。あまりにも多くの電話がペンタゴンに集中し、電話回線は事件翌日から数日間、完全にパンク状態となった。空軍は、軍中枢の通信が機能停止に陥る危険性を痛感していた」

——当時の混乱ぶりがうかがえるだろう。

■CIAが抱いた危惧

この混乱はUFOの問題に新たな脅威を付け加えることになる。それはこの事件をきっかけにCIAがUFOに興味を持ったからだ。彼らは、地球外から飛来した宇宙船が領空を侵犯してるのではないかとは考えていなかったが、もしかしたらUFOに対する米国人の思い込みを利用して、ソ連がニセの目撃事件を発生させ、軍の通信経路を妨害してくるかもしれないと考えた。それは冷戦下にあるアメリカの想像力として十分に脅威と考えうる可能性だった。

CIAの科学情報局による予備調査の後、CIAは大戦下でV-1ミサイルの信憑性についての評価に関わったカリフォルニア大学の物理学者H・P・ロバートソン博士に委員会の準備を依頼。後にノーベル物理学賞を受賞することになる人物や全米ロケット協会の会長を含む優秀な5名の科学者、ブルーブックの科学顧問を務めていたハイネック博士を含む2名の準メンバー、そしてブルーブック機関長ルッペルトら空軍とCIAの数名が招集され、1953年の1月14日、ワシントンでUFOを対象とする査問会が執り行われることになる。

ロバートソン査問会でしたことは、空軍が集めていたUFO目撃報告と証拠の再検討である。

空軍は最良と思われる目撃報告75件をピックアップ

して提出、また2本のUFOフィルムを上映し、科学者による検討が行われた。

■査問会で出た結論

4日間にわたって執り行われた査問会の結論は以下のようなものだった。

まずUFOが国家に対する物理的脅威でも、科学的概念に修正を加えるものでもないこと。しかし、緊急時における情報伝達の妨げにはなりうるだろうということ。これはつまり「UFO報告」には潜在的な脅威があることを認めたことになる。

また、この結論によって、民間のUFO研究団体が情報戦の道具として使われないように警戒することや、UFOをとりまく神秘的なイメージを払拭するために国民に対してその正体（つまり、目撃報告のほとんどが誤認やイタズラによるものであること）を暴露する教育プログラムを実施すること、そして、空軍が集めていた情報を厳格な機密下に置くことが勧告された。この大衆への教育プログラムはマスメディアを利用して行うことが提案され、そこにはウォルト・ディズニーの名前もあがっていた。

この結論により、ブルーブックが行おうとしていたUFO調査・研究に関する様々な計画がたちどころに消え、ブルーブックの規模は大きく縮小されることになった。

（秋月朗芳）

【参考文献】
C・ピーブルズ『人類はなぜUFOと遭遇するのか』（文藝春秋、2002年）
デビッド・M・ジェイコブス『全米UFO論争史』（ブイツーソリューション、2006年）

【UFO事件13】

チェンニーナ事件

Cennina Incident
01/11/1954
Toscana, Italy

1954年11月1日午前6時30分ごろ、イタリアのトスカーナ州フィレンツェ県の小さな農村チェンニーナの近くの森の中を、ローザ・ロッティ・ダイネリ（40歳）は礼拝のために村の教会へと向かっていた。彼女は森の中で汚さぬようにと片手に靴とストッキングを持ち、もう片手には礼拝のためのカーネーションの花束を持って歩いていた（資料によってはブーツを履いていたともされる）。まだ日も昇らぬ薄暗い森の中で、自分の前方10メートルほどのところに奇妙な物体があることにふと彼女は気が付いた。

それは高さ1・7〜2メートル、直径1・2メートルほどの、2つの独楽《こま》をくっつけたような鈍い茶色の物体で、表面には「まるでエナメル革のような」光沢があったという。物体の中央部からやや上のところには卵形のガラスのハッチがあるのが見えた。中央よりやや下の部分には四角い開口部が付いており、また両側面にはそれぞれ窓のようなものがあった。

■「小さい人たち」との遭遇

突然、近くの茂みから（物体の背後からとも）、2人の「小さい人たち」が現れ、物体とロッティの間に割って入るような形となった。「小さい人たち」は身長1メートル以下だが体つきは均整がとれており、人間のように見えたという。その顔は「とてもハンサム」であり、それぞれ40代と50代の成熟した大人の顔つき

「La Domenica del Corriere」紙（1954年11月14日）に掲載されたチェンニーナ事件のイラスト。小さい人がローザの持つ花とストッキングを奪い取ろうとする様子が描かれている。

をしていた。眼は青色で、知性と教養が感じられるものであったという。上唇が鼻に近いところにあり、口が開いて歯が常に見えた。頭には革のような素材のヘルメットを被っており、ヘルメットの側頭部はヘッドフォンのように円形に覆われていた。彼らは常に微笑んでいるかのような表情であったという。

彼らはぴったりとしたスーツに身を包み、ロッティには兵士のように見えた。第一次大戦の軍服のように襟が高くピカピカの星形のボタンが付いたグレーのジャケットに、肩からは腰までの丈のマント。袖の上には軍服の階級章のようなものも付いていたという。

下半身は羊毛でできているかのような、ぴったりとしたズボンに、楕円形の靴を履いていた。

より年長に見えるものの方が、ロッティに向かってなにか声をかけてきたが、彼女にはその言葉が理解できなかった。ロッティはそれがまるで中国語のようだと思ったという。

彼は笑顔のまま、突然ロッティの持っていたストッキングと花束を取り上げ、物体の方へ歩いて行った。ロッティは花束を返してほしいと言ったところ、その意味を理解したのかカーネーション5本だけを手元に残すと花束をロッティに返した。彼は物体の開口部を開き、カーネーションをストッキングで縛って中に投げ入れた。

ロッティはこの時物体から2メートルほどの距離まで接近していたが、物体の内部には背もたれのない丸椅子が2つあるのが見えた。「小さい人たち」の大きさからしても、この物体の内部に2人乗りこむのはとても窮屈なことに思われた。

ロッティはストッキングも返してほしいと頼んだが、彼らは今度は彼女の言うことが理解できなかったのか、あるいは無視したのか、小鳥の鳴くような奇妙な言葉を語るだけであった。

やがて年長のものは、物体の内部から長さ20センチ、幅10センチほどの茶色い、磨かれた紙張り子製のなにかを取り出して手に持った。彼はこれをロッティに向け、ロッティとその茶色い物を交互に見た。写真を撮られることが嫌いなロッティは、「小さい人」が写真を撮ろうとしているのではないかと思い、やめてほしいと言った。またなぜかその茶色いものが爆発するのではないかという恐怖に襲われたため、ついにはその場から逃げ去ってしまった。

■ロッティは何を見たのか？

村にたどり着いたロッティはやがて村人たちに自分の体験を話した。この時点で村から憲兵にも連絡がいったという。その後、村人や駆けつけた憲兵が、ロッティが謎の物体や「小さい人たち」と遭遇した現場と思われる地点へ向かってみると、もはやその場には物体も「小さい人たち」もいなかったが、地面に幅10センチ、深さ10～15センチほどの穴があるのが確認された。

やがて事件はマスコミの知るところにもなり、イタリアの日曜新聞『La Domenica del Corriere』紙の1954年11月14日号が一面に載せた事件の再現イラストが、その後この事件のヴィジュアルイメージとして広く定着していった。

ロッティは農家の出身で、高い教育を受けたわけではなく、SFや「空飛ぶ円盤」といった分野への興味もなかったという。周囲の人々はロッティが遭遇した「小さい人たち」を「火星人」だと決めつけたが、彼女自身は終生、自分が遭遇したもののことをただただ「小さい人たち」とだけ呼んでいたという。ロッティは周囲からは、普段から幻覚を見たりおかしなことを口走ったりするようなことはない人物であるとの評価を得ていた。

　チェンニーナ事件はUFO事件の中でも、搭乗員の奇妙な振る舞いが目立つ事例としてよく知られている。「小さい人たち」が地球外の知的生命体だったとして、早朝、人気のない森の中で女性から使用済みストッキングと花束を奪うためにわざわざ地球までやって来たのだろうか？

　UFO研究家ジャック・ヴァレ（263ページ）は『マゴニアへのパスポート』（1969年）において、西欧の妖精伝承とUFO体験の類似性を指摘したが、その中でこのチェンニーナ事件にも触れている。

　妖精たちは人間の世界にやってくると、さまざまなものを欲しがり、持ち帰ろうとするとヴァレは述べている。またその時に人間に対して妖精の国の食物を交換として与える、とも。

　「小さい人たち」は物体の中から取り出したなにかをロッティに与えようとしていた。それはイーグルリバー事件（102ページ）でのパンケーキのような、彼らの世界の食物であったのだろうか。

（小山田浩史）

UFO研究家のジャック・ヴァレは著書『マゴニアへのパスポート』（画像は原著）の中で、事件と西欧の妖精伝承との類似性を指摘している。

【参考文献】
ジャック・ヴァレ『マゴニアへのパスポート』（1969年）
Maurizio Verga『When Saucer came to earth』(2007)
Jerome Clark『The UFO Encyclopedia (2nd Edition)』(1998)

【UFO事件14】

ケリー・ホプキンスビル事件

Kelly–Hopkinsville encounter
21-22/08/1955
Kentucky, USA

事件は1955年8月21日、場所はケンタッキー州ホプキンスビル郊外のケリーという地区で起きた。テイラー、サットン2家族が同じ家に住んでいたが、午後7時半頃、その一人ビリー・テイラーが近くの谷にUFOらしきものの落下を目撃するが家族は誰も信じなかった。

しかし、午後8時頃になると犬が吠えるので、テイラーとラッキー・サットンの若者2人が裏口から調べに出ると、2人に向かって歩いてくる〝怪物（エイリアン?）〟を発見。怪物は、身長が約1メートル、体は銀色に光り、爪のついた指、大きな目、大きな耳、長い腕を持っていた。サットンとテイラーが約6メートルの距離から怪物を銃撃すると怪物は闇に消えたが、その後、何度も木の上に現れた怪物を射撃し、合計約200発の銃弾を撃った。

すると怪物に弾が当たり、バケツに散弾を撃ち込んだような音がして木の上から落下。怪物は地上を浮遊するように移動して闇に消えた。銃は怪物には無力のようだったという。

再び現れた銀色の怪物

午後11時頃、大人8人、子供3人の2家族は2台の車に分乗してホプキンスビル警察署に駆け込んだ。そこでは怪物を目撃した人達は大きな恐怖の表情を見せていたという。彼らの話を受けてホプキンスビル警察

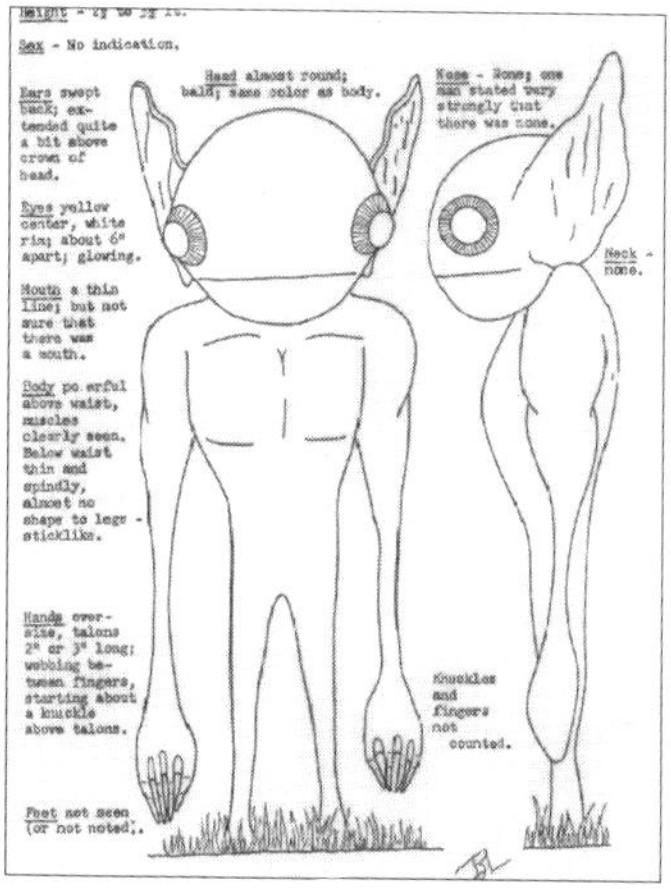

【上】レッドウィズが目撃者の証言に基づいて描いた怪物のイラスト。【上右】1994年の事件現場。女性は現場の土地所有者の妻【右】映画『宇宙水爆戦』に登場する宇宙人

署長らとファーガソン州保安官ら総勢約10人の警官が現場を捜索。しかし弾痕、薬莢、怪物の血など、発砲や怪物の証拠は何も発見出来なかった。だが翌22日の午前2時半頃に警官が引き上げると怪物が再び現れた。

翌朝には、地元の放送局のアナウンサー兼技術者だったレッドウィズが事件を聞きつけ、目撃者の証言をもとに怪物のスケッチを描いている。

その後、UFO研究で有名なハイネック博士が自身のプロジェクトで研究助手をしていたレッドウィズから事件を知り、博士の著書『未知との遭遇』の中で第三種接近遭遇（306ページ）の一例として取り上げたため、この事件はよく知られることになった。

■1994年の現地調査

1994年、筆者は現地で、当時、事件捜査を担当した元保安官ファーガソンから以下の話を聞くことができた。目撃者一家は普段からウィスキーを飲んで近所の評判も悪く、警察の捜査でも怪物はおろか200発の銃撃を裏付ける薬莢、弾痕も見つからな

かったという。また有名な怪物の絵は目撃者らがよく行っていた遊園地の射的場の的からの発想だろう、という話だった。ファーガソンの話で唯一事件に肯定的だったのは〝目撃者らはとても怯えていた〟という点だけである。警察の結論は「この事件を裏付ける証拠(substantial evidence)は何もなかった」だった。

目撃者一家をよく知る当時の隣人の話も聞けたが、一言で言うと「あの話はみんなウソ」で、事件の信ぴょう性を裏付けるものは何も見つからなかった。ファーガソンによれば、事件当時、ホプキンスビルの映画館ではSF映画が上映されていた。おそらく一家でこの映画を観た後の興奮とウィスキーの勢いで、パニックになったのではないだろうか。1955年には〝宇宙水爆戦(This Island Earth)〟が米国で6月1日に封切られており、事件当時、ホプキンスビルで放映されていたのもこの映画ではないかと推察できる。

このUFO伝説には、捜査に参加した警官が見聞きした奇妙な光や音の証言があり、事件の信ぴょう性を高めている。出所は雑誌記事らしいが、ファーガソンは、捜査に加わった警官から現場でそんな話は聞いていない、と話していた。

UFO事件の取材では、記者は記事をできるだけ興味深くしようと肯定的な情報を集めるので、警官の光や音に関する証言は記者の誇張だろう。反対に、目撃者らは日頃から酒を飲んでいて評判も悪かった、という否定的な記事は書けない。もしハイネック博士が警察の記録を調べていれば、博士はこの事件を自身の本では取り上げなかっただろう。UFO伝説の事実と虚構の落差に驚かされる事件である。

（加門正一）

【参考文献】
J・アレン・ハイネック、南山宏訳『第三種接近遭遇』（角川春樹事務所、1997年）
J・アレン・ハイネック、青木栄一訳『ハイネック博士の未知との遭遇リポート』（二見書房、1978年）
荒木欣一、南山宏『UFO遭遇辞典』（立風書房、1980年）
加門正一：Journal of Japan Skeptics vol.5 (1997)
皆神龍太郎、志水一夫、加門正一『新・トンデモ超常現象60の真相』（彩図社、2013年）
Center of UFO Studies (CUFOS) から出版された「Close Encounter at Kelly and Others of 1955」

【UFO事件15】

トリンダデ島事件

The Trindade Island's UFO
16/01/1958
Espírito Santo, Brazil

事件は1958年1月16日、場所はブラジル本土から東に約970キロ離れた観測基地があるトリンダデ島で起きた。

島の調査活動を終えた乗員約300名のブラジル海軍調査船アルミランテ・サルダーニャは、リオデジャネイロへの帰還準備をしていた。調査船には海軍関係者の他に、民間の海洋調査グループであるイカライ潜水調査クラブ所属のメンバー5名が乗っていた。

午後12時20分頃、このグループの2人が船に接近してくるUFOを見つけ声を上げげ、50〜100人程の人間がいた甲板は大騒ぎになった。

民間調査グループの一人で、プロカメラマンのアルミロ・バラウナは持っていたカメラで、島に近づき島の山を回って飛び去るUFOを14秒程の間に6枚撮影できた。騒ぎに気付いたバセラー基地司令官の要望で、バラウナは船上の現像室でフィルムを現像。司令官と船の士官は、現像されたネガフィルム4枚にUFOが写っていることを確認した。

■ブラジル海軍認定の写真

船はエスピリト・サント州のビトリア港に2日間途中停泊したので、バラウナらはバスでリオに先に戻った。船がリオに帰港してから2日後、バセラー司令官がバラウナに海軍での撮影フィルムの調査を申し出たのでバラウナは承諾した。

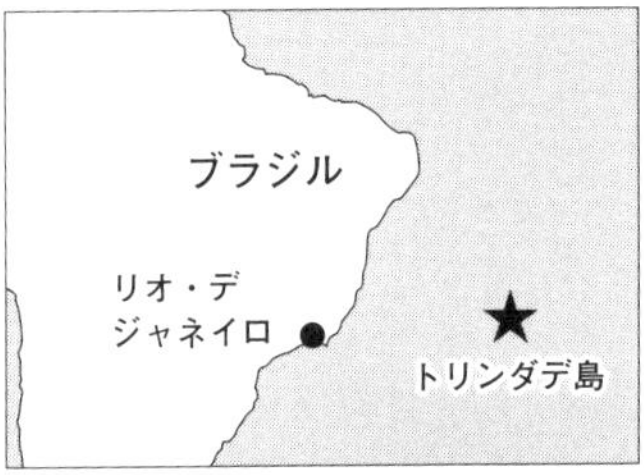

トリンダデ島の位置と様子。リオ・デジャネイロの沖合にある（©Simone Marinho）

バラウナは2日後に写真は偽造ではないとの判定を海軍から貰い、2月15日に写真公表の許可を得た。大統領に届けられた写真が訪ねてきた新聞関係者に偶然見つかり、2月21日に大統領の許可を得て4枚の写真が新聞に掲載され世界的な話題になった。

この事件に関しては米国UFO調査組織APRO（302ページ）ブラジル支部長だったオラボ・T・フォンテス（医学博士）の詳細な調査記録が残されており、CUFOS（「Center for UFO Studies」シカゴにある民間UFO調査組織）のホームページで読める。

■米空軍はトリックと判定

この事件は、UFOが実在するなら起こりそうな筋書きと証拠を持っていた。

円盤状の（異常な）飛行物体、信頼できる多数の目撃者（海軍関係者）、写真という物的証拠、である。従ってUFO実在の強力な証拠になると思われ、この事件はUFO伝説の確立に大きな影響を及ぼし、バラウナの撮った写真は今でも最も信頼性の高いUFO写真と言及されることがある。

当時、米空軍はUFO調査機関ブルーブックを立ち上げており、この事件にも興味を持った。

2月21日の新聞発表後、調査船は他の任務でしばらくリオを離れていたが24日にサントス港に停泊した。米空軍の依頼を受けた米国大使館関係者は停泊中の船に乗り込み、情報を乗組員から集めようとしたが、船長はUFOを目撃しておらず乗組員の証言も曖昧だった。また、撮影者のバラウナが雑誌にUFOトリック写真を使った記事を書いていた、UFOのコン

バラウナが撮った有名な4枚の写真の3枚目。土星型UFOが写っている。島の風景に対し、目撃報告では山と同じ距離に見えたUFOはコントラストが大きく、薄い。

トラストが島のそれより薄い、写真の写り方が目撃証言と一致しない等から、米空軍はこの写真をトリックと判断した。懐疑論者として有名なドナルド・メンゼル（287ページ）も、同じような根拠で事件は捏造と断定、UFO肯定論者と論争になった。

■なぜ目撃証言がないのか

この事件で誰もが持つ疑問は、事件から半世紀以上経つのに甲板に大勢いたという海軍関係者のUFO目撃証言はないのか？　である。

多くの海軍関係者の目撃証言があれば事件は論争にはならないはずである。事件に守秘義務があったとも思えないし（写真は公表されている）、あったとしても半世紀も経てば関係者は退役して海軍を離れ、事件について証言できたはずだ。にもかかわらず長い間、甲板にいた海軍関係者の目撃証言は現れず、事件の信ぴょう性に大きな疑問を投げかけていた。

しかし、事件から53年後の2011年、UFO研究者のK・モリ達が当時、船に乗っていた2人の人物を探し出し、彼らの証言をネットに発表した。

1人はバラウナと同じ甲板にいた乗組員で、甲板のUFO騒ぎを覚えているが彼自身はUFOを目撃しておらず、また甲板にいたのは10人程だった、と話している。

もう1人は事件直後、確認のため甲板に駆け上がった乗組員で、目撃した海軍関係者を探したが1人も見つからなかった。彼は、誰かが「UFOだ！」と叫んだので皆が空を見上げた空騒ぎが起きただけ、と答えている。

バラウナは事件当時、50～１００人くらいの人間が甲板にいて、大勢がUFOを目撃したはずと証言しているが、実際はバラウナと2人の同じクラブのメンバー以外、確かなUFO目撃証言はない。

バラウナは海軍情報部で聴取された折、事件以前にトリンダデ島で海軍関係者が撮影したというUFO写真を見せられ、それは彼が撮ったUFOと同じものだったと新聞記事で話している。

しかし、この海軍関係者が撮ったUFO写真は60年後の現在まで現れていない。UFO本に書かれた事件の詳細はほとんどバラウナの証言を元にしているが、彼の証言が信頼できるとはとても思えない。

バラウナは２０００年に死去したが、トリンダデ島のUFO写真はトリックだとバラウナ本人から聞いた、という彼の姪の証言が２０１０年にブラジルのテレビ番組で放送された。


（加門正一）

【参考文献】

D.H.Menzel, L.G.Boyd『The World of Flying Saucers』(Doubleday & Company, INC, New York, 1963)
「Trindade 'Negative Witness' Found」(http://www.ufoupdateslist.com/2011/apr/m20-006.shtml)
Kentaro Mori「Forgetomori」(http://forgetomori.com/2010/ufos/trindade-island-case-photographer-admits-hoax/)
皆神龍太郎『UFO学入門―伝説と真相』(楽工社、２００８年)
「日本語で読める詳しい写真の調査報告書」
(http://ameblo.jp/kz0222/entry-12235043504.html)
(http://ameblo.jp/kz0222/entry-12235284900.html)
(http://ameblo.jp/kz0222/entry-12237799738.html)
(http://ameblo.jp/kz0222/entry-12238155059.html)

【UFO事件16】

ギル神父事件

Father Gill Sighting
26-28/06/1959
Boianai, Papua New Guinea

1959年、パプア・ニューギニアのボイアナイで、伝道団指導者ウィリアム・ブース・ギル神父など30人以上が3日間にわたり複数のUFOを目撃した事件。

■4人の人影が乗った発光物体

1959年6月26日午後6時45分頃、夕食後に金星を見ようと外に出たギル神父は、金星の他にもうひとつ別の発光物体を上空に見つけた。

物体は地上から約150メートル上空に浮かんでおり、底部の幅の広い円柱の上に、より幅の狭い円柱が重なった形をしていた。

ギル神父は基部の直径を約11メートル、上甲板を6メートルと推定しており、側面には窓のようなものが4つあった。底部からは、4本の棒状のものが脚のように突き出ていた。物体は、時折上方45度の角度で、青い光線を発し、また速度を上げたり落としたり、近付いたり遠ざかったり、振り子のように揺れたりしながら飛行していた。

ギル神父が叫んだため、すぐに現地人教師や医療技術者など30人以上が集まってきて同じ物体を目撃した。神父たちが見ていると、4人の人影が内部から出てきて、デッキ部分の上に現れ、この人影も光を発しているように見えた。

午後8時30分頃には、さらに3機の飛行物体が現れた。目撃は9時30分頃まで続き、物体は少し揺れるような動きを示すと、色を変えながら急速に音もなく飛び去った。

■手を振り返した乗組員

翌27日午後6時、同じようなUFOが、小型のUFO2機とともに再び姿を見せた。やはり4人の人間のような姿が上部に現れ、そのうち2人は屈みこんで何か作業をしているように見えた。もう1人は作業する2人を監督しているように見え、4人目は上部の手すりに手をかけて立っていた。

ギル神父は手を上方に伸ばして振ってみると、その人影が同じことをした。現地人の1人が両手を上に上げて振ると、先方の2人も同じような動作をした。暗くなって懐中電灯を点滅させると、UFOはそれを確認したように揺れた。

午後6時30分、ギル神父は夕食のため一旦その場を離れ、他の目撃者も午後7時頃礼拝のためその場を離れたが、7時45分に一行が現場に戻ると物体は消えていた。

しかし、午後10時40分になって、窓のすぐ外で大きな爆音がとどろき、ギル神父はベッドから飛び降り、外に出たが変わったことはなかった。

6月28日の晩も午後6時45分頃から一機のUFOが現れ、しだいに増えて午後11時には8機がボイアナイ上空を乱舞した。高度はかなり高く、人影も見られなかった。11時20分頃鉄板を落としたような鋭い金属性の音が本部上空に響き渡った。11時半には皆寝室へ入ったがUFOはまだ上空を飛び回っていた。

■最も信用できる事例のひとつ

ギル神父は、全目撃者38人中25名の署名のあるスケッチとともに、友人のデビッド・デュリー神父に事

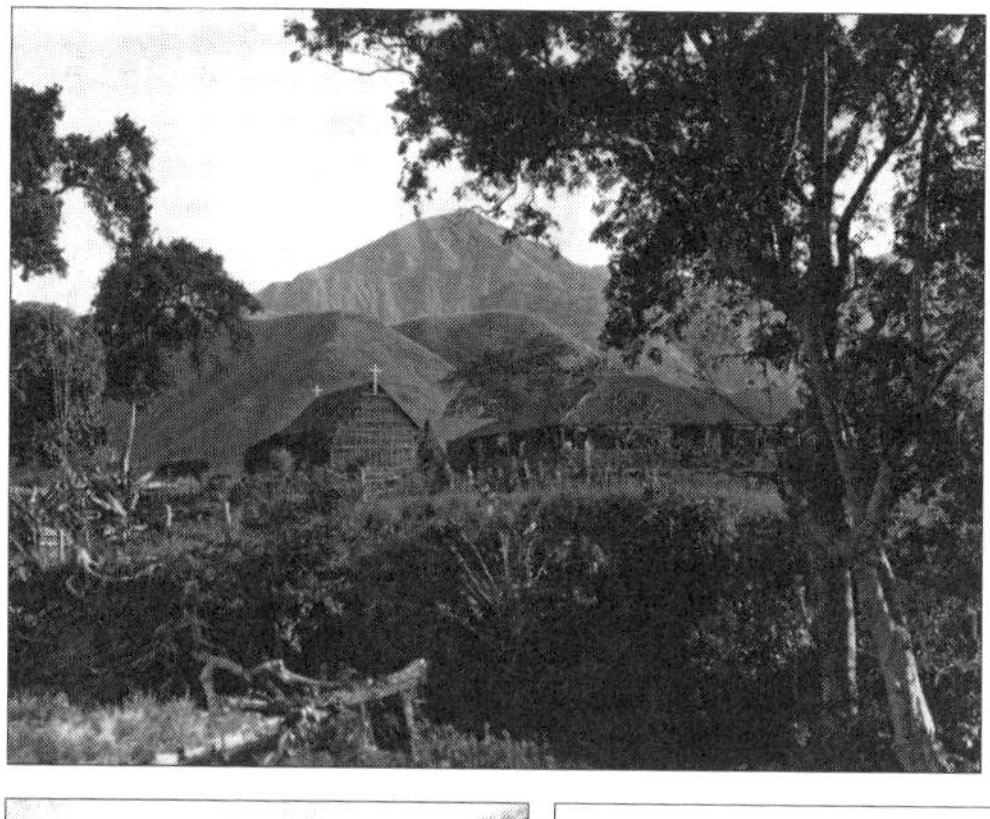

【右】後年、事件についてインタビューに答えるギル神父（Youtubeの動画より）
【左】事件があったボイアナイのキリスト教教会（1921年頃、オーストラリア国立図書館）

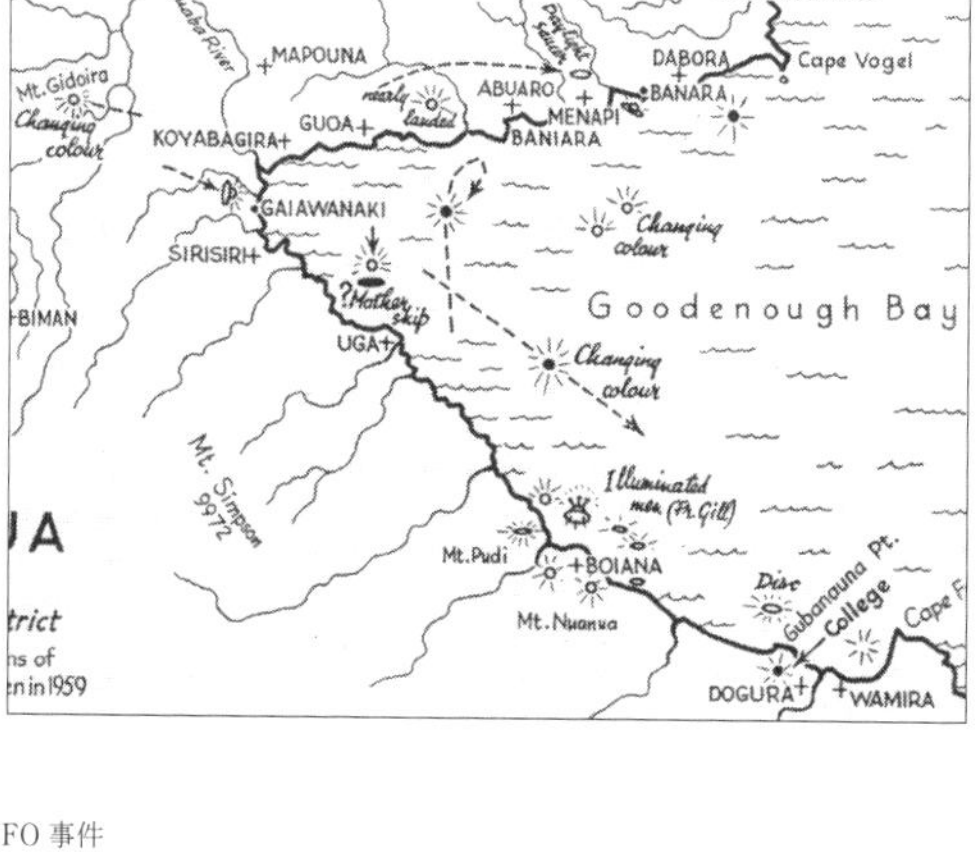

【上左】6月27日のUFO出現を最初に目撃したアニー・ボレア（右）
【上右】事件を調査したクラットウェル神父が証言をもとに描いたイラスト。手を振るとUFOの乗員も振り返した。（『パプワ島の円盤騒動』より）
【右】目撃情報にもとづいたUFOの移動経路図。この事件には非常に多くの目撃者がいる。（The Big Study「From Bill to Gill to Hill: Part Two--Gill.」より）

事件を調査したクラットウェル神父は調査結果を1冊の本にまとめた。邦訳本の『パプア島の円盤騒動』（ユニバース出版社）は残念ながら絶版。

件に関する書簡を書き送っている。

事件に関しオーストラリア空軍は、「光体のうち少なくとも三個は木星、土星および火星と思われる。光の屈折と熱帯の複雑な気象状況のため光体が運動したように感じられることがある」とした。

ドナルド・メンゼルは、UFOは近視であったジル神父が見たピントがぼけた金星で、乗員はほこりや涙によるまつげの異変としたが、神父は度の合ったためがねをかけていたことが判明している。

また、これだけの異常な現象を目撃しながら、神父が夕食に戻った点を疑問視する者もあるが、ジョゼフ・アレン・ハイネックやジャック・ヴァレは「記録に残っているものの中で最も信用できる事例の一つ」と評価している。

（羽仁礼）

※日本では事件の主要目撃者を「ジル神父」と表記することが多いが、英語圏での発音に合わせて本稿では「ギル神父」に統一した。

【参考文献】

ノーマン・クラットウェル神父『パプア島の円盤騒動』（ユニバース出版社、1975年）
「UFOと宇宙」（1977年6月号、ユニバース出版社）
J・アレン・ハイネック、ジャック・ヴァレー『UFOとは何か』（角川書店、1981年）
ASIOS『謎解き超常現象II』（彩図社、2010年）
桜井慎太郎『図解UFO』（新紀元社、2008年）
カーティス・ピーブルズ『人類はなぜUFOと遭遇するのか』（ダイヤモンド社、1999年）
The Big Study「From Bill to Gill to Hill: Part Two--Gill.」（http://thebiggeststudy.blogspot.jp/2010/06/blog-post.html）
Ronald D. Story『The Encyclopedia of Extraterrestrial Encounters』（New America Library,2001）

【コラム】

実在した空飛ぶ円盤 円盤翼機、全翼機の世界

横山雅司

皆さんは「飛行機」と聞くとどのような姿を思い浮かべるだろうか。多くの人は旅客機やセスナのような、細長い胴体の中央付近に主翼、後端に垂直尾翼、水平尾翼が取り付けられている姿を思い浮かべるのではないだろうか。

だが、実は飛行機はその誕生から、より良い形状を求めてかなり色々な模索がなされていた。そもそも世界で初めて動力飛行に成功したライト兄弟の「ライトフライヤー号」にしても、水平尾翼に当たる部分が機体の前方、垂直尾翼に当たる部分は機体の後方についた、かなり変則的な設計の機体だった。これは現代で言えばイスラエル空軍のクフィルという戦闘機などに少し近いが、主翼を複数持つ複葉機を安定飛行させるにはやや無理のある設計だった。

当時は飛行機の翼についてかなり色々な模索が行われており、細くて小さな翼をブラインドのように何重にも重ねて主翼を構成するといった、現代からしたら首を傾げるような実験機も存在した。

■円盤翼機と全翼機の登場

そのような模索の中で、翼を円盤型にした実験機も登場する。円盤翼の利点は細長い翼に比べて強度を出しやすいこと、通常の翼に比べて失速（翼が揚力を失う状態）しにくい事などがあげられる。そのため離陸時の滑走距離が短くて済むなど、短距離離着陸に有利になる翼形である。

1913年にはリー・リチャード円環翼機と呼ばれる実験機が一応の飛行に成功したと言われている。リー・リチャード円環翼機はドーナツを潰したような真ん中に穴の空いた円形の主翼を、プロペラ機の胴体

に取り付けたような奇怪な姿をした実験機だった。

また、機体そのものが主翼となっている「全翼機」も航空機の歴史の初期の頃からアイデアの一つとして模索されている。全翼機はいわば飛ぶために必要な主翼だけで構成された機体であり、凹凸が少なく空力的に洗練されており、同じ性能ならより軽い機体を作ることができ、後のことになるがステルス性を高めやすいなど有利な点もあった。だが、逆に言えば機体を安定させるための補助となる翼を欠いていることも意味し、実際に飛ばすのは難しかった。

アメリカとドイツの挑戦

第二次大戦頃には、後のB-2ステルス爆撃機の遠い祖先に当たるノースロップN-1M実験機が製作され、さらに全翼爆撃機のデータ取得用にN-9Mが作られた。戦後そのデータをもとにYB-35全翼爆撃機、YB-49全翼爆撃機が試作されたが、結局通常の形式の爆撃機にコンペで敗れ、正式採用されなかった。

ドイツでも第二次大戦頃には、有名なホルテン兄弟がいくつかの全翼機を試作していた。特に戦争末期に製作されたホルテンHo229は洗練された機体にジェットエンジンを搭載した、現在のステルス機を先取りしたかのような先進的な航空機だった。

この機体は量産する前に終戦を迎え、アメリカに持ち去られている。いわゆる「アーノルド事件」（18ページ）で目撃されたUFOが三日月型だったことから、この機体との何らかの関連性を指摘する声もある。

三日月型といえば戦前のソビエトの航空機発明家チェラノフスキーによる一連の無尾翼試作機シリーズ（厳密にいうなら全翼機ではないが）は、まさに三日月型（厳密にいうなら半月型）であり、むしろこちらの方がアーノルドの証言した飛行物体に似ている。戦時中のドイツでは、プロペラ機に円盤翼を取り付けたザックAS-6という試作機も飛行に一応成功しているが、これはわずかに宙に浮いたというレベルだったようである。

円盤翼機といえば、最も有名なのが1940年代に開発されたチャンスボートXF5U短距離離着陸機であろう。「フライング・パンケーキ」の愛称で知られ

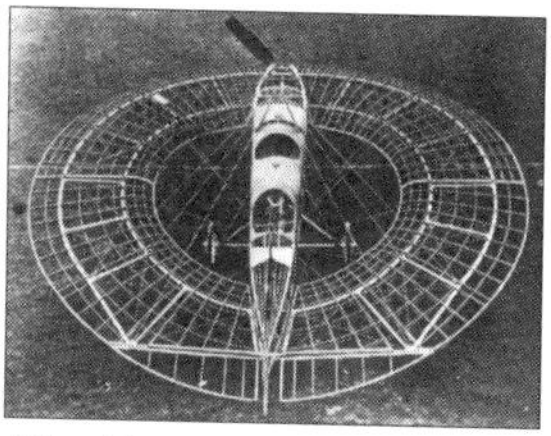

【左・上】リーリチャード円環翼機

【下】ホルテン Ho229

【左】YB-35全翼爆撃機　【上】YB-49全翼爆撃機

【上】XF5U 短距離離着陸機（通称「フライング・パンケーキ」）

【右】チェラノフスキーの無尾翼試作機 BICH-7A

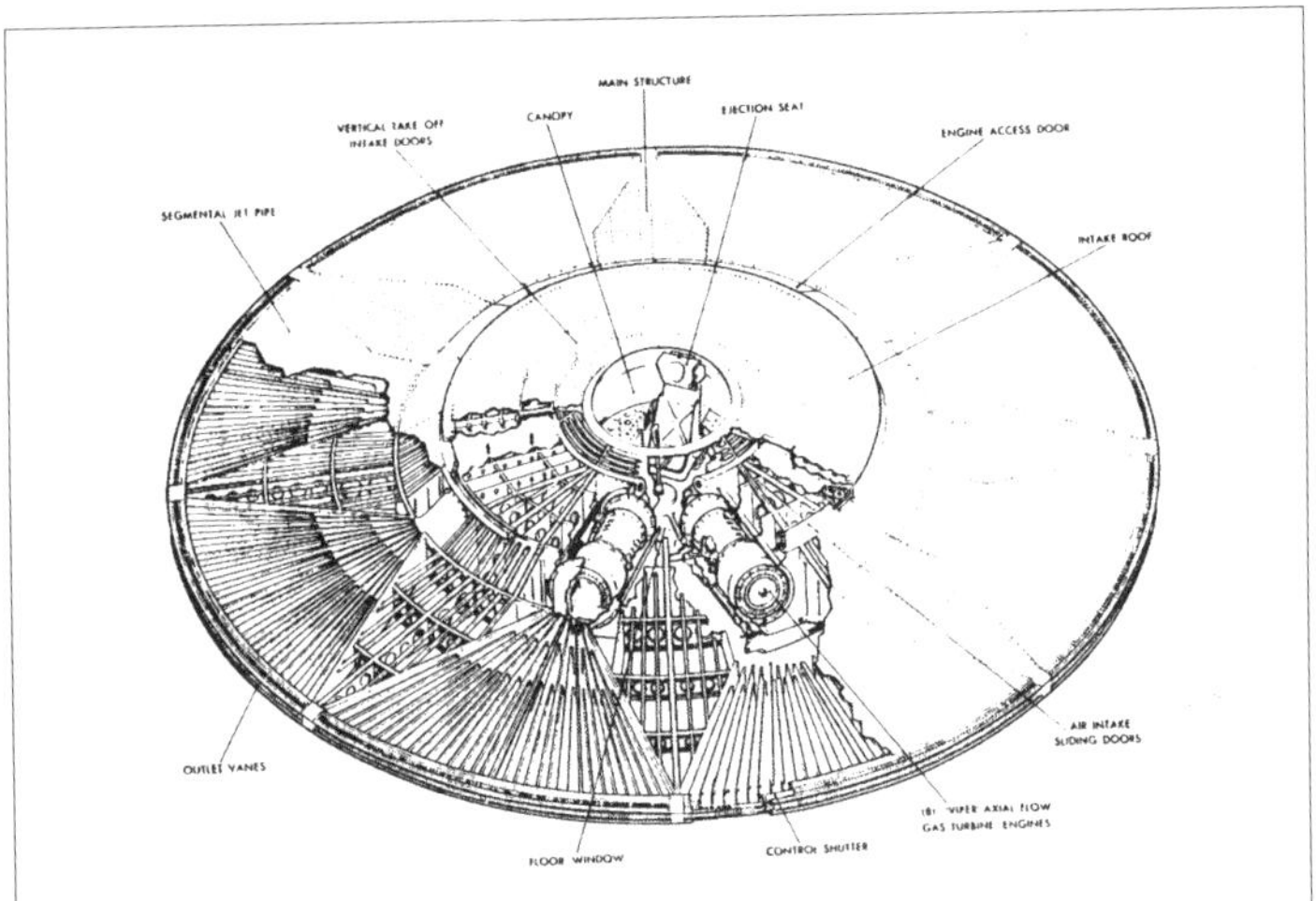

Fig. 2 Cut Away of Research Aircraft

プロジェクトY2で研究されていた「シルバーバグ」の断面図（「Project Silver Bug Report」）

るこの機は、その名の通り円盤型の機体から尾翼が突き出しており、大型のプロペラを回転させて飛行する。

これは「円盤型の全翼機」とも言える機体で、尾翼もついていたが理屈の上では全翼機に近い機体だった。もっとも、試作型のＶ－１７３を実際に飛ばしてみたところ、まともに操縦もできないような代物で、テストパイロットは沖合まで飛行して不時着水させることすら検討したそうである。改良後は幾分マシになり、向かい風があればほとんど滑走なしに飛び上がれるほどの短距離離着陸能力があった。しかし、飛行機としての性能は平凡で、実機のＸＦ５Ｕに至っては開発が途中で中止され、飛ぶことさえなかった。

■Ｊ・フロストの円盤製造計画

冷戦期に入ると航空機メーカー「アブロ・カナダ」の技師ジョン・Ｃ・Ｍ・フロスト、通称〝ジャック・フロスト〟が空飛ぶ円盤はソビエトか旧ナチス残党の極秘兵器ではないか、という噂話に関心を持ち円盤型航空機の研究を始める。

アメリカ軍の要請を受けて、アブロ・カナダ社が製造した「アブロカー」

これは当初、アブロ・カナダの社内プロジェクト「プロジェクトY」として推進される。そこで研究されていたのはサーフボードを真っ二つにしたような形状の奇妙な航空機で、翼端から排気を吹き出して垂直離着陸することを想定していた。プロジェクトYは、やがてさらに研究を進めたプロジェクトY2となる。

このプロジェクトで研究されていたのは通称「シルバーバグ」と呼ばれる航空機で、その姿は今日我々が思い浮かべる「銀色の空飛ぶ円盤」そのものである。シルバーバグは全周に渡って吸気口と排気口があり、垂直に離着陸し超音速で飛ぶことも計画されていた。

しかしながら、シルバーバグはあまりに突飛すぎ、また、円盤機の風洞実験の結果も芳しくなかったため、実現されなかった。この計画はもう少し現実的な、円盤翼をもつジェット戦闘機としてしばらくは存続したが、結局は消滅してしまうことになる。

しかし、ジャック・フロストの円盤にアメリカ陸軍が関心を示し、空飛ぶ軍用車として小型の垂直離着陸機を開発してほしいという打診がある。

そうして作られたのが「アブロカー」である。

アブロカーはプロジェクトY2の小型版のような機体で、内蔵したジェットエンジンで空気取り入れ口のファンを回し、排気を下向きに噴出する事で空中に浮かぶことができた。円盤型の機体がフワフワと飛行する映像は何度もテレビで放送されたので、見たことがある人も多いだろう。

アブロカーとプロジェクトY2が混同されて、アブロカーを「失敗した超音速機」と解説されることがあるが、それは不正確である。アブロカーはあくまで陸軍の計画による空飛ぶジープのような乗り物であり、無反動砲を装備して戦場を低速で飛び回ることをも視野に入れていた。

しかし、アブロカーは極めて安定性が悪く、一度グラグラと振動を始めると揺れが止まらなくなるという欠陥があった。結局この欠陥は改善することができず、アブロカーの開発も中止されてしまうのである。

多くの円盤型飛行機は実用化もできず、全翼機においても実用に使われているのはB－2ステルス爆撃機くらいのものである。しかし、これらの試作機群がSFのメカデザインに与えた影響は大きいはずであり、それが「空飛ぶ円盤」のイメージ形成に及ぼした影響は無視できないものがあろう。

現代では極めて多種多様な無人機いわゆるドローンが研究されており、民間用、もっといえばオモチャのマルチコプターでさえ普通に見かけるものとなっている。これらは少数しかない試作機と異なり、世界中に膨大な数が存在する。飛行機械がエイリアンクラフトと誤認される例はむしろこれから増えるかもしれない。

【参考文献】

浜田一穂『未完の計画機2』（イカロス出版、2016年）
『ヒトラーミステリーファイル』（宝島社、2016年）
『航空史シリーズ（2）軍用機時代の幕開け』（デルタ出版、1999年）
横山雅司『本当にあった！ 特殊兵器大図鑑』（彩図社、2016年）
横山雅司『本当にあった！ 特殊乗り物大図鑑』（彩図社、2016年）
「Lee-Richards annular monoplane Their Flying Machines」（http://flyingmachines.ru/site2/crafts/craft28842.htm）

【第三章】
1960年代のUFO事件

60年代は、50年代に続いてUFOの目撃報告が多い時代だった。プロジェクト・ブルーブックによせられた目撃報告件数は6000件を超えたほどである。

60年代後半のUFO目撃ウェーブが生まれるひとつのきっかけにもなった「ソコロ事件」は、現役警察官によるUFOとその搭乗員の目撃事例として注目を集めた。

また、初頭に起きた「ヒル夫妻誘拐事件」は、その後のアブダクション（誘拐）事件に大きな影響を及ぼしている。

他にも、異星人からパンケーキをもらったという「イーグルリバー事件」や、手紙をもらったという「ウンモ事件」など、個性的な事件も、この時代には起きている。

また、この時代の最後には、プロジェクト・ブルーブックが「コンドン委員会」によって幕を下ろされ、20年以上に渡るアメリカ空軍によるUFOの調査活動に終止符が打たれた。

【UFO事件17】

イーグルリバー事件

Joe Simonton / Eagle River Case
18/04/1961
Wisconsin, USA

1961年4月18日午前11時すぎ、アメリカのウィスコンシン州イーグルリバー郊外の自宅に1人で暮らすジョー・シモントン（サイモントンともいう、54歳）は、昼食を食べている最中にまるで「濡れた舗装路をデコボコしたタイヤで走っているかのような」妙な音が家の外から聞こえてくるのに気が付いた。

■謎の男にもらったパンケーキ

食事が終わると裏庭に出てみたシモントンは、そこに明るく輝く金属質のボウルを2つ上下にくっつけたような外見の物体が浮いているのを見た。物体は高さ3・6メートルほど、直径9メートルはあろうかと思われた。

シモントンの眼前で、物体の地上から高さ1・5メートルほどの部分がハッチのように外部に開かれ、内部を見ることができた。

物体の内部は黒く塗られた内装で、制御パネルのような機器があり、また3人の小男がいるのがわかった。男たちはいずれも身長1・5メートルほど、黒い髪と浅黒い肌の持ち主で、シモントンはその印象を「25歳から30歳くらいのイタリア人のようだった」と表現している。男たちの服装は編み込まれたヘルメットにタートルネックというものだった。

男の内の1人が、シモントンに対して、物体と同じ素材でできているように見える水差しのようなものを

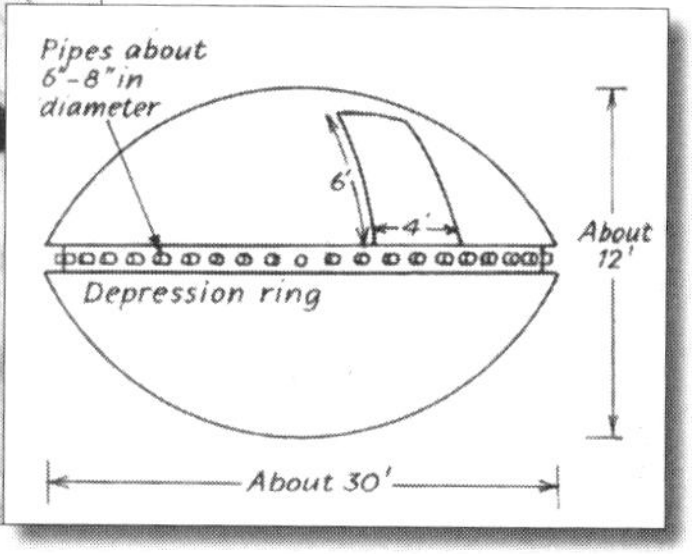

【左】謎の男からもらったというパンケーキを持つジョー・シモントン（「Vilas Country News-Review」）
【下】シモントンが目撃した飛行物体のスケッチ（「THE DISTORTION THEORY」）

つかんで掲げた。水差しは空であり、シモントンはこの動作を「水が欲しい」のだと解釈した。

シモントンが男から水差しを受けとり、家に戻って水を満たしてまた裏庭に戻ってきたところ、物体の内部では火を使わないグリルのようなもので男の1人がなにかを調理しているようだった。シモントンは動作で、彼らが調理しているものに興味があることを伝えようとした。すると、1人だけズボンに赤色のストライプの入っている男がシモントンに、調理台で焼いていたものを4つ手渡した。それは直径約2・5センチの、表面に細かい穴がたくさんあるパンケーキだった。

やがて男たちがハッチを閉めると、物体の内部から「大きな発電機か電動モーターの作動音」のような音がして、物体が高さ6メートルまで上昇した。そのまま物体は南の空に向かって高速で飛び去って行った。シモントンの手には、4つのパンケーキが残った……。

連絡を受けた最寄りの保安官事務所からやって来た2人のスタッフはシモントンとは長年の知り合いであったが、彼らはシモントンが自分の体験について真実だと信じて語っているように感じたという。やがてこの事件は空軍のUFO調査機関ブルーブックの知るところとなり、アレン・ハイネック博士らが実際に現地調査を行っている。

この奇妙な事件はマスコミにも報じられ、シモントンの元には連日多くの取材陣がおしかけた。

UFOの搭乗員からもらったパンケーキはどうなったのかとマスコミに訊かれ、シモントンは「少し食べてみたが、ダンボールのような味がした」と答え、それがまた面白おかしく報じられた。パンケーキの一部はシモントンのもとに残り、他は空軍やUFO研究家の手に渡った。

空軍は入手したパンケーキの成分分析を保険教育福祉省の食品医薬研究所に依頼した。分析結果は、パンケーキの成分を脂肪、でんぷん、そば殻、小麦のふすま、大豆の殻などであるとし、大部分がそば殻からなる普通のパンケーキの一部であると断言した。バクテリア検査と放射線検査も行われたが、地球上の素材からなる普通のパンケーキであるという結果は変わらなかった。この結果が公表されると、事件はますます笑い話として受け止められていった。

一方、科学的客観性を重視するハイネックにとって、イーグルリバー事件のような目撃者が単独の事件はそもそも調査対象としてふさわしくないものだと感じられた。ブルーブックへの報告書のなかでハイネックは、シモントンがこれまでに妄想や幻覚で騒ぎ立てたようなことはない人物であるという地元の評判を紹介しつつも、この事件は彼の見た幻覚だと結論付けている。ハイネックは後年、ジャック・ヴァレとの対談の中でもシモントンについてはあまり信頼できるような人物ではなかったという印象を語っている。

■ジャック・ヴァレの考察

イーグルリバー事件はUFOにまつわる滑稽な作り話として消費され忘れ去られようとしていたが、1969年にフランス出身のUFO研究家ジャック・ヴァレ博士の著書『マゴニアへのパスポート』の中で大きく取り上げられ、再評価された。ヴァレはUFOとその搭乗員が西欧の妖精伝承とよく似た存在であることを指摘し、イーグルリバー事件の構造が妖精との遭遇譚の延長線上にあると主張した。

「宇宙人」が水を要求したこと、パンケーキの成分分析に塩分についての言及がなく、またそば殻が大部分を占めることは、「妖精は真水を好み塩を嫌い、またそばなどしか育たない痩せた土地で暮らす存在である」という伝承と一致する。

また妖精はしばしば人間と食物を交換するという。この視点はＵＦＯ研究そのものに「新しい波」をもたらす契機となったが、塩分の有無については異論がある。

実は、空軍は自前の材質研究所でパンケーキの成分分析を別に行っていた。そちらの結果でも成分は地球上の既存の物質という結果であったが、挙げられた成分の中には「卓上塩」の表記がある。

ジャック・ヴァレ（1939～）
フランス生まれ、アメリカ在住のUFO研究家、天文学者。UFOなどの地球外存在は時空を超えた多次元的な存在だとする「多次元訪問仮説」を主張。世界のUFO研究に一石を投じた。

シモントンはマスコミの取材にうんざりし、やがて取材に対して口を閉ざすようになった。ふたたび「宇宙人」に会ったとしても、もう誰にも話さない、と彼は言ったという。

しかし１９７０年にシモントンはリー・アレキサンダーというデトロイトのＵＦＯ研究家の元を訪れ、イーグルリバー事件の後にも「宇宙人」と遭遇したとだけ話し立ち去ったという。

シモントン老人が遭遇したのは妖精であったのか、宇宙人なのか、それとも幻覚であったのか。いまだに答えは出ていない。

（小山田浩史）

【参考文献】
ジャック・ヴァレ『マゴニアへのパスポート』（１９６９年）
Jay Rath『The W-Files True Reports of Unexplained Phenomena in Wisconsin』（1997）
Jerome Clark『The UFO Encyclopedia（2nd Edition）』(1998)

【UFO事件18】

リンゴ送れシー事件

CBA Insident
01/1960-1967
Japan

1960年、「宇宙友好協会（CBA）」が密かに地球の地軸が傾く大異変に備えるよう会員に指示していたことがマスコミに報道され、社会問題となった事件。

当時のCBA会員が本件に言及することはほとんどなく、他の研究団体にとっては文字通り日本のUFO研究史から抹殺したい黒歴史ともなっている。「CBA事件」とも呼ばれる。

■大災害を予言する文書

「リンゴ送れシー」という呼び名は、1959年末、CBA幹部・徳永光男が作成したとされる通称「トクナガ文書」の内容に由来する。

その内容を要約すると、1960年あるいは62年に地軸が傾く大変動が起こるが、宇宙の兄弟が我々を助けに来てくれる。円盤に乗る場所は日本では東日本と西日本の2ヶ所であり、具体的な場所は「C（英語のcatastrophe：大災害の頭文字をとったもの）」の少し前に知らされる。Cの十日前に電報又はその他の方法でCが起こることが知らされるが、その電文が「リンゴ送れシー」ということだった。

CBAはこの「トクナガ文書」を、あくまでも個人的な文書としているが、当時のCBA幹部の動きを見ると、同じ頃、他の幹部たちも似たような内容の文書を配下の会員に配布しているなど、この団体は大異変が近いと本気で信じ込んでいたようだ。

ＣＢＡにまつわる騒動を初めて報じた「産経新聞」の1960年1月29日朝刊

たとえば平野威馬雄『それでも円盤は飛ぶ』（高文社）の68〜77ページでは、1959年8月22日の会員総会での異常な雰囲気を伝えている。

11月3日には、「重大な任務を遂行する」資金を確保するため、浅川嘉富、平野威馬雄らが発起人となって「維持会員制度」が設置されている。さらに同月には、CBAメンバーのO（小川定時と思われる）が東宝の田中友幸プロデューサーを訪れ、製作中の映画（1959年12月に公開された「宇宙大戦争」と思われる）のストーリーに大異変で滅亡に瀕した地球人を宇宙人が救うという内容を加えてくれないかと要請している。当時の機関誌『空飛ぶ円盤ニュース』には大異変についてははっきりとは述べられていないが、それをほのめかす内容も散見されている。

■宇宙人の長老と会見

ではなぜ、CBAは1960年に地軸が傾くと信じたのだろう。

事件を遡るとその発端は、CBAが1959年に翻訳出版（松村雄亮訳）したスタンフォード兄弟の『地軸は傾く』に行き着く。

　本書にはスタンフォード兄弟がコンタクトした宇宙人から知らされたとして、1960年に地軸が傾く大変動が起きると記されていた。CBA幹部はこれをこのまま訳出したものかどうか大いに迷い、原著者の1人、レイ・スタンフォードにこの点を確かめたところ、返書には「私の会っている宇宙人はいまだかつて嘘を言ったことはありません」とあった。そこで直接宇宙人に確かめてみようということになり、1958年6月27日、筑波山上空に松村雄亮代表（298ページ）と幹部が何人か集まってUFOを呼び出した。このとき、実際にUFOらしきものが飛来し、その模様は後日ラジオでも放送されたのだが、肝心の年号については、2名の者の頭に「1962」という数字が浮かんだだけで、決定的ではないとされた。

地球は崩壊するか
“空飛ぶ円盤”の警告を聞け!
果して世界最後の日はくるか
地球人を救う宇宙人
50年以内に“地軸”は傾く

『週刊サンケイ』もCBA事件を報じた（1960年4月11日号）

　CBA代表の松村はこの直後の7月から宇宙人とコンタクトするようになり、26日には円盤で母船に連れて行かれ宇宙人の長老とも会見したのだが、大変動がいつ起こるか、正確な期日は宇宙人にもわからないということだった。しかもこのとき、慎重に事を運ぶようにと念を押された。そこで日本語版では196X年という形にぼやかして出版した。さらにその後宇宙人からは、新聞を使ってはいけないとも警告された。

　こうしたCBAの動きは、他の研究団体にもある程度知られるところとなり、荒井欣一（292ページ）や高梨純一（295ページ）らの警戒を招いていた。

一般社会からの注目

こうしたなか、1960年1月29日付「産経新聞」がCBAの動きや、荒井、高梨の反論を報じたのを皮切りに、他の週刊誌も関連記事を何本か掲載する。しかもその内容は、「トクナガ文書」の内容を紹介するだけでなく、地球滅亡が近いとして乱行を繰り広げた京都の女子高生や食料を買い込んだ千葉の事件、試験を放棄した広島県の高校生などの他、CBA代表の松村がMIBに襲われた話など、真偽不明の内容が含まれていた。

こうした女子高生の行動や食料の買い込みが実際に起きたかどうかは不明であるが、大異変を真に受けた一部の会員がこのような行動に走ったとしても不思議はない。他方、当時の報道を精査しても、事件そのものがそれほど大きな社会問題となった兆候は見当たらない。ただし、事件を契機にCBAと他のUFO研究家との亀裂は決定的なものとなり、松村も一時役員を退く。しかし1年後には対立する幹部を放逐し、独裁的な指導者として復帰、以後CBAは独自の宇宙考古学路線をひた走ることになる。

なお、アニメ「懺・さよなら絶望先生」の主題歌「林檎もぎれビーム！」（大槻ケンヂ作詞）のタイトルはこの事件にちなんだものである。

（羽仁礼）

【参考文献】

レイ・スタンフォード、レックス・スタンフォード『地軸は傾く』（宇宙友好協会、1959年）
『UFOと宇宙』（ユニバース出版社、1977年11月号）
和田登『いつもUFOのことを考えていた』（文渓堂、1994年）
『空飛ぶ円盤ニュース』（1959年9月号、10月号、宇宙友好協会）
『空飛ぶ円盤ニュース別巻CBAのあゆみ』（宇宙友好協会）
ジョージ・ハント・ウィリアムソン『宇宙語・宇宙人』（宇宙友好協会、1959年）
「産経新聞」（1960年1月29日）
『週刊サンケイ』（1960年4月11日号）

【UFO事件19】

ヒル夫妻誘拐事件

Betty and Barney Hill Abduction Case
19/09/1961
New Hampshire, USA

1961年9月19日の深夜、バーニー・ヒルと妻のベティ（本名・ユーニス）は、休暇先のカナダから自宅のあるアメリカ・ニューハンプシャー州ポーツマスへと車を走らせていた。

するとその途中、空を見ていたベティが奇妙なことに気づく。夜空に輝く星だと思っていた光体が、自分たちの車を追いかけている、というのだ。

そんなはずはない、人工衛星か飛行機でも見間違えているのだろう、とバーニーは当初取り合わなかった。しかし、光体はどんどん近づいてきて、しまいには数十メートル先の高さまで回り込んできたという。

それは厚いパンケーキ型の円盤で、直径はジャンボ・ジェット機ほどもあり、両端に赤いライトが点いていた。機体には窓が並び、白く輝いていたともいう。

彼らは円盤の窓に乗組員らしき人影も見た。しかし、その後の記憶は、なぜか消えていた。気づいたときには円盤を目撃した現場から約60キロも離れた場所を走っていたという。

空白の時間に一体、何があったのか？　夫妻は後に、精神分析医のベンジャミン・サイモン博士のもとを訪問。博士の逆行催眠によって、失われた時間に何が起きたのかを「思い出した」。夫妻は宇宙人たちに誘拐され、身体検査を受けていたというのだ。

この話はベティが宇宙人から見せられたというスターマップ（星図）を再現したり、アメリカ空軍のレーダーが、当夜に謎の飛行物体を探知していたりし

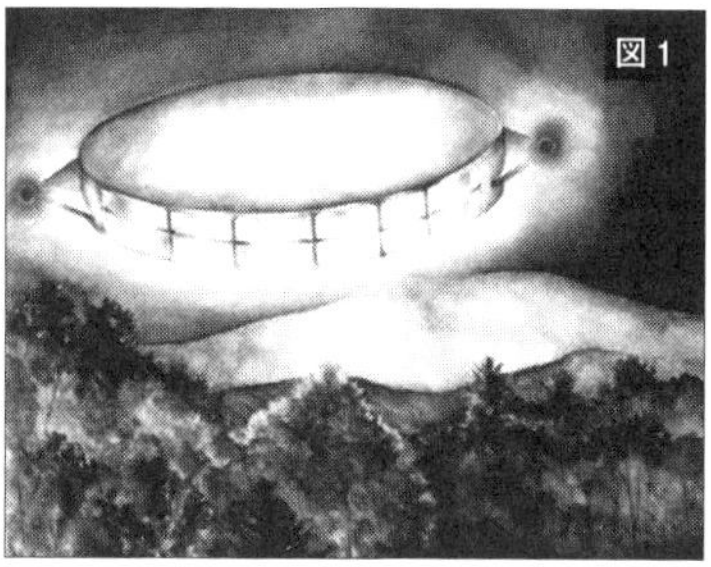

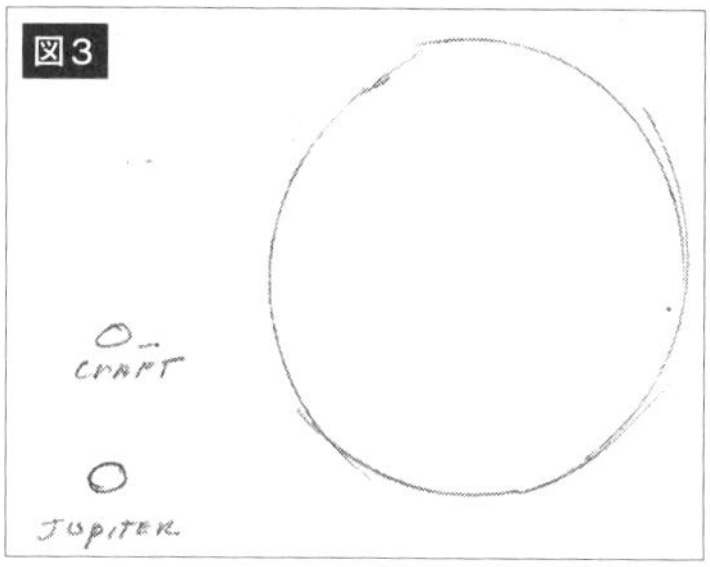

【図1】ヒル夫妻が目撃したというUFOのイラスト（「Betty and Barney Hill Abduction Case」）【図2】ヒル夫妻。60年代当時、黒人と白人のカップルは珍しかったという（「ニューハンプシャー大学HP」）【図3】このスケッチには、本来見えていたはずの土星が描かれていない（Robert Sheaffer「Dr. Simon Reveals his Real Thoughts on the Hill “UFO Abduction” Case」）

たこともあって、信憑性があると考えられた。

■目撃された光体の正体

事件は確かに興味深い。けれども本当に夫妻の証言どおりのことが起こったのかといえば、疑問はある。たとえば、夫妻が夜空で目撃したという光体。ベティは当初、空の様子を次のように描写していた。

「光り輝く月と、その左手のやや下側には、ひときわ明るい星があった」

ところが、いつのまにかその星の上に別の星が出ていることに気づいたという。それが問題の光体だった。この話は、UFO研究家のロバート・シェーファー（272ページ）による聞き取り調査の際にも確認されている。その時ベティが書いたスケッチが【図3】だ。図の中の大きな円が月で、左に「Craft（クラフト）」と書かれた小さな円が宇宙船。その下の「Jupiter（ジュピター）」が木星である。

それでは、実際の当夜の星空はどのようになっていたのか。これは天文ソフトを使えば再現できる。実際に再現してみたのが【図4】だ。

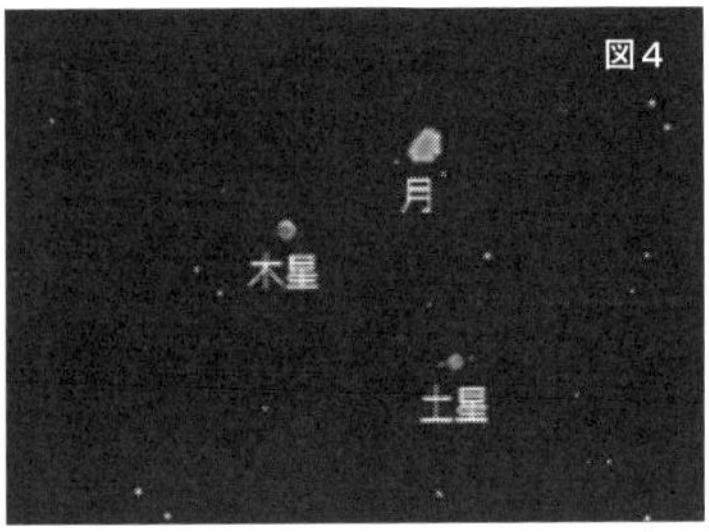

【図4】1961年9月19日、23時の現場の夜空
（天文ソフト「Stella Theater Pro」より）

これを見ると、月の近くには木星と、もうひとつ土星があったことがわかる。木星と土星は非常に明るいため、見落とすということはまず考えられない。

ベティが明るいUFOだと思っていたものは実は木星で、彼女が木星だと思っていたものが土星だったのではないだろうか。つまり星をUFOと見間違えていたということである。

星のように非常に遠くにあるものは、そのあまりの遠さゆえに、地上を車で移動した程度ではほとんど距離感が変わらない。しかし、その間に周囲の風景は変わっていく。自分たちが車で高速移動している間、風景は変わっていくのに、星はずっと同じ距離感を保っているように見える。すると「追われている」ように感じてしまうことがあるのだ。

こうした錯覚が、星をUFOと誤認してしまうきっかけだったと考えられる。

また他にも、ハイウェイを走行中に「高速道路催眠現象」（ハイウェイ・ヒプノシス）と呼ばれる現象に陥った可能性も指摘されている。これはハイウェイの単調さによって眠気を引き起こし、幻覚を見ることがあるというもの。

ハーバード大学の産業衛生学者マックファランドによれば、アメリカの長距離トラック運転手50人を調査したところ、そのうちの6割にあたる30人が幻覚を体験していたという。ヒル夫妻も、こうした現象に陥っていたのかもしれない。

■逆行催眠に否定的だった博士

次に、サイモン博士が行った逆行催眠。今日、知れ渡っている夫妻の宇宙人に関する話などは、ほとんどがこの逆行催眠によって「思い出された」ことだとされている。

しかし、これにも疑問がある。というのも心理学などの研究では記憶の不確実性が明らかにされているからだ。夢のように本人が想像したものや、後から入ってきた情報を自分が体験したものだと思い込んでしまう危険性も指摘されている。

実は、こうしたことはサイモン博士自身もわかっていた。逆行催眠によって夫妻が語った話は夢だろうという見解を、テレビやUFO研究家へ送った手紙などで述べている。

また意外なことに、逆行催眠についてはベティも否定的な見解を持っていた。1979年に行われたUFO研究家のジェローム・クラークによるインタビューでは、次のように語っている。

【図5】ベティの描いた宇宙人の絵（ジョン・G・フラー『宇宙誘拐』角川書店）

「『失われた2時間を体験しましたが、催眠検査を受けるべきでしょうか』という手紙をよく受けとりますが、催眠検査はもっとも危険なことのひとつであると思います。私は、催眠検査で真実を見いだせるとは思いません」

ベティによれば、自分の場合、逆行催眠を受けなかったとしても、いずれすべての体験を思い出したはずだという。

ちなみに、バーニーは当初、宇宙人について、「丸顔」「つり上がった目」「赤毛のアイルランド人」「ナチスのよう」「制服を着ていた」「首にスカーフを巻いて左肩の方に垂らしていた」というように語っていた。

ところが、その後、ベティが思い出して再現した宇宙人の姿は【図5】である。バーニーの話とはかけ離れているように見えるがどうだろうか。

■翻弄されたスターマップ

次にスターマップ。これにはオハイオ州の学校教師マージョリー・フィッシュが興味を持った。彼女は木製の箱の中から釣り糸を使ってビーズを吊す方法を考案。これによって立体的な星図が再現できるようにな

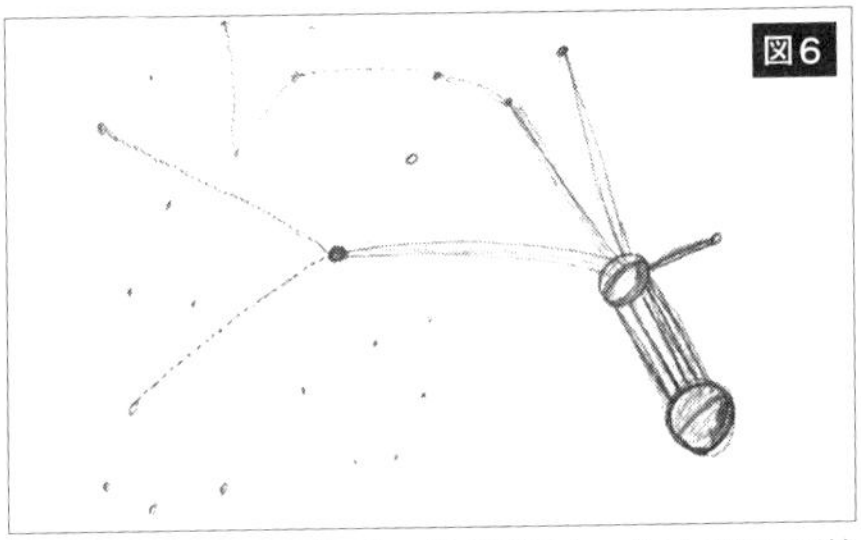

【図6】スターマップ。太い線が貿易ルートで点線は探検ルートだという（「Betty and Barney Hill Abduction Case」）

り、実際の星の配置を様々に試した。

　そして1969年、レティクル座のゼータ星を中心にした立体星図をある角度から見たときだけ、ベティのスターマップと一致することが発見された。これが偶然に一致する確率は1000万分の1だという。

　またフィッシュが再現した星図のうち、「グリーゼ86・1」という星は、ベティがスターマップを思い出したとされる1964年には未発見で、誰もその存在を知らなかった。さらに「ろ座カッパ」という星は観測値が不正確で、全然違う位置にあると考えられていたという。そうした中、当時の最新情報によって、ベティの星図の正しさが証明されたというのだ。

　ところが、これらは勘違いだったと指摘が出ている。オーストラリア、メルボルン大学のブレット・ホルマンによれば、フィッシュが星図を作成するために使った恒星のデータは約40年近くも前のもので古く、最新のデータを使うと恒星の距離などが異なってくるという。

　特に大きく異なるのが、皮肉にも前出の2つ。「グリーゼ86・1」は52・4光年だった距離が184光年になり、「ろ座カッパ」は42・4光年から71・5光年と、それぞれ大幅に修正されてしまった。他の星も数光年単位で違っているものがいくつもあり、もはやフィッシュの星図は、ベティのスターマップの再現にならなくなっている。

■不明確なレーダー事例

　続いてレーダーが同時期に捕捉していたという謎の物体。これはプロジェクト・ブルーブックの報告書がある。それによると、正体ははっきりわかっていない。

ただし、当時、レーダーが捉えた地域では、上空と地上の間で強い気温の逆転現象があったと考えられるという。これが起こった場合、地上の物体を上空にあるものとしてレーダーが誤認してしまう可能性があることは指摘されている。

いずれにせよ、ヒル夫妻誘拐事件の証拠とされるものは、証拠と呼ぶには弱いものばかりだった。

■〝中断された旅〟

最後にその後の2人について触れておきたい。バーニーは1969年に比較的若くして亡くなった。ベティは1976年にUFO研究家に転身し、2004年に85歳で亡くなるまで、精力的にUFO研究に取り組んだ。

2人の墓石には、「中断された旅」（The Interrupted Journey）という文字が刻まれている。これは夫妻の話をまとめたベストセラー本のタイトル。真相はどうあれ、彼女たちは1961年9月19日深夜の旅が宇宙人によって中断されたと信じた。その旅は特別なものになった。UFO史においても伝説となったこの事件は、きっと今後も語り継がれていくに違いない。

（本城達也）

【参考文献】

ジョン・G・フラー『宇宙誘拐 ヒル夫妻の〝中断された旅〟』（角川書店、1982年）
Robert Sheaffer『Bad UFOs』（2016）
Robert Sheaffer「Over the Hill on UFO Abductions」『Skeptical Inquirer』（Vol.31, No.6, November/December 2007）
Robert Sheaffer「Dr. Simon Reveals his Real Thoughts on the Hill "UFO Abduction" Case」（http://urx.red/F0sC）
中村稀明『怪談の科学』（講談社、1988年）
「ヒル夫妻誘拐事件の当事者 ベティ・ヒル未亡人にインタビュー」『UFOと宇宙』（ユニバース出版社、1979年5月号）
南山宏『宇宙からの侵入者』（二見書房、1982年）
Brett Holman「Goodbye, Zeta Reticuli」『Fortean Times』（November 2008）
ジャック・ヴァレ、花田英次郎訳『マゴニアへのパスポート』
「ブルーブックの資料」（http://bit.ly/2fjBYBr）
（https://www.fold3.com/image/253/8303396）

【UFO事件20】

ウンモ事件

Ummo
28/11/1962-
Madrid, Spain

「ウンモ事件」とは、惑星ウンモからやってきたユミットを名乗る宇宙人からの手紙が1000通以上届けられ、またマドリード郊外の公園に彼らのUFOが着陸したとされる事件である。

■謎のマーク付きの手紙

事の発端は1962年、スペインで有名なオカルティスト、フェルナンド・セスマのもとにタイプライターで印字された1通の手紙が届いたことだった。その手紙には、漢字の「王」のような奇妙なマークが押印され、差出人不明で、自分たちは惑星ウンモ（UMMO）からやってきたユミット（UMMITES）であると書いてあった。

手紙によると、彼らは地球から発信された電波を受信したことによって地球を発見し、地球調査のためのチームを編成、宇宙の歪みを使った航法で地球にやってきたとされている。そしてもともと地球人と容姿が似ていた彼らは、地球人にまぎれて生活し、地球に関する様々な調査活動を行っているとされている。手紙もその調査活動の一環であり、地球人を知るための心理的な実験なのだという。

■続々と届く手紙

手紙の内容は、テクノロジーや宇宙の仕組みなど科

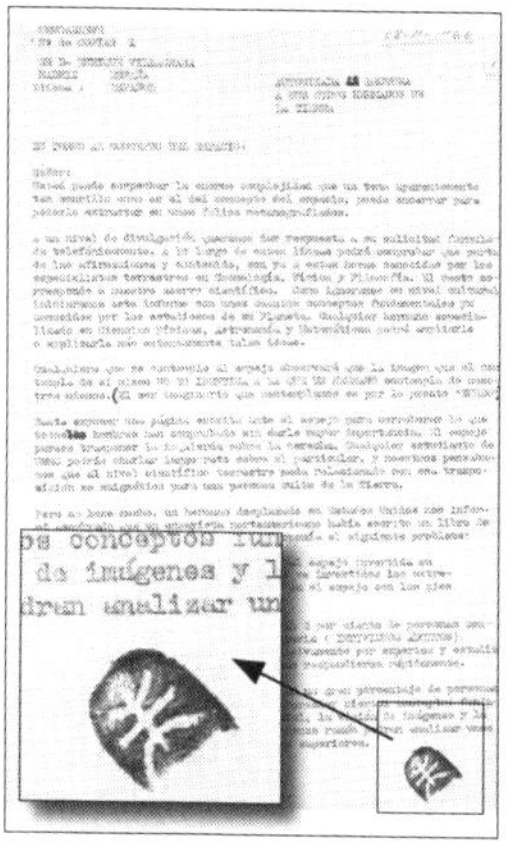

【上】1962年11月28日に届いた最初の手紙。右下に「王」のようなマークが付けられていた。
【右】匿名人物が撮影したUFO写真。底部に同じマークがある。

学に関する事柄が多く、また彼らの惑星での生活や歴史、地球調査で起こった四方山話《よもやまばなし》に至るまで様々なことが記されていた。また、所々に彼らの言語らしき文字が差し挟まれ、説明のための手描き図が添えられることもあった。

しばらくの間、その手紙の存在と内容はセスマを中心とする信奉者のグループに共有されるのみだったが、1967年6月1日、2人の匿名の人物が撮影したという円盤写真が新聞に掲載されたことにより、事態は白日の下に晒されることとなる。マドリードから数キロのところにあるサン・ホセ・ド・ヴァルディラスという場所に、底面にウンモマークが刻印された飛行物体が飛来、10人ほどが目撃し、鮮明な写真が撮影されたのだ。

また同日、目撃現場から5キロほど離れた町にあるレストラン「ポンテローザ」近くで円盤着陸騒ぎが起きた。着陸現場には着陸跡と、40センチたらずの不思議な金属製パイプが発見された。そしてセスマのもとには、この事件を予告する手紙が届いていた。

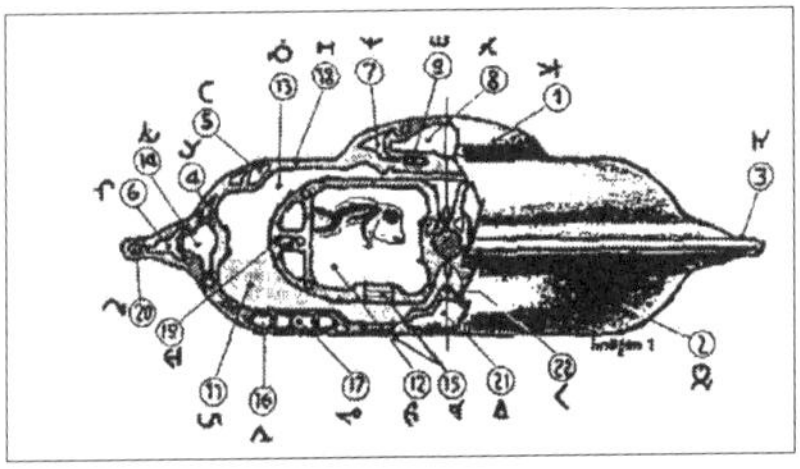

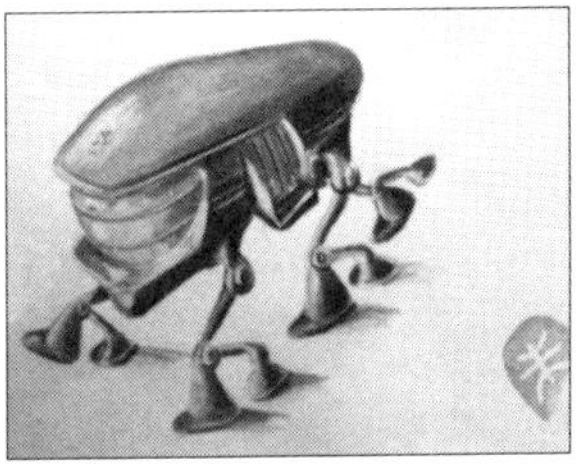

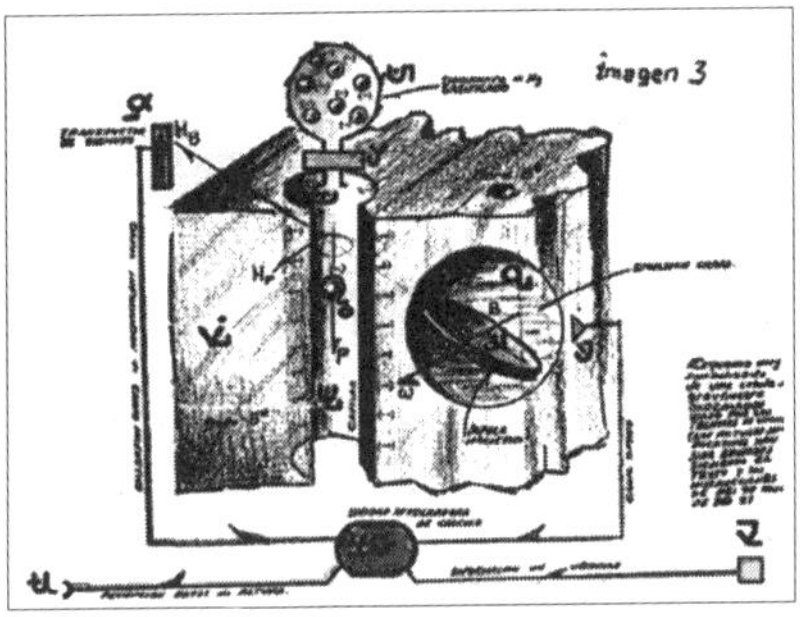

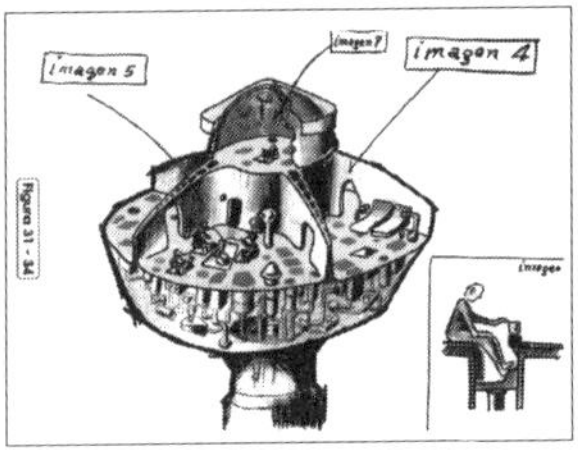

ユミットからの手紙に描かれたイラストの例。独特なタッチで、ウンモのテクノロジーや科学を解説している。

広がっていくウンモの輪

人々の関心が高まると、彼らは学識者やインテリ層の人々に手紙の送付先を広げていく。これによって実業家で資産家のラファエル・ファリオルスを中心としたウンモ信奉者のグループが形成され、手紙収集の中心的役割を担うことになる。

さらに、この手紙の科学的内容に興味を持ったフランス国立科学研究センター（CNRS）に勤務していた物理学者ジャン・ピエール・プチの研究と啓蒙活動により、このウンモ・ミステリーは世界的にも知られることになった。

先の着陸事件はその後の10年間、スペイン国内において「完璧な事例」として人々の関心を集めることになったが、1977年にフランスのUFO調査機関「GEPAN」（305ページ）の責任者クロード・ポエールらが分析した結果、それが糸で模型を吊して撮影されたトリック写真であることが明らかになった。また写真は2人の匿名の人物によって新聞社に送り届けられたとされていたが、すべての写真は同機種のカメラによって撮影されていたことも判明している。

■首謀者が名乗り出るも…

着陸事件が捏造であったことが明らかになってもユミットからの手紙は届けられつづけた。しかし、それが当時一部の学識者の興味を引いたとしても、現在の科学知識からすればかなり古臭く見えることが指摘され、またそれ以前に、数々の低レベルな間違いが指摘されている。

この事件には自分が首謀者だと告白した人物がいる。この事件の発端から関わっていたホセ・ルイス・ヨルダン・ペナという人物である。

彼が描く図のタッチと、ユミットからの手紙に挟まれる図のタッチがとてもよく似ていることが以前から指摘されており、着陸事件における円盤写真で使われたのと同機種のカメラを保有するアマチュア写真家であることもわかっている。しかし、事件はすでに一人歩きをはじめており、彼の告白を真に受ける者はほとんどいなかった。

この事件が他のUFO事件と大きく異なる点は、まずコミュニケーションの手段として匿名の手紙を使っていること、そして中心となる人物が名乗り出なかった点にある。これにより他のコンタクト事件のように誰か1人の不正を暴くことで収束させることができず、また手紙というスローペースな手段が使われたことも合わせて、長期間にわたる関心を得ることに成功している。

（秋月朗芳）

【参考文献】

ジャン・ピエール・プチ『宇宙人ユミットからの手紙1・2・3』（徳間書店、1993、1994、1998年）

マルチーヌ・カステロほか『宇宙人ユミットの謎』（徳間書店、1995年）

ジャック・ヴァレー『人はなぜエイリアン神話を求めるのか』（徳間書店、1996年）

アル・ハイデル／ジョン・ダーク編『トンデモ陰謀大全最新版』（成甲書房、2006年）

山本弘／志水一夫／皆神龍太郎『トンデモ超常現象99の真相』（洋泉社、1997年）

【UFO事件21】

ソコロ事件

Socorro / Zamora UFO Incident
24/04/1964
New Mexico, USA

事件は1964年4月24日、午後5時45分頃、場所は米国ニューメキシコ州の町ソコロで起きた。ロニー・ザモラ警官が速度違反の黒のシボレーをパトカーで追跡していた時、空に青とオレンジっぽい炎を見た。炎が見えた方向にはダイナマイト貯蔵所がある。その爆発と思ったザモラは違反車の追跡をやめて炎が見えた方向にある高さ18メートル程の丘に車を進めた。

■2本脚の光る球形物体

丘を登ってダイナマイト貯蔵所を探すと180メートル程先に、転覆した車のように見えた光る物体を発見。車を停めてよく観察すると2本の脚を持つ球形の物体だった。また物体近くには白いつなぎを着た2人の人影があり、彼らは大きな子どもか小さな大人に見え、その1人はザモラの方を見て驚いたようだったという(1回目の目撃)。ザモラは物体に向う回り道に車を進めた(この間、物体から目を離した)。そして物体近くでパトカーを停め、よく見たところ物体には赤いマークが見えた(2回目の目撃)。

そこでザモラはパトカーを降りて近付こうとしたが、突然、物体から大きなうなり音が聞こえ、下から炎が現れてゆっくり上昇し始めたという。彼は物体が爆発すると思い、急いでパトカーの後ろで丘の反対側に回り込んだ。しかしこの時、彼はサングラスを落としてしまう。ザモラが身を伏せると、うなり声は消え、物

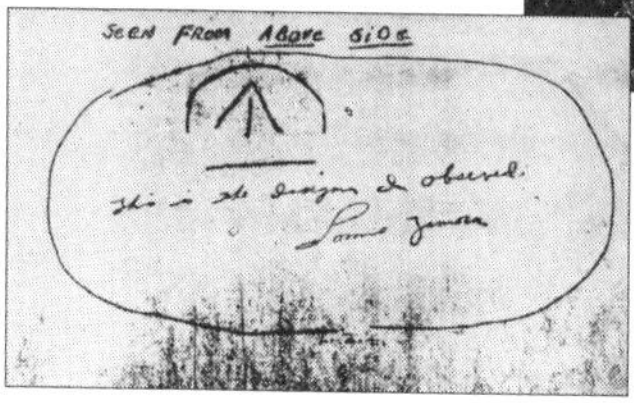

【左上】事件の目撃者となったザモラ警官
【上】謎の光る球形物体が目撃された現場。囲み写真は茂みの焦げ跡。
【左】ザモラ警官が2回目に目撃した球形物体のイラスト。物体にはロゴのような不思議な記号が書かれていたという（いずれもブルーブックより）。

体は地上数メートルの高さで飛んでいくのが見えた。そしてゆっくりと高度を上げていくと、その後、急速に見えなくなっていったという。

ザモラはすぐに無線で署に連絡し、同僚のチャベス警官に応援を頼んだ。2人が現場に行くと繁みが数か所燃えていて、物体の着陸跡と思われる窪みも発見している。また近くのガソリンスタンドでは炎を出しながら飛行する物体を見たという目撃者の報告もあった。

有名な天文学者のJ・アレン・ハイネック博士も現場を訪れ、ザモラとチャベスの2人にインタビューを行っている。事件は、警官の目撃証言、着陸跡、草が燃えた痕跡等の物的証拠が残った信ぴょう性の高いUFO事件と見なされた。

■ノーベル賞受賞者の手紙

事件は民間UFO研究グループや空軍も調査を行い、以下のような説が唱えられたが、どの説も決定的な根拠を見つけることはできなかった。

（1）本物のＵＦＯ説
（2）プラズマ、つむじ風説
（3）秘密兵器、あるいは、宇宙計画と関連した航空機実験説
（4）ソコロの町おこしを狙ったザモラと市長が組んだ町おこし説
（5）熱気球説
（6）イタズラ説

だが、２００９年にＵＦＯ研究家アンソニー・ブラガリアが事件に関する以下の記事をネットに投稿した。

オレゴン州立大学で整理が進んでいた故ライナス・ポーリング博士の資料の中に、博士の知人で事件当時、現場近くのニューメキシコ鉱山大学で学長をしていた物理学者スターリング・コルゲート博士（１９２５〜２０１３）宛ての１９６４年の手紙が見つかった。

ノーベル化学賞・平和賞の受賞者だったポーリング博士は当時ＵＦＯに強い興味を持っていて、手紙には大学近くで起きたＵＦＯ事件に関する問い合わせのメモが書かれていた。コルゲート博士は、事件に関するメモを同じ手紙に手書きしてポーリング博士に送り返した。そのメモには「私はいたずらを実行した学生に心当たりがある。彼はすでにソコロにはいない」と書かれていた。ブラガリアはコルゲート博士に手紙で事情を問い合わせ、博士から詳細とは言えないが「事件はイタズラだと知っている」「だまされたザモラが気にかかる」「装置はローソクを使った簡単な熱気球だった」「学生達はザモラを傷つけたのでは、と心配した」といった内容の返事を受け取った。

このＵＦＯ事件を合理的に説明できるかも知れない初めての証言だった（以前から、この事件が学生のイタズラでは、という噂はあったが証拠はなかった）。

■正体は小型熱気球が有力？

なお、この事件がイタズラだったと仮定して、謎の飛行物体の正体に最も現実的なものは熱気球である。ＵＦＯが炎を出して飛び去る2回目の目撃時、ザモラは2人の人間を見ていない。熱気球説だとイタズラ犯の2人は気球に乗り込み飛び去った、ということにな

る（ザモラはドアを叩くような音を聞いたと証言している）。

しかし、ザモラの証言のように熱気球が乗用車くらいのサイズだと大きさが足らず、たとえ小柄な学生であっても２人を乗せて飛び立つことはできない。では、学生たちは砂漠を走って逃げたのだろうか。

筆者は１９９６年に現場を訪れたことがあるが、現場地形は平坦な砂漠ではなく、高さ10メートルくらいの硬い砂の丘と谷が作る地形だった。学生が丘の反対側の谷に降りてしまえば、ザモラに見つからずに谷に沿って逃走可能なことがわかった。そのため、イタズラ説は小型熱気球説と合わせると最も説得力のある説になる。

この事件では、ＵＦＯ事件でしばしば報告される説明不能な事柄は何も報告されていない。これも事件が警官の証言は嘘でなく、事件はイタズラだった可能性を強く示唆している。

ザモラは２００９年に76歳で死去した。ザモラの報告書の冒頭には、追跡を始めた速度違反者の名前があり、ザモラはドライバーが誰か知っていた。当時、警察と学生らには交通取り締まりで摩擦があり、ザモラも学生から嫌われていた。学生らにはイタズラでザモラに恥をかかせる動機があり、速度違反で追跡された車はザモラをおびき寄せようとしたのだろう。

イタズラの詳細は分かっていないが、信ぴょう性が高いと伝えられてきたこのＵＦＯ事件も、後世の追及から逃げ延びることができないようである。

（加門正一）

【参考文献】

皆神龍太郎、志水一夫、加門正一『新・トンデモ超常現象60の真相』（彩図社、２０１３年）

皆神龍太郎『ＵＦＯ学入門―伝説と真相』（楽工社、２００８年）

「海外の妖しい Blog 記事から」（http://urx.red/F0HC）

UFO DIGEST「The Socorro UFO Hoax Exposed!」（http://www.ufodigest.com/news/0909/socorro2.php）

「プロジェクト・ブルーブック　ソコロ事件」（http://urx.red/F0HE）（http://urx.red/F0HF）

BAD UFOs「A Socorro Student Hoax Confirmed?」（http://urx.red/F0FN）

UFO EVIDENCE「Socorro / Zamora UFO Incident」（http://www.ufoevidence.org/cases/case90.htm）

【UFO事件22】

ブロムリー円盤着陸事件

Six UFOs landing in Britain
04/09/1967
London, UK

1967年、ロンドン郊外のブロムリーなど、イギリス南部の北緯51度30分緯線上で、等間隔に奇妙な円盤型の物体6個が発見された事件。事件直後、王立航空研究所の学生たちが仕組んだいたずらと判明し、イギリスで最も成功した偽UFO事件とも言われる。

1967年9月4日早朝、ブロムリーのゴルフ場のキャディ、ハリー・ハックスリーがロストボールを探している最中、奇妙な楕円形の物体を発見した。物体は長さ135センチ、幅75センチ、厚さ50センチの楕円形をした物体で、中央部は周辺部より膨らんでいて大きな目玉焼きのような形だった。キャディはたまたま通りかかった警官に物体のことを告げた。警官が近づこうとすると、物体が奇妙な音を立てた。署からは応援が派遣され、一行はそれを警察署まで運び、事件はスコットランドヤードを通じて国防省に報告された。

サマーセット州クリーヴドンでは、新聞配達の少年が円盤を見つけ、配達店の上司に報告したが失笑された。バークシャー州ウェルフォードでは郵便配達の女性が同じようなものをみつけ、同州ウィンクフィールドでは、男性が庭で奇妙な音を立てる円盤を発見した。さらにウィルトシャー州チッペナム及びケント州シェッピー島でも同様のものが見つかった。

当時は冷戦の最中でもあり、イギリス政府は物体がソ連の秘密兵器ではないかと疑い、レーダー基地に照会したが、前夜異常な物体が観測された記録はなかった。情報局や警察の幹部を招集した緊急の会議が開催され、事件を極秘にすることが決定され、各地に調査員が派遣されたが、その前にニュースは広まっていた。

ブロムリーでは、シンシア・トゥースという女性が前夜、木々の間に奇妙な光が降りるのを見たと証言したこともあり、騒ぎが一層広がっていた。

ブロムリーの警察はガイガー・カウンターで放射能が検出されないことを確認すると、ドリルで穴を開けて内部を調べた。内部には奇妙な匂いを放つパン生地のようなものが詰まっていた。ウィンクフィールドでは、円盤は遺失物係に回され、穴を開けて調べられた。チッペナムの物体は不発弾処理係によって爆破された。

チッペナムの農場で発見された6機のうちのひとつ（「Daily Mail」のWebページより）

しかしある新聞記者が、事件は王立航空研究所の学生たちが仕組んだいたずらであることを突き止め、その日のうちに学生たちの記者会見が行われた。

学生たちは、慈善募金を行うため世間の注目を惹こうとして偽のUFO事件を計画したのだ。目玉焼きのような円盤をファイバーグラスで型取りし、内部には簡単な刺激で奇妙な音を出すようプログラムされたスピーカーを置き、小麦粉を水で練ってゆでたものを詰めた。製作費は一機100ポンドほどだったが、その後の募金では2000ポンドが集まったという。

（羽仁礼）

【参考文献】

ジョン・スペンサー『UFO百科事典』（原書房、1998年）
「Were Unveiled New English Government Documents, Previously Secret, Related to UFOs」（http://urx.red/F0Ke）
Daily Mail「Attack of the flying saucers! How six 'UFOs' sparked a nationwide panic when they landed in Britain in 1967」（http://urx.red/F0Kc）

【UFO事件23】

コンドン委員会

Condon Committee
04/09/1967
Colorado, USA

「コンドン委員会」とは、アメリカ空軍からコロラド大学に委託された「未確認飛行物体の科学的研究」である。物理学者エドワード・U・コンドン博士を中心とする委員会は1966年の4月から約2年の月日をかけ1000ページ以上の最終報告書を刊行した。

その結論は、UFOは科学的に研究する価値がないというものだった。この結論によって空軍のUFO調査機関プロジェクト・ブルーブックは閉鎖されることになる。

■きっかけは博士の炎上事件

コンドン委員会発足のきっかけは明確である。それは、ブルーブックの科学顧問だったJ・A・ハイネック博士の「沼地ガスかもしれない」という一言に端を発した炎上騒動だった。

60年代に入り、ソコロ事件（120ページ）や、ニューハンプシャー州エクセターで警官2名と大勢の大学生が空中に静止する巨大な金属の物体を目撃したエクスター事件（65年）など、大衆の関心を大きく集める事件が立て続けに起きたこともあって、民間から空軍へのUFO目撃報告が増加する。それは1966年になっても続き、増え続ける報告や問い合わせに空軍はうんざりしていた。春にはミシガン州だけで報告の数が200件を突破し、空軍は何をやっているのかという苦情が住民から多く上がるようになった。

そんな折、畳み掛けるように警官を含む約50名がミシガン州の沼地でUFOを目撃する事件が3月20日に発生。騒動は翌日も続き、デクスター大学の女子大生87人が4時間にわたってUFOを目撃するという大規模な集中目撃事件に発展する。このニュースは瞬く間にアメリカ中を駆け巡ったため、ブルーブックはハイネック博士を現地に送ることにする。

ハイネック博士が現地に赴くと、人々は極度の興奮状態にあったため、博士は沈静化させるためにも記者会見を行う必要があると判断し、そこで「(UFOの正体は)沼地ガスかもしれない」という発言が口にされた。それはこの事件の原因についての様々な仮説の一つとしてその場で思いついたことをなにげなく語ったにすぎなかったのだが、これが思わぬ方向に動き出す。「沼地ガス」の一言で片付けられたことを不誠実に感じた新聞各紙が、空軍は民衆をバカにしたなどと書き立てたのだ。

委員会の中心となった、原子物理学者、量子力学者のエドワード・U・コンドン博士（1903～1974)。委員会には様々な分野の優秀な研究者が集結。プロジェクト・ブルーブックに代わって、科学的なUFO研究に取り組んだ。

この炎上騒動はジェラルド・フォード(後の大統領)らの呼びかけによって議会で問題になるまでに発展し、ブルーブックのような機関は空軍の配下で限定された活動をするより、大学や非営利団体によって科学的な調査をしていくべきだという提案がなされる。この提案によって空軍は受け入れ先を探し、1966年4月、コロラド大学にUFO研究を委託することを決定する。それがエドワード・U・コンドンを責任者にすえた「コンドン委員会」である。

UFO問題を科学的に評価することを目的としたコンドン委員会は、当初誰もが好意的に受け止めた。しかし、委員会の活動は決して順風満帆ではなかった。

コンドン博士はこの委員会が始まって間もない時期に「政府はUFOにかかわるのを止めるべきであり、

UFO現象は政府にとって無価値である」とスピーチし、その姿勢が必ずしもすべての仮説を公平に扱うものではないことが明らかになる。さらに「大衆には客観的に研究をしているとアピールし、逆に科学者にはUFOなどまったく信じていないことをアピールするというトリックを使ってこのプロジェクトを説明していく必要がある」と書いた、委員会のコーディネーターであるロバート・ロー博士による覚書が発覚し、この委員会が空軍から思惑的にコントロールされ「否定的な」報告をつくろうとしているのではないかという疑念が抱かれる。さらにコロラド大学に多額（当初30万ドル、最終的には52万5000ドル）の研究費が支払われる事実とあわせ批判が沸騰していった。

これによって宇宙船説を含めた公平な科学的研究をしたいと考えていたコンドン報告のメンバーは委員会を去り、またロー博士の覚書を発覚させたメンバーも解雇され、委員会は内部的な混乱をきたすことになる。それでも委員会は継続され、物理学者、化学者、天文学者、心理学者など12名のスタッフによってスタートしたコンドン委員会は、約2年の月日をかけ、総勢36名による寄稿、3巻にまとめられた1000ページ以上に及ぶ最終報告書を刊行して終了する。

だが、報告書の冒頭に書かれたコンドン博士による結論は「過去21年間のUFO研究から科学的知識は全く得られなかった。記録を注意深く調べた結果、これ以上UFO研究を続けても、おそらく科学の進歩に貢献することはないだろう」という、UFOを科学的に扱うべきだと考えていた人にとっては悲観的なものだった。

そして、この最終報告書を受けてブルーブックは正式に閉鎖となり、21年余り続いた空軍によるUFO調査・研究の歴史は終わりを告げることになる。またアメリカ最大の民間UFO研究団体だったNICAPもこの影響を受けての財政難により解散することになる。

■コンドン報告の本当の意義

コンドン委員会及びコンドン報告は、先にあげたようなスキャンダルがあったり、内容も事件の一つ一つを慎重に調べ上げるような「UFO目撃報告の調査」

ではなかったことから、UFO研究者から非難され続けており現在にまで至っている。

しかし、コンドン報告は、「歴史的見地から捉えたUFO現象」「大気電気とプラズマ」「UFO現象に対する大衆の態度」「米宇宙飛行士による目撃」「光学およびレーダー分析」「UFO写真の分析」など、実際は多岐にわたる包括的な研究がなされていた。

UFO研究者のピーター・ブルックスミスはこう語っている。

「コンドン報告はたぶんUFOに関するもっとも内容ある政府報告であり、UFO研究史上画期的なものだった。残念ながらその内容は、悪意に満ちた嘲笑のおかげで、ほとんど詳しく評価されなかった――」

たとえばコンドン報告ではギャラップの世論調査のほか、委員会独自の世論調査も行っている。そこには「空飛ぶ円盤を目撃したと公言することはどれほどタブーなのか」といったユニークな心理的調査も含まれている。コンドン報告はアカデミックなテキストで読みづらいが、もしかしたらそこは我々が見過ごしていたデータや見解が眠る宝庫かもしれない。

（秋月朗芳）

出版された『コンドン報告』

【参考文献】
デビッド・M・ジェイコブス『全米UFO論争史』（ブイツーソリューション、2006年）
エドワード・U・コンドン監修『未確認飛行物体の科学的研究（コンドン報告）第1巻』（本の風景社、2003年）
エドワード・U・コンドン監修『未確認飛行物体の科学的研究（コンドン報告）第3巻』（星雲社、2005年）
ピーター・ブルックスミス『政府ファイルUFO全事件』（並木書房、1998年）

【UFO事件24】

エイモス・ミラー事件

Amos Miller Incident
02/02/1968
Auckland, New Zealand

北米で刊行されているタブロイド紙「Midnight」の1968年7月8日号は一面に「UFOによる殺人」という衝撃的な見出しとともに奇妙な死体の写真を載せて報じた。記事によると1968年2月2日、ニュージーランドの牧場主エイモス・ミラー（39歳）が飛来したUFOの発した怪光線に撃たれ死亡したのだという。

■衝撃の殺人怪光線

記事は当日その場に居合わせたエイモスの息子ビル（17歳）の証言から事件を以下のように書いている。

ミラー親子がその日の朝、牧場の塀を修理していたところ、甲高い「ラジオの短波放送のような」物音が聞こえた。親子が周囲を見回すと、200ヤードほど先の森の上空約40フィートの高さに浮かぶ、円形でまわりに窓がある物体を発見した。物体は周囲を輝く光に包まれしばらく静止していたが、やがて底から着陸用のギアのようなものを三本伸ばし、地面の上に立つような形となった。

エイモスはこの物体に興味を示し、近づいて行った。森への途中に流れていた小川へエイモスが差し掛かり立ち止まったところで、UFOを取り巻いているのと同じ光が彼を照らした。日中でもはっきりとわかるほどの明るい光であったという。

光を浴びたエイモスはその場にばたりと倒れ込んだ。

エイモス・ミラーの遺体写真（南山宏『UFO事典』徳間書店）より

UFOはその後すぐにブンブンと音を立てながら上昇を始め、高速で飛び去ってしまった。ビルは父親のもとに駆け寄ったが、エイモスは頭部の皮膚が半分焼失しており、すでに死亡していた。

ビルから通報を受けた警察は事件現場の調査と遺体の検視を進める一方で、まずはビルの身柄を第一容疑者として拘束した。

警察は事件現場の「UFOが着陸した」とビルが証言したあたりで半径18メートルほどの円環状の痕跡を地面に発見した。その円環の縁の部分には3ヶ所ほど、なにかとても重たい物体が置かれたかのようなへこみもあった。事件現場はその後警察によって封鎖されてしまい、マスコミが近づくことはできなくなってしまったという。

一方検視を担当したジョン・ホイッティ医師は、死因は不明だとし、エイモスの頭蓋骨から皮膚が失われていること以外に外傷はなかったと述べた。そしてさらに不思議なことにエイモスの骨からはリンがいっさい検出されなかった、とも語った。

5日後に警察はビルを釈放したが、ビルをはじめとするミラー家の人々は警察から事件に関する口止めを受けたとして詳細を語ることを拒んだ……。

■事件の真相はすでに解明

日本ではこの事件はエイモス・ミラーの死体写真とともに広く知られている。確認できた範囲で最初期のものとしては、1968年11月に南山宏氏が「円盤に焼き殺された地球人」のタイトルで雑誌「少年キング」の児童向け記事としてエイモス・ミラー事件を写真付きで紹介している。不気味な姿のエイモスの遺体写真は、UFO好きの少年少女たちの心に印象付けられただろう。しかし日本でのエイモス・ミラー事件を紹介する記事の多くは、この事件に関する追跡調査の結果に言及していない。

UFOの怪光線により民間人が殺害されたという刺激的な内容のこの事件は、「Midnight」紙で報じられるとすぐさま地元のUFO研究団体やメディアが調査を行った。しかし、エイモス・ミラーやその息子ビルの実在を示す証拠は出生・死亡・婚姻等の公的記録からは得られず、またエイモスの遺体を検視したというジョン・ホイッティ医師なる人物も見つからなかったのである。

事件を最初に報じたカナダの「Midnight」紙（1968年7月号）の表紙。ご覧の通り、実態はかなり怪しげなタブロイド紙だった。

そもそもこのニュースを報じた「Midnight」紙はカナダで刊行されていた月刊のタブロイド紙で、エイモス・ミラー事件に前後してオーストラリア等でUFOによる殺人事件が起きたと報道していた。ところがこれらの事件は、地元のUFO研究団体の調査により、hoax（捏造）であることが指摘されている。事件の一次ソースである「Midnight」紙が、多くのタブロイド紙同様のきわめて怪しいメディアであることは伏せられたまま、事件が紹介されてきたのである。

地元であるニュージーランドのメディアがいっさい感知できぬ「特ダネ」を、どのようにカナダのタブロイド紙の記者がつかんで記事にし、写真まで入手できたのであろうか？　ましてや記事の中で「息子のビルをはじめとするミラー家の人々は事件について警察に口止めされ、多くを語ろうとしない」と述べながらも記事自体は「ビルによる事件の証言」で構成されているというのはどういうことなのか？　と、気になる点は多い記事である。

■日本ではいまだに人気の事件

エイモス・ミラー事件がｈｏａｘだというのは海外では早くに明らかになり、また続報なども出てこなかったため、いつしか忘れ去られてしまった。海外のＵＦＯ関係の書籍をあたっても、この事件を大真面目にどころか、ｈｏａｘの例として取り上げるものすらない。

ところが日本では、高梨純一氏が自らのＵＦＯ研究団体の会報『空飛ぶ円盤研究』でこの事件の海外の追跡調査の結果を紹介したくらいで、マスメディアではその後もエイモス・ミラー事件が実際に起こった事件であるかのように紹介され続けてきた。エイモスはその遺体写真のインパクトとともに、「ＵＦＯの怪光線により殺害された男」として記憶されてきたのである。21世紀に刊行された日本のＵＦＯ書籍の中にも、エイモス・ミラー事件を実際に起きた事件であるかのように紹介しているものがあるところをみると、本邦では今後もエイモスは「ＵＦＯに殺された男」としてＵＦＯファンに記憶され続けていくのかもしれない。

（小山田浩史）

【参考文献】

Tom Lingham『Man Killed by Death Ray from Flying Saucer』(1968)

『空飛ぶ円盤特別情報 第8号』（近代宇宙旅行協会、１９６９年）

『空飛ぶ円盤研究』（近代宇宙旅行協会、１９６９年）

南山宏『ＵＦＯ事典』（徳間書店、１９７５年）

「エイモス・ミラー事件を追え！」(http://urx3.nu/Fbk1)

【コラム】

宗教画に描かれるＵＦＯ

小山田浩史

ＵＦＯは昔から人類に目撃されてきた、という主張はいわゆる「宇宙考古学」などによって主張されている興味深い話題である。ＵＦＯの正体が「エイリアン・クラフト」であるかどうかはさておき、昔から未確認の飛行物体あるいは空中現象が目撃されてきたことは事実であり、ＵＦＯ研究家のジャック・ヴァレはそういった１９４７年以前のＵＦＯ事例と思われるものを５００例も集めて本を出している。

■古い絵画に登場するＵＦＯ

そういった言説の中で時折、「ヨーロッパの歴史的な宗教画の中にＵＦＯのようなものが描かれている」として紹介される事例がある。今回はその中でも有名なデチャニ修道院のイエス磔刑《たっけい》図に登場する「ＵＦＯ」について取り上げてみたい。

コソボのデチャニ修道院は14世紀に建築されたもので、現在はコソボの他の教会建築を含めて「コソボの中世建造物群」として世界遺産に登録されている。この修道院にあるフレスコ画のイエス磔刑図には、その上部左右に奇妙な飛行物体とその中に乗り込んでいる人が描かれている（左ページ写真）。

１９６４年、ユーゴスラビア美術大学の学生アレクサンダー・パウノビッチがこのフレスコ画の飛行物体をスプートニク人工衛星に似た飛行物体であると「再発見」し、以降様々なメディアで「中世宗教画に描かれた宇宙船とその乗組員」として紹介されてきた。

■ＵＦＯに見えるものの正体

ところで、この絵のテーマは「キリストの磔刑」であり、これは中世ヨーロッパの宗教美術において頻出

デチャニ修道院のフレスコ画。左右の囲み画像は問題の箇所を拡大したもの。

するもののひとつである（さらに細分化されて場面ごとに昇架図・磔刑図・降架図と呼ばれることもある）。多くのキリスト磔刑図は十字架にかけられたイエスを中心とした同一の構図で描かれているが、このテーマの絵画にはあるふたつのものが同じような場所に配置されて描かれることが多い。それは「太陽と月」だ。

新約聖書の福音書によるとイエスの磔刑は日中行われたが、昼の12時から3時まで「地のすべてが暗くなった」という。この記述を受けてか、キリスト磔刑図の左右には「太陽と月」が描かれることが多い。

このことについて、たとえば美術史家のジェームズ・ホールはその著書『Dictionary of Subjects & Symbols In Art』の中で次のように述べている。

「十字架の左右の位置に配置される太陽と月、というのは中世のイエス磔刑図における一般的な趣向である。この趣向はルネサンス初期まで生き残っていた――なかには、15世紀以降の作品にも登場することがある」

（デチャニ修道院のイエス磔刑図は14世紀の作品）。

太陽と月がなぜ奇妙な飛行物体とその搭乗員として描かれているのか、については擬人化された描写であ

ると考えるのが、イエス磔刑図を見る視線としては妥当なところである。

太陽と月は磔刑図においてしばしば「乗り物に乗る人間」として表現されており、デチャニ修道院の他のフレスコ画でも、同様の「円と直線で構成された図」の内部に人物として描かれている太陽や月が存在している（上図）。

対象となる絵画が描かれた当時の人々（作者側も、鑑賞する側も）には共有されていた視点が時代とともに変化し、描かれているものを別のなにかであると解釈してしまう。

キリスト磔刑図の「お約束」を知っている人ならばすぐに「太陽と月」であると理解できたものが、現代のわれわれには謎の飛行物体とその搭乗員だと思えてしまう。これは通常のＵＦＯ事件がよく調査してみれば、大部分は既知の物体や現象の誤認であるのとよく似たケースである。

宗教画にはこういった、現代のわれわれからすると理解しにくいような「お約束」がいくつかあり、それらに気付かずに「ＵＦＯが描かれている」と騒ぎ立てることもしばしば見受けられるが、注意してみる必要があるだろう。

【参考文献】

Diego Cuoghi『ART and UFOs?』
(http://sprezzatura.it/Arte/Arte_UFO_2_eng.htm)

【第四章】

1970年代のUFO事件

70年代は日本でオカルト・ブームが巻き起こった時代である。テレビでは矢追純一氏のUFO番組が放送されるようになり、雑誌ではUFO専門誌の『UFOと宇宙 コズモ』が創刊され、各大学ではUFO研究会が次々に発足。UFOに関する情報が充実した、活気に溢れる時代だった。

日本で「UFO」という言葉が定着したのもこの時代である。日本の二大UFO事件といわれる「介良事件」と「甲府事件」が起きたのも70年代だった。

海外では、有名なアブダクション事件となった「パスカグーラ事件」と「トラビス・ウォルトン事件」が起きている。

またUFO研究においては、研究家のジャック・ヴァレの影響により、民俗学や宗教学的な知見を取り入れたUFO事件に対する新しいアプローチにも注目が集まるようになった。

【UFO事件25】

介《け》良《ら》事件

Kera Insident
25/08/1972
Kouchi, Japan

かつて日本で、小型のUFOが捕獲されるという不可思議な事件があった。そのあらましはこうである。

1972年8月25日の夕方、高知県高知市にある介良地区の田んぼで、中学生がコウモリのように飛び回る奇妙な物体を目撃した。

少年は、その目撃内容を友人たちに話した。興味を持った彼らは、その夜に目撃現場の田んぼを訪問。すると小型のUFOが閃光を放ちながら飛び回っている光景に出くわした。

これは一体何なのか？　小型UFOが地面に着陸したときを見計らい、思い切って彼らのうちの1人が近づいてみた。しかしその瞬間、UFOは突然青白く輝いたため、彼らは怖くなって一斉にその場から逃げ出してしまう。だが30分後、やはり気になって現場に戻ってみると、問題のUFOは姿を消していた。

これが彼らのファースト・コンタクトである。小型UFOはその後も、たびたび少年たちの前に姿を現した。9月には、田んぼに着陸していたところに布をかぶせて、上から水をかけ、ブロックを投げつけるなどして、ようやく捕獲に成功する。

捕獲された小型UFOは少年のうちの1人の自宅に持ち帰られた。そこでは詳しく観察され、大きさは幅18・2センチ、高さ7センチ、重さは1・3〜1・5キロと計測された。また小型UFOの裏側にあった穴から水を入れたり、文鎮で叩いてみたりしたが、壊れるようなことはなかったという。

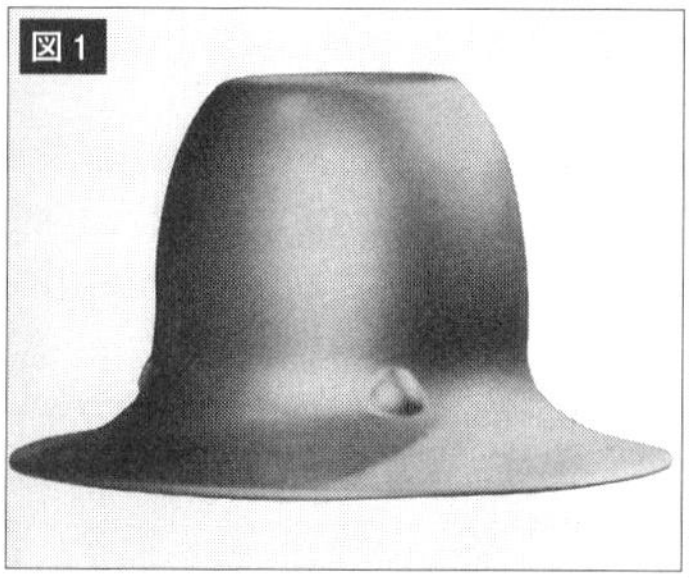

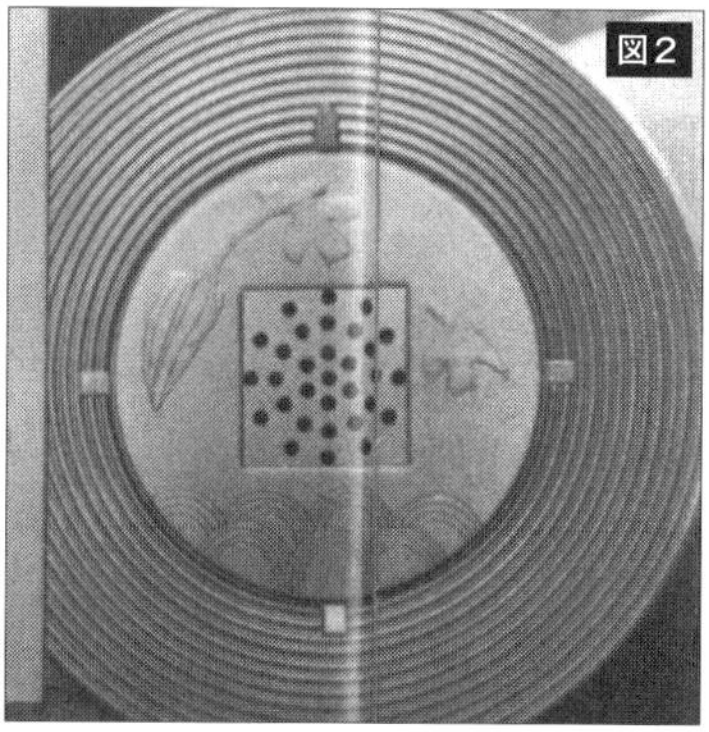

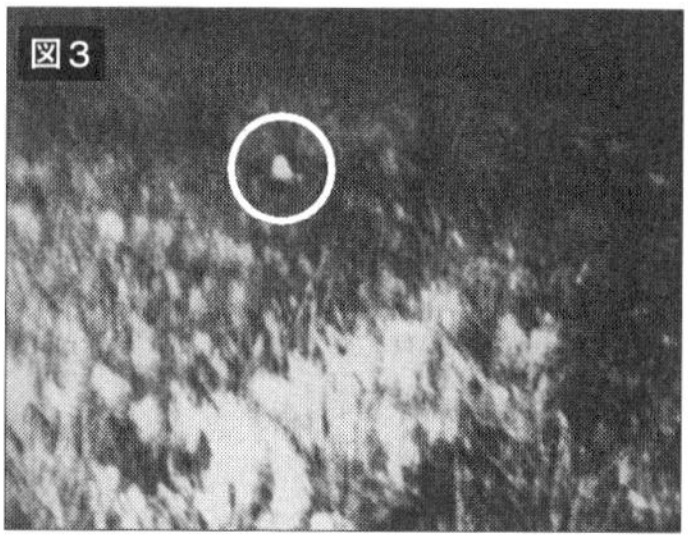

【図１】小型ＵＦＯの模型。模型とスケッチは複数あるが、細部はそれぞれ違っている。
【図２】模型の裏面。レコード盤のような溝をはじめ、特徴的なデザインになっている。
【図３】唯一、物体を写したとされる写真。丸で囲ってある箇所にUFOが写っているという。
（画像は矢追純一『写真で見る 日本に来た!? ＵＦＯと宇宙人』平安、1976年）

そこでＵＦＯを他の友人たちに見せるため、保管していたところ、いつの間にか姿を消してしまった。その後、再び少年たちの前に現れては消えるといったことを繰り返したが、9月22日を最後に二度と姿を現すことはなくなった。

■残された証言と手がかり

これらは当時、少年らが語った内容を記した資料をもとにまとめたものである。けれども日付けや登場人物、内容などは、各資料の間でも多少のバラつきがある。ただし、次の点は共通している。

- 物体を目撃した少年は全部で9人、大人は少年たちの親が2人。
- 写真は遠くから撮った不鮮明なものが1枚。（他に着陸痕とされる写真が1枚）
- 少年たちは物体のスケッチを描いている。またそのスケッチや話をもとに小型ＵＦＯの模型も作られた。

このうち写真は写っているものが小さく不鮮明で、残念ながら役には立たない。一方、スケッチや模型は一定の参考にはなるものの小型ＵＦＯ自体は最終的に手元に残らなかったため、物的証拠はない状態である。

そうなってしまうと、証言の信憑性がどれほどあるのか、という点が重要になってくる。少年たちは、いわば事件の当事者で、彼らの証言だけでは客観性に乏しい。あとは2人の大人である。このうちK君という少年の母親は、ナップザックに入れられた状態で光っているところは見ているが、直接、物体自体を見てはいなかった。

残るはF君という少年の父親になる。彼は高知市理科センターの教育主事を務める教師で、F君から小型ＵＦＯを見せられ、実物を間近で見ていた。そのときの様子を後に次のように語っている。

「私の見た感じでは直径20センチ足らずくらいのね、鋳物製の煙草盆っていうんですかね。そういうような感じで。それから外を銀色に塗ってました。子どもの話では中央の部分にフタがあってですね、ちょっと小さい穴が開いていましたけども、その中が光っていたということでしたけどね。私の見た感じでは、その時には光ってなかったですね」

父親の話には、突拍子もない話は含まれていない。「鋳物製の煙草盆（灰皿）」という例えも現実的である。実は少年たちの一部からも、「鋳物みたいだった」という話は出ていた。

そうしたことを踏まえると、証言の中に出てくる物体自体は、実在していた可能性が高いと考えられそうだ。手がかりは、鋳物製の灰皿である。

■新たに見つけた鋳物の灰皿

ここからは鋳物の灰皿説を検討してみよう。もし灰皿だったなら、50年近く前の製品ということになり、現在では骨董品扱いだと考えられる。そこで筆者は、骨董品を扱っている店や、オークションをしらみつぶしに調べてみた。

すると２０１７年4月、ヤフオクにて、介良の小型ＵＦＯに似た商品を見つけることができた。それ

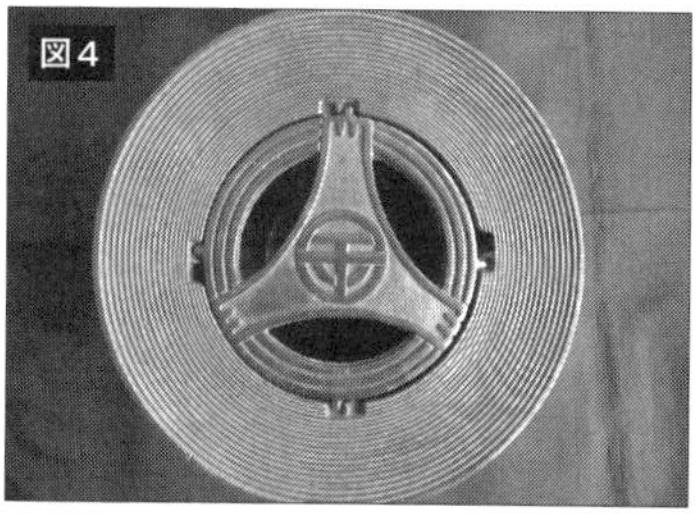

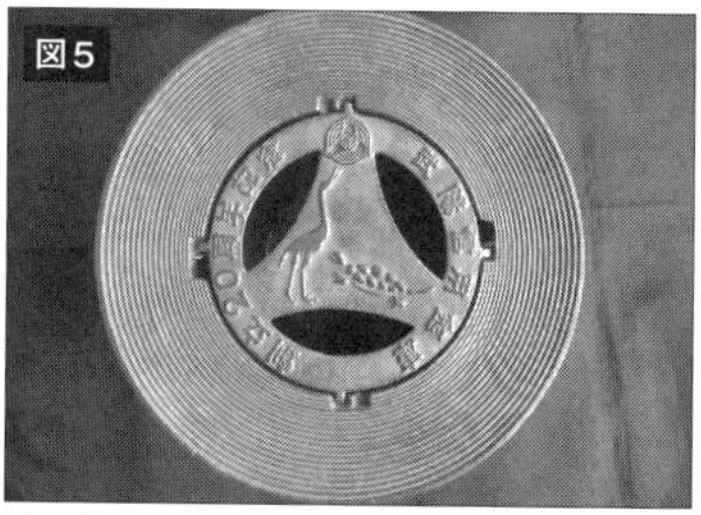

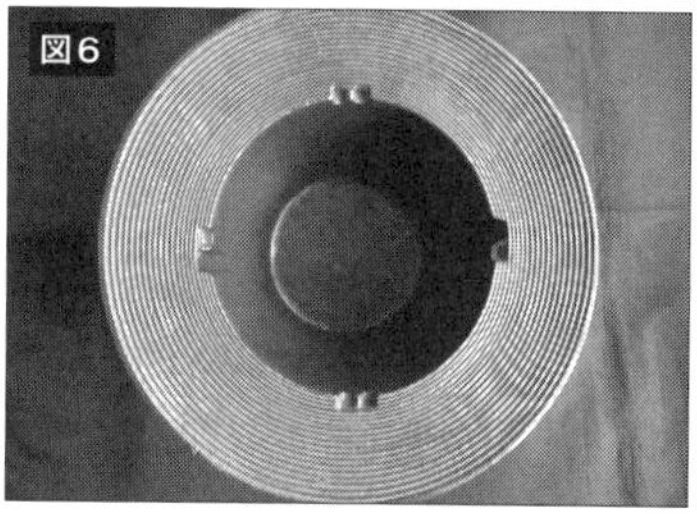

【図4】今回発見した鋳物の灰皿の裏面。フタには銀行のロゴがデザインされている。【図5】フタを裏返すと「武陽信用金庫 創立20周年記念」と記されている。【図6】フタを取り外した状態。【図7】灰皿をひっくり返した状態。空飛ぶ円盤のような形が想像力をかきたてる。

が【図4】である。出品時にはフタ側の写真しかなく、全体の様子はわからなかったが、フタ側だけでもレコード盤のような特徴的な溝や、フタの縁にある4つの窪みなどはよく似ていると判断した。

そうした中、実際に商品が届いてみると、ひっくり返した表側もよく似ていて驚いた。

この商品は、南部鉄器の鋳物の灰皿として売られていたものである。幅は20・4センチ、高さは9センチ、重さは1・7キロ。介良の小型UFOとされたものより、全体的に一回りほど大きい。フタは裏返せるようになっていて、そこには「武陽信用金庫　創立20周年記念」と記されている。これは企業の記念品としてつくられたものだった。

武陽信用金庫は、かつて東京の福生市にあった銀行で、現在は協立信用金庫と合併して、新たに西武信用金庫となっている。調べたところ、武陽信用金庫が創立されたのは1948年のことで、創立20周年ということは1968年につくられたものだということがわかった（合併したのは翌年の1969年）。

そこで現在の西武信用金庫と福生市商工会に問い合

わせ、当時の資料が残っていないか調べていただいたが、残念ながら約50年も前のことで、手がかりになるような資料は残されていないことがわかった。（オークションの売り手の会社にも問い合わせたが、南部鉄器の品という以外はわからなかった）

■南部鉄器に手がかりを求める

あと手がかりになりそうなことは、南部鉄器という点である。南部鉄器は江戸時代に南部藩が製造をはじめた鉄器のことで、現在も岩手県の伝統工芸品として受け継がれている。鋳物の灰皿の製造元としても全国的に有名で、実は、フタつきでツバがある帽子のような形をした鋳物の灰皿というのは、南部鉄器によく見られるデザインの特徴でもあった。

そこで何か他に手がかりがないか、南部鉄器協同組合、ならびに老舗の製造元である株式会社岩鋳と及源に写真を送り、調べていただいた。その結果、残念ながら、やはり50年近く前の商品となると資料はもう残されていないとのことだった。

そのため、今回見つけた鋳物の灰皿が、どこの工房で作られ、介良の小型UFOと具体的にどういったつながりがあるのか、といったことは不明のままである。ただし、前出の組合や会社の方々からは、次のような情報をいただいたのでご紹介しておきたい。

- 介良、ならびに筆者の灰皿と、南部鉄器の灰皿を比較した場合、少し珍しいといえるのは、やや高さがある点（南部鉄器のスタンダードは5〜6センチ）。それ以外の点では比較的オーソドックス。
- 他に大きさが比較的近いものとしては、岩鋳の灰皿「文銭アラレ（大）」（幅22センチ、高さ6センチ、重さ1・5キロ）や、「雪輪（大）」（幅22・5センチ、高さ7センチ、重さ1．3キロ）などがある。
- 鋳物製品は注文が途絶えた場合、通常、3〜5年で型を処分してしまう。介良、ならびに筆者の灰皿か、それに共通するデザインの灰皿が1968年当時にあったとしても、リピートがなければ1970年代には型が処分されてしまった可能性がある。

もし介良事件が起きた1970年代前半に、鋳物の灰皿の出所として南部鉄器の可能性があげられていれば、当時の調査で介良の小型UFOと同じ物を突き止められていたかもしれない。そこは悔やまれる。

■青海波と千鳥のデザイン

とはいえ、現状でもまだわかりそうなことはある。

そのひとつはフタのデザイン。介良の小型UFOのフタには、特徴的なデザインが施されている。それらを考察してみると、下側にあるのは「青海波《せいがいは》」と呼ばれる伝統的なデザインとよく似ており、上は千鳥のデザインに似ている。

【図8】青海波千鳥

これらは2つ合わせて青海波千鳥、または波千鳥とも呼ばれる【図8】。古くから縁起の良い吉祥文様としていろいろな品のデザインに用いられてきた。
筆者の灰皿には鶴（とおそらく亀）のデザインが施されているが、灰皿のフタにこうした縁起物のデザインが用いられることは珍しくなかったという。
もし介良の小型UFOが鋳物の灰皿だったならば、そのフタに波千鳥のような縁起物のデザインが用いられていたとしてもおかしくはなかったと考えられる。

■鋳物の灰皿としての比較

ここで他にも、今回見つかった灰皿と介良の小型UFOを比較してみたい。フタの中央のデザインは異なるが、円の形をしたフタ、そのフタをはめるための4つの溝、さらにその周囲の部分に彫られているレコード盤のような溝はほぼ一致している。

ひっくり返したときに見られる突起は、今回発見された灰皿が4つで、介良の方は3つといった違いはある。縦横の寸法は一回り違うものの、重さや縦横比は近い。全体としては何らかの関連があるものと判断できそうだ。

そう考えると、まったく別々にデザインされたものとは考えにくい。今回発見された灰皿をもとに介良の方がデザインされたのか、その逆なのかはわからない。両方に共通するデザインの灰皿が先にあって、それをもとに2つがデザインされた可能性も考えられる。

■事件はイタズラだった？

いずれにせよ、介良の小型UFOが鋳物の灰皿だった場合、灰皿をUFOに見せかけて仕掛けられたイタズラだったということになる。

その場合、当事者の9人の少年が全員で仕掛けたものではなかったかもしれない。というのも、スケッチを描いたり、父親に実物を見せたりした一部の少年たちは、結果的に鋳物の灰皿説につながるような情報を残してしまっているからだ。もし全員が、正体は鋳物の灰皿だと知っていたならば、もっと違う情報を残したのではないだろうか。

また実は、不可思議な現象を目撃したという少年たちは、事件の中心にいた数人に集中している点も引っかかる。

それでは、もし中心にいた少年たちがイタズラを仕掛けたとして、彼らはどこで鋳物の灰皿を入手したのか。南部鉄器の灰皿だった場合、全国的に知名度は高いため、高知でも売られていた可能性はある。

もちろん、東京の銀行が南部鉄器の記念品を作っていたことからもわかるように、他県の依頼で作られたものが高知に持ち込まれた可能性もある。鋳物の灰皿の相場は5000円前後。中学生でも十分に買えると思われるが、捨てられていたものを偶然拾った可能性もあるかもしれない。

というのは、当時の現場周辺の状況について高知市役所に問い合わせて調べていただいたところ、1972年当時、現場となった田んぼの南側には、ゴミ処理場があったことが確認できたからだ（現在の高知市東部総合運動場のあたり）。

　当時、ここでは高知市内の燃えるゴミと燃えないゴミを集めて焼却し、埋め立てていたという。

　一部の少年たちは、ここに集められていたゴミの中から、偶然、ＵＦＯに似た鋳物の灰皿を見つけ、イタズラに利用することを思いついたのかもしれない。

　証言の中には、「ちょっと重たい鋳物で、仕上がりがいい感じではないやつにシルバーのスプレーを塗った感じ」というものもあった。そのため、外側はＵＦＯに見えるように着色していた可能性がある。また機械的に見えるよう、フタの中に、何かの部品や光るオモチャを仕込んでいたこともあったかもしれない。

　いずれにせよ、鋳物の灰皿を使ったイタズラ説は、そう簡単に棄却されるべき説ではないと筆者は考える。今後も継続して調べる価値はある。もしまた進展があれば、どこかの機会で報告したい。


（本城達也）

【参考文献】

『MYSTERY PHOTONICLE』（デジタルウルトラプロジェクト）
「木曜スペシャル 現代の怪奇・追求第三弾 宇宙人は地球に来ている!!」（日本テレビ、１９７４年10月10日放送）
日本宇宙現象研究会『未確認飛行物体―情報とその研究―』（Vol1, No.1）
矢追純一『写真で見る 日本に来た!? ＵＦＯと宇宙人』（平安、１９７６年）
矢追純一『全国ＵＦＯ目撃多発地帯』（二見書房、１９７８年）
関つとむ『未知の星を求めて』（三恵書房、１９７３年）
遠藤周作『ボクは好奇心のかたまり』（新潮社、１９７９年）
並木伸一郎「田んぼで中学生が小型円盤を捕獲 謎の〝介良ＵＦＯ事件〟の今を追う!!」『ムー』（２０１４年４月号）
丹羽公三、林一男「日本の重要ＵＦＯ事件：高知 介良村ＵＦＯ捕獲事件」（http://ameblo.jp/kz0222/entry-12168532537.html）
公益社団法人 東京都不動産鑑定士協会「かんてい・ＴＯＫＹＯ」（2017. 1. No.90）
視覚デザイン研究所・編集室『日本・中国の文様事典』（視覚デザイン研究所、２０００年）
長崎巌、弓岡勝美『きものの文様図鑑』（平凡社、２００５年）
「ラジオアドベンチャー 奇界遺産」（ＮＨＫラジオ第１、２０１６年５月３日放送）
怖い噂編集部『日本〝怪奇〟大全』（ミリオン出版、２００９年）
「YouTube 再生リストＵＦＯを捕獲した介良事件の現地取材報告２０１６」（http://urx.blue/F1lc）
『ゼンリンの住宅地図 高知市周辺部』（ゼンリン社、１９７０年）
『ゼンリンの住宅地図 高知市周辺部』（ゼンリン社、１９７２年）

【UFO事件26】

パスカグーラ事件

Pascagoula Abduction
11/10/1973
Mississippi, USA

事件は1973年10月11日（木）の夜、場所は米国ミシシッピー州の町パスカグーラで起きた。町の造船所で働くチャーリー・ヒクソン（45歳）と彼の息子の同級生カルビン・パーカー（19歳）の2人は、造船所近くのパスカグーラ川で釣りをしていた。

夜9時頃のことである。突然、何かを引っかくような音がして、約5メートル後ろに離れた場所にUFOが現れた。UFOは地上50センチ程に浮いているように見え、点滅する青い光を放っていた。大きさは長さ約9メートル、高さ約3メートルで、フットボールの端を丸くした形状。端には窓のようなものが2つ。

UFOの入口らしきものからは3人のエイリアンが現れた。それを見たヒクソンらは恐怖に凍りつく。エイリアンの体は灰色のシワで覆われ、首がなく頭は肩に直接つながり、頭には長さ5センチくらいの突起物が鼻と耳の場所にあった。鼻の下にはスリット状の口らしきものがあったが、目はシワでよく分からなかった。身長に比べ長めの2本の腕の先にはミトンのような手があり、2本の足の皮膚は象のようだったという。

■UFOに連れ込まれた2人

エイリアンはUFOと同じ高さを浮遊してヒクソンらに近づき、2人のエイリアンがヒクソンの両側から腕を掴むと彼は動けず感覚も無くなった。そしてもう1人がパーカーを掴むと、彼は気を失いヒクソンと一

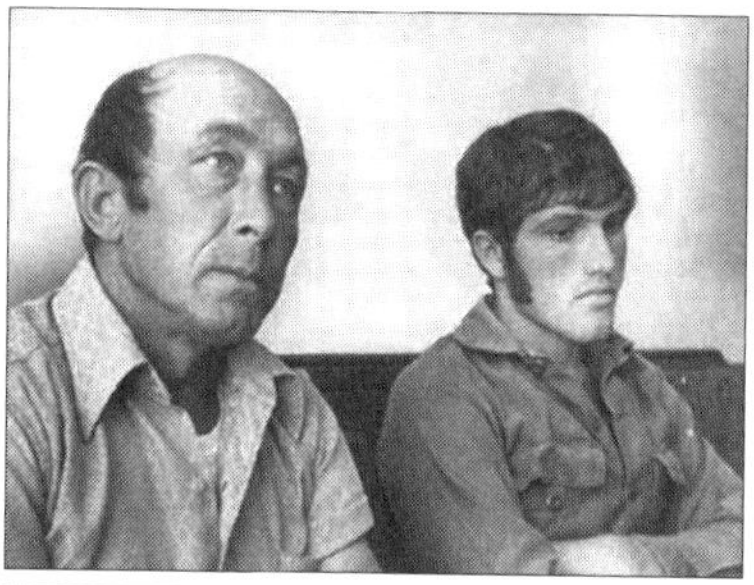

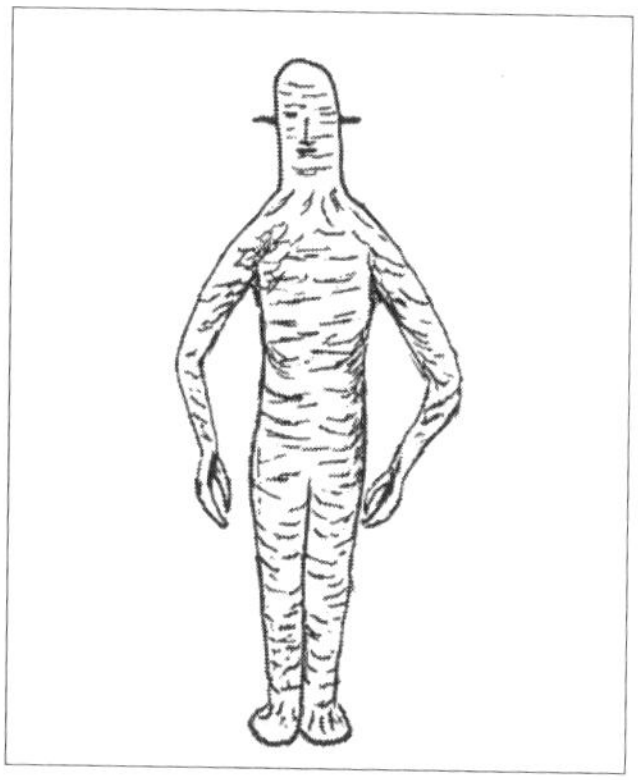

【左上】UFOにさらわれたチャーリー・ヒクソン（左）とカルビン・パーカー（右）
【上】は2人の証言をもとに、2週間後に同僚が描いたエイリアン（「Remembering Charlie Hickson, a rare Pascagoula UFO abduction transcript」より）
【左】事件が起きた現場（撮影：加門正一）

緒にUFOの中に連れ込まれた。UFOの中では壁の中から出てきた大きな目のようなものがヒクソンに15センチくらいまで接近。何度も上下に動いて彼の体全体を検査しているようだったという。その間、ヒクソンは何の感覚もなく目を動かすこともできなかった。目のようなものが壁の中に消えると、エイリアンもヒクソンらの前からいなくなった。そこでヒクソンはパーカーを呼んだが自分の声も聞こえなくなっていた。

するとここで再びエイリアンが出現。2人を入口から外に浮遊状態で連れ出した。だが今度は足が地面に着く。そこでヒクソンはようやくエイリアンから解放されたことに気がついたという。傍にはパーカーがショック状態で立っていた。そして再び引っ掻くような音がしたかと思うと、点滅する光が見えた瞬間、UFOは飛び去っていってしまった。

■専門家から寄せられた疑義

ヒクソンが怯えるパーカーを連れて警察に行くと、別々に尋問された後、2人は一つの部屋に案内され、保安官が少し話をして彼らを残して部屋を出て行った。その部屋には秘密録音の設備があり、ヒクソンとパーカー2人だけの会話を録音していた。荒唐無稽に思える2人の証言を保安官が信じた理由は、この秘密の録音記録があったからで、保安官は「2人の会話を秘密録音しており彼らは嘘を言っていない」と話している。しばらくして帰宅を許され2人は家に戻ったが、翌12日には事件の情報が警察から漏れ大騒ぎになった。

13日には、UFO民間研究団体のAPROに属するカリフォルニア大学のジェームズ・ハーダー教授とノースウェスタン大学のUFO研究者、アレン・ハイネック博士が現地を訪れ、2人と面接している。ハイネック博士は「私には2人が恐るべき体験をしたことは間違いないように思える」と発言し、翌14日の新聞記事になった。その後、ヒクソンは嘘発見器テストを受けたが、テストを行ったオペレータは「彼は本当のことを話している」と証言した。

このUFO事件には、UFO懐疑論者のフィリップ・J・クラス（269ページ）やジョー・ニッケル、事件を取材した記者から以下のような疑義が出た。

（1）事件が起きた時間が不明確。事件直後は午後7時頃、出演したテレビ番組では8時～9時、最後は9時頃と2人は話している。

（2）催眠状態で2人が別々に描いたUFOの形が違う。

（3）ウソ発見器の操作員は未熟で検査結果は信頼できない。

（4）現場は交通の激しい90号線近くだがUFOを見たドライバーはいない。また、UFOの着陸場所がパスカグーラ川に架かる跳ね橋の監視所からよく見える場所だが監視員は何も見ていない。事件現場方向を向いていた造船所の監視カメラにも何も映っていない。

（5）ヒクソンは過去に金銭問題で会社を解雇されたことがあり、信頼できない人物。

（6）事件は2人の売名と本出版の金銭目的が動機で、2人の弁護士は高額原稿料を出す出版社を探していた。

（7）2人の体験は「金縛り（睡眠麻痺）」が原因。

幻聴、幻覚、体の麻痺、の現象はしばしば「金縛り」と同時に起き、2人は酒を飲んだことをきっかけとして「金縛り」に陥った。

■ヒクソン本人にインタビュー

筆者は2004年にパスカグーラを訪れ、ヒクソンにインタビューしたが、地域の評判は悪くなく誰からも彼に関する否定的な意見は聞けなかった。事件を話す時も何ら後ろめたさや躊躇は感じられず、事件がまったくのデッチアゲである可能性は小さいと感じた。特にパーカーは19歳と若く、事件後、精神的ケアを受けたように強い意志を持つ人物とは思えず、金銭目的のデッチアゲなら簡単に白状してしまうだろう。

上記の懐疑的見方で〝金縛り説〟以外に警察署での2人の秘密録音を覆す根拠はなく、〝金縛り説〟は唯一の合理的な説明だが、2人が同時に同じ幻覚に陥るものだろうか？　さらに、ヒクソンは事件を書いた自著に、事件後の1974年1月に、ハンティングで出掛けた森の中で再びホバリングする同じUFOに遭遇し、テレパシーでエイリアンと交信したと書いている。10月のUFOアブダクション（誘拐）事件に疑惑を持たれていることは理解しているはずなのに、なぜ、さらにアヤシゲな話を書いたのか？

この事件は、常識人には到底信じられないUFO伝説特有の不可解さを持つ事件で、ヒクソンは2011年9月9日に80歳で亡くなったが、パーカーは存命である。将来、彼から決定的な証言が出るかも知れない。

（加門正一）

【参考文献】

Charles Hickson and William Mendes『UFO Contact at PASCAGOULA』（1987）

カーティス・ピーブルズ、皆神龍太郎訳『人類はなぜUFOと遭遇するのか』（文春文庫、2002年）

ASIOS『「新」怪奇現象41の真相』（彩図社、2016年）

「警察署でのヒクソンとパーカー秘密録音の内容」英語（http://urx.blue/F1nc）日本語（http://urx.blue/F1ne）

Philip J. Klass『UFOs Explained』（Vintage Books, September, 1976）

OPEN MIND「Remembering Charlie Hickson, a rare Pascagoula UFO abduction transcript」（http://urx.blue/F1nX）

【UFO事件27】

ベッツ・ボール事件

The Betz Mystery Sphere
27/03/1974
Florida, USA

1974年3月27日、アメリカのフロリダ州ジャクソンビル。ベッツ家が所有する森林の中で、長男のテリー・ベッツ（21歳）は奇妙なものを見つけた。草むらの上に、ボーリングのボールほどの大きさのつややかな金属球があったのだ。

意思を持つ不思議な球体

その球体はかなりの重さだったが、それ以外は特に変わったところはないように見えた。一家は球体を古い大砲の弾かなにかだと思った。美しく銀色に光る表面が気に入ったので、テリーはこれを自宅に持ち帰ることにした。

そののち、家でテリーがギターを弾いていると、曲に合わせたような音が球体から発せられた。そして誰も手を触れていないのに球体はまるで意思を持つかのように自分から動き、床を転がったのをベッツ家の人々は目撃した。奇妙に思った一家は球体をテーブルの上に置いて様子をみたところ、球体はテーブルの縁をひとりでに回りはするものの、決して卓上から落ちることはなかったという。また球体の内部からはオルガンのような音が発せられていた（なお、ベッツ家にはオルガンはなかった）。

ベッツ家はこの不思議な球体の正体を知るべく、地元の新聞社に連絡を取り、この奇妙な「ベッツ・ボール」は世に知られるところとなった。

取材に訪れた地元新聞の記者も、床の上に置かれたベッツ・ボールがひとりでに動いては止まるのを繰り返し、2・5メートルほど先まで遠ざかった後に弧を描いて元の場所に戻ってくるのを目撃した。

■海軍によるボールの分析

発見者のベッツ（左）と「ベッツ・ボール」

やがてベッツ・ボールについての様々な憶測が周囲に飛び交うようになった。特に、ベッツ・ボールはUFOからもたらされた地球外由来の物体なのではないかという説が根強く語られた。中には、「エイリアンが地球を破壊するために作った爆弾」などというわさもあった。

ついにはベッツ家は近辺のメイポート海軍基地にボールの分析を依頼し、表面の分析とX線写真の撮影が行われた。ボール表面の素材がステンレス鋼であること、表面には一ヶ所だけ3ミリほどの大きさの三角形のマークのようなものがあるが継ぎ目などは見当たらない、といったことが判明した。X線撮影でも球体の内部についてはよくわからなかった。

当時、「ナショナル・インクワイアラー」というタブロイド誌が、地球外知的生命体の実在の証拠を提示できた者に5万ドルの懸賞金を与えるとの企画を実施していた。UFOからもたらされたものだと思われていたベッツ・ボールがこの企画の候補に挙げられ、「ナショナル・インクワイアラー」は企画の審査員であるアレン・ハイネック博士をはじめとする科学者たちに、ボールを分析するよう依頼した。

ハイネック博士たちはベッツ・ボールを分析したが、

「ナショナル・インクワイアラー」の企画に挑むベッツとボール。地球製の人工物と判断された。(「The Betz Mystery Sphere: Alien Artifact or Doomsday Device?」)

ボールが地球外で製造されたことを示す根拠は何一つ得られなかった。ボールは単なる地球製の人工物であると判断されたのだった。

■ボールの正体は何なのか？

結局ベッツ・ボールの正体は判明しないまま、いつしか人々の記憶から忘れ去られていった。実際には直接はUFOの目撃報告などとはなんの関係もないのだが、エイリアン由来の未知のテクノロジーの産物だと騒ぎ立てられたこの奇妙な球体はなんだったのか。

一方では地元のアーティストが作った前衛芸術のオブジェだという説もあれば、日本の介良事件（1972年）で捕獲された「小型円盤」の表面のメタリックな質感との類似を指摘するUFO研究家もいる。ベッツ・ボールは、所有者であるベッツ家の人々とともにいつしか消息不明となってしまった。今後、もし再発見されれば、現在の技術でのより高度な分析により正体が判明するのかもしれない。

（小山田浩史）

【参考文献】
MYSTERIOUS UNIVERSE「The Betz Mystery Sphere: Alien Artifact or Doomsday Device?」(http://urx.blue/F1pk)
SKEPTOID「The Betz Mystery Sphere」(http://urx3.nu/Fbl9)
PARANORMAL GLOBAL「BETZ MYSTERY SPHERE - AN ALIEN ARTIFACT FOUND BY A FAMILY?」(http://urx3.nu/Fbl0)

【UFO事件28】

甲府事件

Kofu Incident
23/02/1975
Yamanashi, Japan

1975年2月23日、山梨県甲府市で、小学生2人が宇宙人と遭遇し、肩をたたかれるという奇妙な事件が起こった。

始まりは、その日の午後6時半過ぎ。甲府市上町の団地近くで、地元の小学生K君とY君の2人がローラースケートで遊んでいるときだった。Y君が上空に2個のUFOを発見。うち1個は北の方へ飛んでいったが、もう1個がオレンジ色に輝きながら、自分たちの方に向かってきたという。

UFOは上空を旋回後、底部から望遠鏡のようなものを出し、「カシャリ、カシャリ」と音を響かせたかと思うと、近くのブドウ畑の方へ飛行した。

好奇心にかられた2人は後を追った。すると、そこにはオレンジから銀に色を変えた円盤型の宇宙船が着陸していたという。

初めて見るその円盤に興味津々の2人は、周囲をまわって観察。すると突然、「バタン!」という大きな音と共に、階段状の扉が開き、中から宇宙人らしきものが降りてきた。

驚いた2人は、その場からすぐに逃げようとするが、地上に降りた宇宙人から、Y君が不意に左肩を2回「ポン、ポン」と叩かれる。

Y君はこれに思わず振り向いた。すると宇宙人は「ヒュルヒュル」という奇妙な音を出したため、恐怖のあまり、その場で腰を抜かしてしまった。だが、そんな彼を見たK君がY君を背中におぶり、何とかその場から逃げることに成功したという。

その後、2人からUFO目撃の話を聞かされた母親たちが、ブドウ畑でオレンジ色の発光体を目撃。また翌日以降、少年たちと同じ時間帯にUFOを目撃したという他の証言者が複数見つかり、ブドウ畑からは折れたコンクリートの柱や放射線まで検出された。

さらに事件から約8年後には、少年たちが目撃した宇宙人とよく似た宇宙人らしきものと遭遇していたと証言する人物も現れた。これが甲府事件の概要である。

■事件の整理

概要がわかったところで事件を整理してみたい。甲府事件は、大きく分けると3つの出来事で構成されている。

第1は団地近くでのUFO目撃。第2はブドウ畑での宇宙船や宇宙人との接近遭遇。第3はその後のブドウ畑でのオレンジ色の発光体目撃である。

これらは、すべて事件の中心人物である少年2人が目撃したと証言しているが、それぞれには別の証言や証拠があるとされている。そのため個別の検証なくして「事件は単なる子どもの空想」では片付けられない。ここからは、それぞれ検証してみよう。

■第1の出来事：UFO目撃談

少年たちによる最初のUFO目撃談を裏付けるとされる、他の証言は主に次の3つがある。

●国道から目撃されたUFO

これは2月23日の午後6時半頃、少年たちが目撃した団地の北方約1キロにある国道20号線を走行中の車から目撃された。目撃したのは少年らと同じ学校に通う小学生。取材した『山梨日日新聞』の記事によれば、「光るものが日の出団地の方へいったのを目撃した」という。

しかし、この件には続きがあった。同じ記事の中で、甲府市上空は午後6時から7時までの間、定期便の航路となっており、なかでも比較的低空を飛ぶYS11型プロペラ機などの尾灯、照明灯などの光は、UFOと

図1

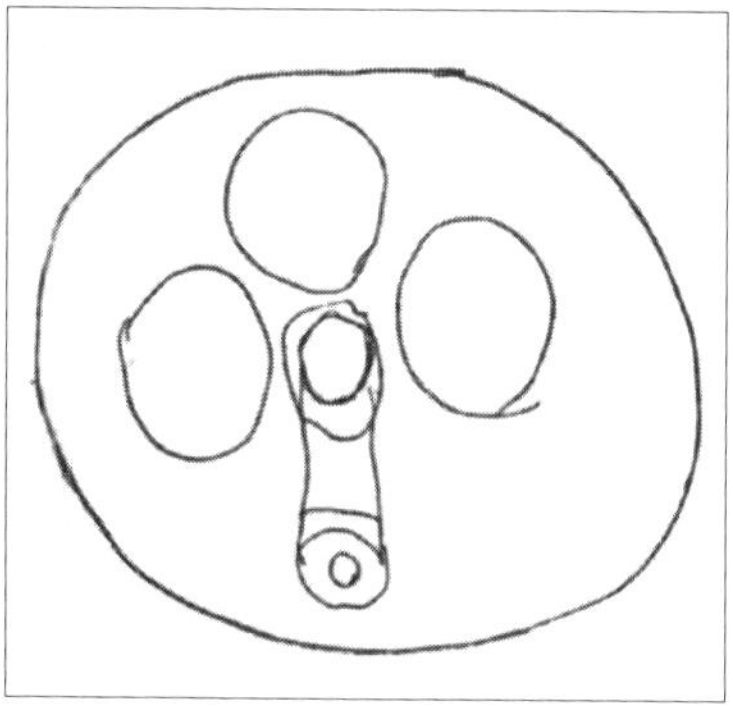

図2

【図1】少年たちの頭上で滞空中に見えたというＵＦＯの底部のイラスト。３つの着陸ギアと円筒状のものがあったとされる。（『にっぽん宇宙人白書』ユニバース出版社）
【図2】少年たちが遭遇したという宇宙人のイラスト。身長は130センチ、頭部が大きく、髪、目、鼻、口は無し。キバは３本で、耳は大きく、顔には横ジワが何本もあった。服は銀色、腰にはベルト、足にはブーツ、手は４本指で足の指は２本、右肩には銃のようなもの。（『宇宙からの侵入者』二見書房）

誤認される可能性があることが指摘されている。国道から目撃されたＵＦＯも、こうした飛行機の誤認だった可能性は考えられる。

●環境センターから目撃されたＵＦＯ

これは同日の午後6時半頃、団地の東方約８００メートルにある環境センターから目撃されたもの。目撃したのは同センターに勤めるA氏。このときは二度目撃があり、最初は東の空で「スーッと流れ星みたいなものを」目撃したという。また、役所の人も同じ物を見たそうで、「流星だろう」と言っていたという。普通に考えれば流星を見た可能性が高い。

二度目はその後で、西の空に点滅する光が滞空していたかと思うと、北の方へゆっくり移動していったという。このときはA氏の妻も同じ物を目撃している。

こちらは飛行機の可能性が考えられる。飛行機は自分の方向へ飛んでくると、見かけ上、止まっているように見え、途中で向きを変えれば目撃談と同じような見え方をするからだ。

●常光寺から目撃されたUFO

これは同日の午後7時頃、団地の南方約2キロにある常光寺から目撃された。目撃したのは寺の住職で、南方の空にジグザグ飛行する青白い光を見たという。

この正体については『UFOと宇宙』誌の1975年8月号に掲載された意見が参考になる。この号では、広島大学の人工衛星観測班に在籍していた佐藤健氏が意見を寄せ、本来、まっすぐに飛んでいるはずの人工衛星が、錯覚によってジグザグに飛んで見える例を紹介している。

佐藤氏によれば、「たとえ直線状に動いている物体でも、人間の目にはよろめいているように見える」ことがあるのだという。甲府市上空が航路であることを考えれば、常光寺の目撃例も飛行機などを誤認した可能性は捨てきれない。

●少年たちの目撃したUFO

では少年たちの目撃したものは何だったのか。彼らがUFOを目撃したのは午後6時半過ぎで、ひとつは東から北に飛んでいき、もうひとつが東から団地の方（西）へ飛来したことになっている。

このうち他の目撃情報と、時間帯、方角が一致するのは最初の東から北に飛んでいったものだけである。これは環境センターで最初に目撃されたもので、正体は流星の可能性が高かった。

一方、肝心の団地に飛来したUFOは、国道からの目撃情報と一部似ているが、この目撃談ではどの方角から飛んでいったのかが不明で、なおかつ他の記事によれば目撃されたのは青白い光だった。少年たちが目撃したというのはオレンジの光である。

そのため、団地に飛来したUFOを裏付ける他の目撃情報は残念ながらない。

そもそも少年たちの話では、彼らのもとへ飛んできたUFOは、団地周辺を数分間にわたって旋回し、付近を明るいオレンジ色に照らしていたとされている。

2月23日は日没が午後5時37分だった。現場は、もうすっかり暗くなっていたはずで、そこに明るくオレンジ色に輝くUFOが飛来すれば、きっと団地の住民が室内から気づいたはずである。しかし、団地の住民でその明るい光を目撃したと具体的に証言する人はいない。そうしたことを考えると、少年たちのＵＦＯ目撃談も自ずと信憑性は下がってしまう。

■第２の出来事：接近遭遇

続いては事件の核心ともいえる接近遭遇。現場は団地の北方３００メートルにあるブドウ畑だった（現在は残っていない）。少年たち以外の証言や証拠とされるものは主に次の３つがある。

●事件の翌日に発見された痕跡

これは２月24日に、少年たちとその担任の先生、ならびに連絡を受けて駆けつけた『山梨日日新聞』の記者が現場のブドウ畑で痕跡らしきものを発見したというもの。

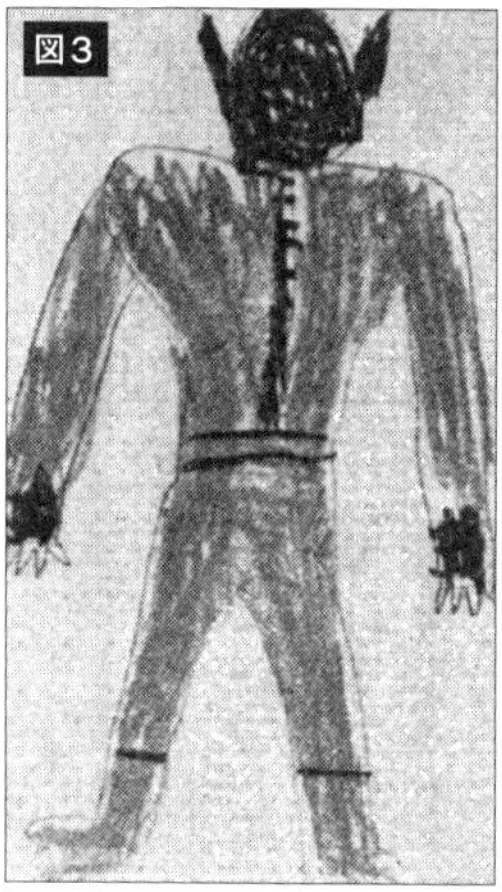

【図３】宇宙人の後ろ姿。背中にはチャックのようなものがあったという。（『にっぽん宇宙人白書』ユニバース出版社）

そのときはコンクリートの支柱が１本折れ、もう１本が傾き、ブドウのつるを絡ませるための針金が変形していたという。また地面には数個のくぼみと、リヤカーのタイヤのような跡が２本ついていたともいう。

しかし、これらはいつできたものなのかわかっていない。事件の前までは、そのような痕跡がなかったのかどうか、確認できていないのだ。

また、くぼみについても、担任の先生は次のように述べていた。

「私にはそれほど変には見えなかったのですが、中央付近に少しへこんだところがあって、ふたりの話だと、そこが円盤の着陸用の〝足〟の跡だというんです」

そもそも、おかしな痕跡だったのか、というところから疑問があるようだ。

●現場の土壌から検出されたという放射線

次は甲府市の工業高校教師のＭ氏が、事件の報道を

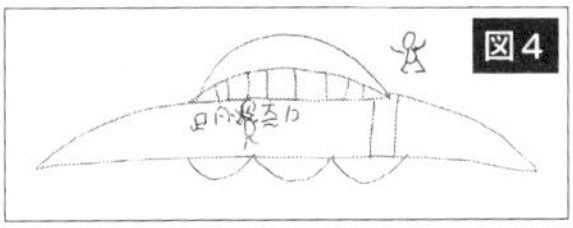

【図4】少年たちが間近で観察したという宇宙船のイラスト。側面には文字のようなものが書かれていたとされる。(『UFOと宇宙』1975年6月号)
【図5】宇宙船内の様子。もう1人の宇宙人が椅子に座り、ハンドルのようなものを握っていたという。(『にっぽん宇宙人白書』ユニバース出版社)

知って数日後に現場で放射線を検出、分析したところ、放射能のおかしな減衰がみられたというもの。宇宙船の影響を受けたのではないか、といわれている。

これについては専門的になるため、加門正一氏にご協力いただき、県の環境放射能を測定している部門で、発表されたデータを確認していただいた。

そうしたところ、いくつかの回答を得た。それらをまとめると、「測定結果のバラつきが大きく、これだけの結果から減衰があるとは言えない」、「結果に矛盾・不明点が見られ、データからは明確な結論は何も言えない」とのことだった。

●現場近くの道路での目撃談

続いて保険外交員のS氏が、事件当時、ブドウ畑の近くの道路を車で通行中、宇宙人らしき奇妙なものとすれ違ったという話。

この話は、そのすれ違ったすぐ後に、現場へ家族と共に駆けつける少年らのような集団と遭遇したという話と、少年らが描写する宇宙人とよく似た宇宙人のイラストをS氏も描いていることが補強材料だとされている。

ところが、確認してみると、これらはずいぶん違っていた。まずS氏が少年らの家族と遭遇したかもしれないとされる時間は暗くなりつつあった午後5時半から6時頃のことである。対して、実際に家族が現場へ駆けつけた時間は午後6時50分頃とされている。1時間近くも違っていては遭遇しようがない。

また、S氏がすれ違ったという宇宙人らしきものの姿についても、少年たちが描くイラストや話と共通点があるとすれば、横ジワがあって背が低かったという点くらいである。あとは全然似ていない。

むしろ、S氏のイラストと似ているのは映画にもなった「ET」だろうか。それもそのはずで、S氏の絵が初めて出てきたのは事件から約8年も後の1982年12月中旬のことだった。ETが日本で初めて公開されたのは、その1週間ほど前のことである。

つまり、ちょうどETが話題になっていた頃に描かれたことで外見が似てしまったとも考えられるのである（ETと似ていることは、S氏を初めて取材した矢追純一氏も指摘している）。

そもそも、S氏がすれ違った宇宙人とされるものの行動で、奇妙だとされているのは、車で近づいたのに道をあけようとしなかったことと、すれ違いざまに車のフロントガラスに手を置いたことくらいである。

これらは身も蓋もないことを言ってしまえば、「近所のガキがちょっと意地の悪いことをした」という程度のことだったのかもしれない。

●少年たちの接近遭遇

さて、こうしてみると、少年たちの接近遭遇も、それを裏付ける他の証言や証拠といえるものが乏しいことがわかる。

少年たち自身の証言にも、首を傾げざるをえない点はある。たとえばUFOの大きさ。少年たちによれば、幅は約5メートル、高さは約2メートルだったという。

ところが現場のブドウ畑では、ブドウの木のツルを支えるためにコンクリートの支柱がいたるところに立てられており、その間隔は平均で2・2メートルだったと計測されている。

さらに上にはツルを絡ませるための金網があり、それは1・7メートルの高さしかなかった。折れた支柱というのも畑の中央にあったもので、外側の支柱には異常がなかった。

つまり、多少の誤差はあったにしても、UFOの大きさが少年たちの話に

【図6】ブドウ畑の様子。コンクリートの支柱が何本もあり、上にはツルを絡ませる網が張られていた。（出典：「11PM」日本テレビ、1982年12月15日放送）

近かった場合、UFOはブドウ畑に入ること自体できなかったことになってしまうのである。

■第3の出来事：発光体目撃

最後はブドウ畑で目撃されたオレンジ色の発光体。これは一度現場から逃げ帰ってきた少年たちに連れられて、母親たちが電柱の陰から目撃している。その証言によれば、オレンジ色の発光体が明るくなったり暗くなったりを数分間繰り返していたという。

ただし、この目撃地点は少なくとも100メートルほどは離れており、当時現場はほとんど真っ暗で遠近感に乏しかった。さらにブドウ畑にはコンクリートの支柱が何本も立っていたため、視界も決して良くはなかった。そうしたことを考えると、目撃情報の細かな描写や、光体の位置関係などはあまり正確ではなかった可能性がある。

それでも、その様子は大人2人を含む複数人が目撃している。そのためオレンジ色の光自体は、実際に現場で見られた可能性が高い。

では正体は何だったのか。少年たちは、最初「火事だと思った」と話している。そこから考えると、焚き火を誤認した可能性があったのかもしれない。

事件から15年後の1990年1月に放送された「素敵にドキュメント」（テレビ朝日）という番組では、この甲府事件が追跡取材されており、その中で現場のブドウ畑が映った際、冬場に焚き火をしていた様子が確認できる。

また事件の翌日に現場を訪問していたという近所に住むAさん親子の証言の中にも、「灰みたいなものがあった」という話がある。

もちろん、だからといって当夜に焚き火が行われていたという確証はない。よって、ここでは可能性をあげるだけにとどめておきたい。

●少年たちが実際に見たといえるもの

さて、ここでまとめよう。これまでの考察から、少年たちの証言の中で、実際に彼らが目撃したと言えそうなものは、最初の東の空に見た光のひとつと、ブドウ畑で見たオレンジ色の光だと考えられる。

おそらく、この2つの光の目撃をきっかけにして、空飛ぶ円盤の目撃談と宇宙人との接近遭遇談が創作された可能性があるのかもしれない。

調べてみると、事件の10日前の2月13日には「木曜スペシャル」でUFO特集が放送されていたことがわかった。この番組では岡山県のUFO事件が取り上げられており、目撃者は小学生だった。目撃後に小学校で話題になって、先生も巻き込んでの騒動になるのだが、こういった点は甲府事件とよく似ている。また1974年10月10日には、同じく「木曜スペシャル」で介良事件も扱われていた。

当時はUFO番組が人気だったため、少年たちの担任の先生は、「前にテレビの木曜スペシャルを観ているので、その先入観が大分入っているのではないかと思った」と語っている。

こうした番組に触発された可能性もあるのかもしれない。

●宇宙人イラストに元ネタはあったのか

ちなみに、少年たちが描いた特徴的な宇宙人のイラストについて、これまでネットを中心に、何か元ネタであったり、創作物の影響を受けていたりする可能性が論じられてきた。そこで、これらの可能性について、筆者なりに調べられた範囲で結果を報告しておきたい。

まず、「アウター・リミッツ」の第2シーズン（邦題「空想科学映画ウルトラゾーン」）に登場する宇宙人。こちらは日本での放送が1966年のため、少年たちがテレビで観たとすれば再放送になる。そこで1975年2月23日から過去1年分の『山梨日日新聞』のテレビ欄を調べてみたが、再放送はなかった。

次に「帰ってきたウルトラマン」のバット星人。こちらはシリーズ自体が1974年の4月から6月にかけて再放送されていた。バット星人が登場するのは最終回。しかし再放送の最

【図7】「アウター・リミッツ」に登場した宇宙人

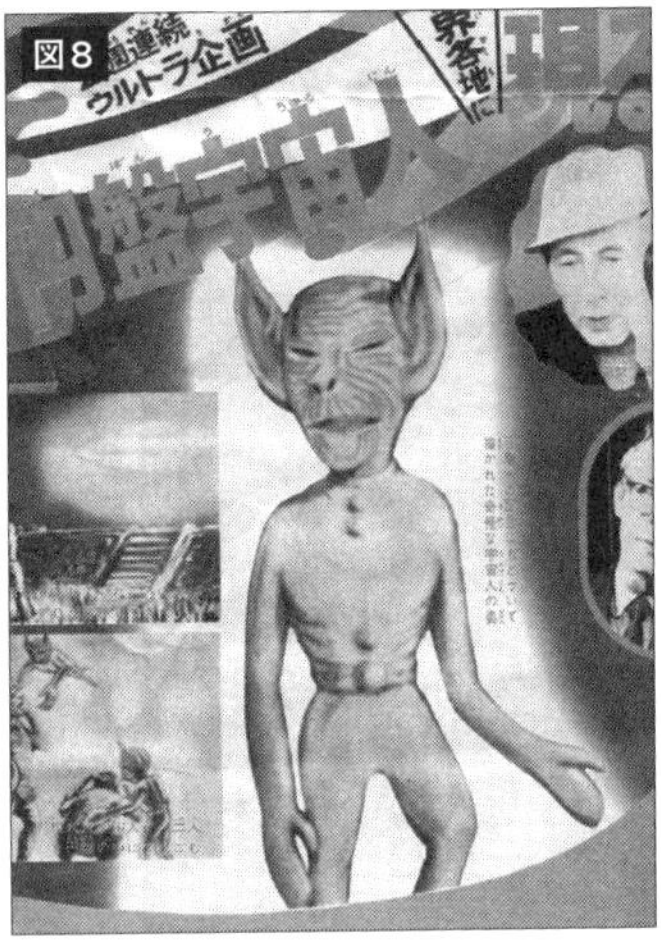

【図8】『週刊少年マガジン』（1974年2月24日号、講談社）に掲載されていた宇宙人のイラスト

後にあたる6月28日には最終回の表記がなかったため、途中で打ち切りになり、最終回は再放送されなかった可能性がある。

続いて「ウルトラセブン」のフック星人。こちらは1974年2月から4月にかけて再放送があり、フック星人が登場する第47話は4月10日に放送されていた。フック星人は大きな耳と顔中にあるシワが特徴的で、少年たちの宇宙人と比較的よく似ている。彼らが再放送を視聴していれば影響を受けた可能性はあるかもしれない。

あとは少年誌の影響も考え、1970年代当時、定期的にUFO特集を組んでいた『少年マガジン』を調べた。その結果、1974年の2月24日号に、比較的よく似た宇宙人のイラストを見つけた。【図8】である。

これは前年の10月にアメリカで起きたパスカグーラ事件の様子を紹介したものだが、その後にパスカグーラの宇宙人として定着するイラストとは全然似ていない。同誌の74年7月21日号でパスカグーラ事件が再び紹介された際のイラストは、従来のイラストになっていることから、2月24日号のイラストは、不足する情報などを想像で埋めていたのかもしれない。

何にせよ、とがった大きな耳、茶色の顔、横ジワ、銀色の宇宙服、腰のベルト、低身長などの点は少年たちのイラストと似ている。

一方で、目、鼻、口がある点や、3本のキバがない点、指の数などの点は違っている。また、このイラストが載ったページは巻頭カラー特集の1ページ目で目立つものの、発売日は事件の1年ほど前である。

発売当時に見たものを覚えていたとは考えにくい。もし覚えていたとすれば、事件日にもう少し近い時期に、捨てられずに残っていたものを見て覚えていた可能性があるのかもしれない（先述のテレビの怪獣も、雑誌や本などで取り上げられていた可能性はある）。

ただし確証はないため、これもひとつの可能性としてあげるだけに留めておきたい。

他のＵＦＯ事件の例に漏れず、甲府事件もまた、調べる余地は残されている。今後も研究は続くはずである。筆者も研究は続けていくつもりである。奇妙な事件を探る旅はまだまだ終わりそうもない。

（本城達也）

【参考文献】

「甲府にＵＦＯ出現?!　山城小の３人目撃 肩たたかれドキリ」『山梨日日新聞』（１９７５年２月25日付け、13面）

『山梨日日新聞』（１９７４年２月24日〜１９７５年２月24日付け）

日本宇宙現象研究会『未確認飛行物体―情報とその研究―』（号外No.2, 1975. 5）

日本宇宙現象研究会『未確認飛行物体―情報とその研究―』（通巻第7号、1977. 11）

「甲府市にＵＦＯ着陸！」『ＵＦＯと宇宙』（ユニバース出版社、１９７５年６月号）

佐藤健「ある意見」『ＵＦＯと宇宙』（ユニバース出版社、１９７５年８月号）

矢追純一『全国ＵＦＯ目撃多発地帯』（二見書房、１９７８年）

矢追純一「甲府事件に、衝撃的な新証人出現!!」『ＵＦＯと宇宙』（ユニバース出版社、１９８３年４月号）

矢追純一「甲府事件に、衝撃的な新証人出現２」『ＵＦＯと宇宙』（ユニバース出版社、１９８３年５月号）

内野恒隆『にっぽん宇宙人白書』（ユニバース出版社、１９７８年）

南山宏『宇宙からの侵入者』（二見書房、１９８２年）

ものぐさ太郎α「甲府事件についてのマジメな話その１」『Ｓｐファイル２』（２００５年）

ものぐさ太郎α「甲府事件についてのマジメな話その２」『Ｓｐファイル３』（２００６年）

「小川宏ショー 山梨県甲府の小学生が宇宙人に遭遇」（フジテレビ、１９７５年５月５日放送）

「11ＰＭ 女の好きなＵＦＯ怪奇実験室 横浜のＵＦＯ 甲府事件に別の証言者が」（日本テレビ、１９８２年12月15日放送）

「素敵にドキュメント ＵＦＯを呼ぶ 日本中からＵＦＯへメッセージ」（テレビ朝日、１９９０年１月５日放送）

『週刊少年マガジン』（講談社、１９７４年２月24日号）

【UFO事件29】

トラビス・ウォルトン事件

Travis Walton UFO incident
05/11/1975
Arizona, USA

「トラビス・ウォルトン事件」は、1975年の11月に7人の森林作業員らがUFOと遭遇し、そのうちの1人がUFOに連れ去られたとされる初期のエイリアン・アブダクション事件である。

さらわれた森林作業員

事件が起きたのは1975年11月5日の夕方、アリゾナ州にあるシトグリーブス国有林での伐採作業を終えた7人の森林作業員が、サスペンションが軋む小型のトラック（4ドアの'65 International）に乗り込んでの帰途の途中だった。車を運転していたのは当時28歳で最年長だったマイケル・H・ロジャース、その隣にケネス・ピーターソン、右のドア側にこの事件一番の当事者となるトラビス・ウォルトン、後部座席には、左ドア側にドウェイン・スミス、ジョン・グーレット、スティーブ・ピアース、右のドア側にアレン・ダリスという順で座っていた。この順は前に非喫煙者、後部座席が喫煙者で分けられており、席順は毎日同じだったという。

まず、右ドア側に座っていたダリスとウォルトンが奇妙な黄色い光を目撃する。「車を止めろ」という声でロジャースがブレーキを踏むと、ウォルトンが車から飛び降り、仲間が制止するのを聞かず物体に向かって走り出していった。すると死んだように空中で静止していた物体が突然揺れだし、近づいたウォルトンに

「アブダクション事件に遭った7名の男性」（「Travis-Walton.com」より）

マイケル・H・ロジャース

ケネス・ピーターソン

トラビス・ウォルトン

ドウェイン・スミス

ジョン・グーレット

スティーブ・ピアース

アレン・ダリス

向かって青緑色の光線が放たれた。弾き飛ばされたウォルトンの姿を見た残りの仲間は恐怖を感じ、ウォルトンを残したままトラックでその場から離れた。

その物体の幅は5メートル前後、厚さは3メートル前後で、地上から6メートルほどのところでホバリングしていたという。2つの巨大なパイを合わせたようなフォルムで、アンテナや突起物、ハッチ、ポート、また窓のようなものは見当たらなかった。

しばらく車を走らせて物体が見えなくなったのをたしかめてから、残りの仲間は現場に戻った。だが、そこにウォルトンの姿はなかった。そこでしばらくウォルトンを探してから現場を離れ、近隣のヒーバーの町で郡保安官に連絡。保安官と共に再度現場に戻っている。この時、仲間のうち3人は現場に戻ることを嫌がりその場に残っている。

捜索は次の日から9日まで続けられたが、何の手掛かりも得られなかった。しかしその次の日の真夜中、唐突にウォルトンが戻ってくる。ウォルトンがヒーバーのガソリンスタンドの電話ボックスから彼の姉の家に電話をかけ、助けを求めたのだ。そして駆けつけた電話ボックスに倒れている彼の姿が発見された。

■ウォルトンが見たUFO内部

意識を取り戻したウォルトンが語った出来事は驚くべき内容だった。

彼はUFOの光線を浴びて意識を失い、気がついた時にはどこかに寝かされていたという。ウォルトンは、ぼんやりした意識の中で自分が病院に搬送され、ベッドの上で治療を受けているのだろうと思った。目の焦点があってくると、いま自分がそんな平和な状況にいないことを思い知る。自分をのぞきこむように見ていたのは、たしかに2つの足と手を持ち、5本の指を持つ人間のような生き物だったが、我々人間とは似ても似つかない生き物だったからだ。

彼らは白いマシュマロのような肌をした150センチほどの背丈のヒューマノイドで、見たことのない素材でできたボタンや縫い目のないオレンジか茶色のオーバーオールのようなスーツを着用し、小さな足にシンプルな靴を履いていた。また彼らの頭は不均等に大きく、そこに薄い口、小さな穴だけの鼻、傷のようなささやかな耳、そして極端に大きく黒目がちな目がのっていた。

3体のヒューマノイドは弱々しい感じで、ウォルトンが近くにあった何かの機器を持って振り回すと部屋から出ていってしまった。

彼はとにかくここから脱出しなければならないと思い、立ち上がってヒューマノイドが出ていったドアから廊下に出た。すると天井がドーム型になった部屋があったので、恐る恐る中に入った。

中にはひとつだけ小さな椅子があり、椅子に近づくと不思議なことが起こった。だんだんと部屋が暗くなり小さな光の点が見え始めたのだ。その光景は星空のようだった。その椅子にはボタンやレバーと13センチ程度のスクリーンが備えられた操作盤のようなものがあり、ウォルトンはそれがこの乗り物の操縦に関する何かで、自分が触れることで何か良くないことが起きるのではないかと思った。実際レバーを倒すと周りの星の位置が変わったように思えた。

それから椅子を離れ、何か手がかりになるものはな

【左】トラビス・ウォルトンの著書を元にした映画「ファイヤー・イン・ザ・スカイ」（1993年）より。ウォルトンらの前に姿を現した未確認飛行物。

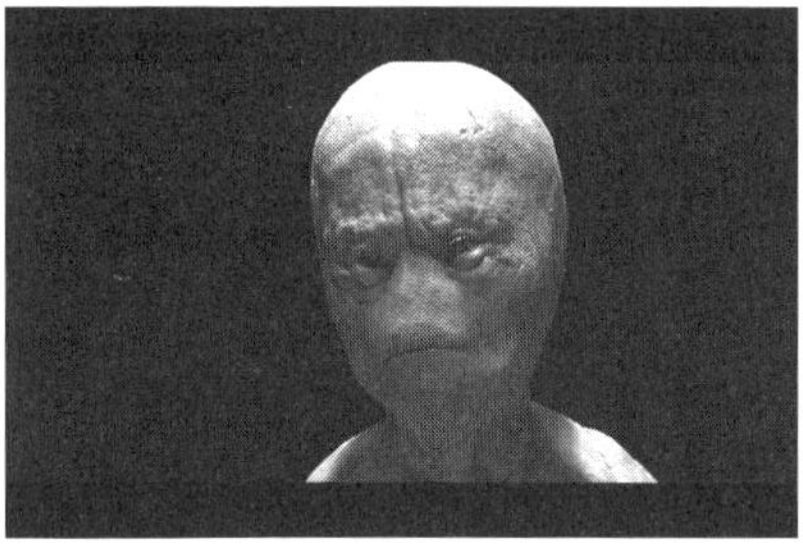

【左下】誘拐されたウォルトンが未確認飛行物体の船内で会ったエイリアン。この後、映画の中で主人公はグロテスクな人体実験を受ける。

映画の原作になったウォルトンの著書

いかと探していると、戸口にさっきの小柄なヒューマノイドとは違う、むしろ我々人間と背丈も容姿もよく似たヒューマノイドが現れた。彼らは、ヘルメットをかぶり、体にフィットした青いスーツで身を包み、黒いブーツを履いていたという。

そして彼に連れられて円盤が複数並ぶ格納庫のようなところに案内されている。さらに連れて行かれた次の部屋には、案内されたヒューマノイドと家族のようによく似た男2人と女が1人いた。

ウォルトンはなんとか彼らと意思の疎通を試みるが、言葉はまったく通じず、やがて女性のヒューマノイドにチューブのついていない酸素吸入用のマスクのようなものを口に当てられ、意識を失う――気づいた時にはウォルトンが発見された場所だった。

■かけられた疑惑

トラビス・ウォルトン事件は拉致されたとされる期間が4日間と長いことが特徴的である。

発生当初、地元警察にとってこの事件は失踪事件以外の何ものでもなく、むしろ現実的な推測としてウォルトンが仲間の作業員たちに殺されたのではないかと疑っていた。そこでウォルトンが戻ってくる前の日に嘘発見器によるテストを行っている。

その結果、5人は正直に答えていると判断されたが、ウォルトンと不仲が噂されていたアレン・ダリスについては判断不能という結果となっている。

また帰ってきたウォルトンにも嘘発見器によるテストが施行され、その結果は彼が嘘をついていると判断された。にもかかわらず、ウォルトンと早くから接触し独占記事契約を結んでいたタブロイド誌「ナショナル・インクワイアラー」は、嘘発見器テストをパスできなかった2人のことを伏せて発表し「1975年の最も驚くべきUFO遭遇事件」として賞を与え、ウォルトンに2500ドル、残りの仲間に2500ドルの合計5000ドルもの賞金を贈っている。

また、ウォルトンが失踪した日、ロジャースと保安官はウォルトンの母親に彼が失踪したことを告げているのだが、その時、母親に別段驚く様子がなかったことも不可解な点だ。

この点についてイギリスのUFO研究家ジョン・リマーは、ウォルトンの母親が自分にインディアンの血が流れていると公言するようなシャーマンタイプの人物であったことを指摘している。さらにウォルトンは彼の兄弟たちとUFOを間近で見ることがあったら近づいて、搭乗のチャンスを得ようと話し合っていたと義理の兄のデュアンによって語られている。つまり、この事件はUFOや超自然現象に何の関心もない者の身に起こった事件ではないということになる。

この件と付随して、この事件がヒル夫妻事件をベースにしたテレビ映画『UFO事件（UFO Incident）』が放送されたわずか2週間後に起きていることから、テレビ映画に影響された可能性が高いのではないかとの見解が、事件に懐疑的な研究者たちから多く指摘されている。事実ロジャースとウォルトンはこのテレビ映画を観ていたことをテレビ番組で認めているのだ。

さらに、アメリカ懐疑主義の重鎮フィリップ・J・クラスは、この事件を精力的に調査し、ウォルトンや仲間に行った嘘発見器の検査に様々な問題があったことをつきとめている。また、ロジャースらが請け負っ

「ナショナル・インクワイアラー」誌の「1975年の最も驚くべきUFO遭遇事件」の賞金を受けるウォルトンたち（Norio Hayakawa「The selling of the Travis Walton "Abduction" story」）

ていた森林伐採の作業が契約の期日に間に合わなかったであろうことが明白であったこともつきとめている。この事実は、当人らは否定しているが、ロジャースらが期日に間に合わないことの理由として、このような事件をでっちあげたと受け取ることもできるだろう。

先の「ナショナル・インクワイアラー」の賞金の件と合わせて、どことなく金銭的な目的のために口裏を合わせてこの事件をデッチ上げたと疑いたくもなる。

■ウォルトンたちのその後

ウォルトンはこの体験をまとめた『ファイヤー・イン・ザ・スカイ』を出版し、テレビやラジオ番組、大きなUFOイベントなどに度々出演している。また、この事件を元にした2つの映画が制作されている。

一つはウォルトンの本をベースとしタイトルも同名の『ファイヤー・イン・ザ・スカイ』（1993年に公開。ロジャース役は映画『ターミネーター2』で「T-1000」を演じたロバート・パトリック）。もう一つは2015年に公開されたドキュメンタリー映画

『トラヴィス―トラヴィス・ウォルトンの真実の物語』である。どちらも日本では劇場未公開であるが、前者は有料ネット配信などで容易に観ることができる。

マイケル・ロジャースも事件後に幾度かウォルトンとテレビ出演している。また近年、この事件を元にしたのであろう『ファイヤーズ・ポイント：パートワン（Fire's Point: Part One）』という小説を電子書籍で出版している。

ジョン・グーレット、スティーブ・ピアースは事件後しばらく表に出ることはなかったが、２０１５年にウォルトンと３人で登壇している姿を確認することができる。

また、ケネス・ピーターソンは、２０１４年にメールでのインタビューに答えている。残るドウェイン・スミスとアレン・ダリスがこの事件について言及していることは確認できなかった。

この事件には７人もの当事者がいるが、そのうち誰ひとりとして、事件がデッチ上げだったことをほのめかす発言をする者はいない。

（秋月朗芳）

【参考文献】
C・ピーブルズ『人類はなぜUFOと遭遇するのか』（文藝春秋、２００２年）
トラヴィス・ウォルトンのサイト
（http://www.travis-walton.com/）
「Travis Walton w/ John Goulette & Steve Pierce – Fire in the Sky Revisited」（http://urx.blue/F1xG）
（※ジョン・グーレット、スティーブ・ピアースが、トラビス・ウォルトンと登壇する姿が確認できる）
「Ken Peterson & Travis Walton」
（http://blog.synchrosecrets.com/?p=22982）
（※ケネス・ピーターソンとのメールインタビュー）
Norio Hayakawa「The selling of the Travis Walton "Abduction" story」（https://www.linkedin.com/pulse/fact-fictionthe-selling-travis-walton-abduction-story-norio-hayakawa）

【UFO事件30】

セルジー・ポントワーズ事件

Cergy Pontoise
UFO Abduction
26/11/1976
Cergy Pontoise, France

1976年、フランスのパリ郊外にあるセルジー・ポントワーズという町で発生したUFOによる青年の誘拐失踪事件、及び、それに続く一連の大騒動を指す。

1976年11月26日未明、ジャン・ピエール・プレボ（26歳）、サロモン・ヌディィエ（25歳）、フランク・フォンテーヌ（18歳）は、翌朝から露店で販売するためのジーンズをワゴン車に積んでいた。

すると運転席にいたフォンテーヌが、上空に光る円柱型UFOを目撃し、車を少し走らせ移動した。ジーンズを抱えたプレボと、カメラを取りに戻ったヌディィエが追いついたときには、車体の後方が丸い光に包まれていたという。

2人が呆然と眺めていると、やがて光は円筒形になりワゴン車全体を包み込み、上空へ飛び去ってしまった。その場にワゴン車は残っていたが、運転席にいたはずのフォンテーヌがいなくなっており、いくら探しても見つからないため2人は警察に通報。当時のフランスではUFO報告は軍部の扱いになっており、2人は憲兵隊に回され、1日かけて事態を説明した。

このとき取り調べを行ったセルジー憲兵隊の隊長は、集まっていた記者たちに対して「2人の証言を疑う理由はなく、原因はさておき、何かが起きたのは確かだろう」と述べている。これを受け、翌日からフランスでは各紙が「青年がUFOに連れ去られて行方不明」という論調で大々的に報じた。

事件当初は殺人を含む疑義も生じていたが、その可

【上段左】事情聴取を終えて警察署から出てきたフランク・フォンテーヌ。失踪していた1週間のことは何も覚えていないと語った。
【上段中】フォンテーヌと一緒にUFOを目撃したと主張したサロモン・ヌディエ。
【上段右】後に事件に関する著書を出したジャン・ピエール・プレボ。
【右】事件の通報を受けて、フォンテーヌが消失した地点を調査する警察官たち。後ろに写っているアパートに、プレボとヌディエは住んでいた。（写真はいずれも『超常現象の謎に挑む』教育社より）

能性が排除されたことにより、数日後には各国の新聞記者やＵＦＯ団体の調査員が、パリ郊外の小さな町に集結するほどの騒ぎになっていた。

■フォンテーヌの帰還

事件から1週間、騒動が続く12月3日、唐突にフォンテーヌが帰ってきた。

本人は気がつくと野原におり30分程度しか経っていないと認識していた。一緒にいたはずのプレボとヌディエがいないので探しに行くと、自分の失踪がＴＶや新聞で取り上げられ大騒ぎになっていることを知り警察に出頭したという。これにより騒ぎは絶頂を迎え、イギリスでは『タイムズ』紙ですら一面に「フランス人が地球に帰還」として大々的に報じた。

その後、各国のＵＦＯ団体が調査を申し出たが、フォンテーヌ等は著名なＳＦ作家ギーユが創立したばかりのＵＦＯ研究団体ＩＭＳＡ（世界最新科学協会）に一任した。

調査結果が4ヶ月後に出版され大ベストセラーに

なったが、内容は期待外れでギーュによるUFO現象の解説に、少しばかり事件の記述があるという程度であった。

さらに、この段階になると目撃者の1人に過ぎないプレボが全てを仕切るようになり、今度はプレボが『セルジー・ポントワーズ事件の真相』と題して自著を出版したが、内容はさらに劣悪だった。退行催眠の結果、異星人が興味を持っていたのは目撃者のプレボだったことが判った、という話になっており、プレボは宇宙の代表者から、より良い世界を築くための哲学を託されたと称して、陳腐で混乱した宇宙哲学を開陳した。

そのため研究者にとって価値が薄れ、日本やアメリカでは未解決のUFO事件として紹介される程度の扱いになっている。また、本家フランスでは老舗のUFO研究団体「コントロール」の追跡調査によって、重大な虚偽がいくつか発覚した。

たとえば「トラヴィス・ウォルトン事件」との類似が指摘されたときに、プレボがUFOには興味も知識もないとアピールしたが、プレボの兄は世界的なUFO研究団体「APRO」のフランス代表で、自宅には「トラヴィス・ウォルトン事件」を特集した雑誌すらあった。

他にも3人の証言が具体的な部分になると一致せず、現在では信頼性が低い事件とされている。

（若島利和）

プレボの著書『セルジー・ポントワーズ事件の真相』（原題：『LE GRAND CONTACT』）。プレボは誘拐されたわけではなく、目撃者のひとりに過ぎなかったが、事件の主導権を握ろうとするようになった。

【参考文献】
コリン・ウィルソン監修『超常現象の謎に挑む』（教育社、1992年）
Encyclopedia.com「Cergy Pontoise UFO Abduction」(http://urx.blue/Fg5q)

【UFO事件31】

バレンティッチ行方不明事件

Disappearance of Frederick Valentich
21/10/1978
Victoria, Australia

事件は1978年10月21日（土）、場所はオーストラリア・ビクトリア州メルボルン近郊のムーラビン飛行場から離陸した単発セスナ182L型に起きた。操縦士のフレデリック・バレンティッチ（20歳）は飛行場を日没直前の午後6時15分に離陸した（当日の日没は午後6時45分）。

目的地はタスマニア島とオーストラリア本土間のバス海峡にある約203キロ離れたキング島。午後7時頃、彼は自機の上空にもう一機の飛行機を発見、メルボルン管制官に付近の飛行機の有無を問い合わせたが答えは近辺に飛行機はいない、だった。

その時の交信記録によれば、彼の飛行機の上を大きな飛行機が飛んでいて、4個の着陸灯のようなものが見え、その飛行機は彼の機をからかうように周囲を飛び回った。彼によれば通常の飛行機には見えず、長い形状で外壁は金属のように見え、緑色の光が見えた。

■パイロットからの奇妙な通信

発見から約7分後に、エンジンの調子が悪くなり、奇妙な金属音のような断続音が聞こえた後、連絡が絶えた。

オーストラリア軍はバス海峡の大規模な捜索を10月21日〜25日まで行ったが、セスナが墜落した痕跡は発見できなかった。

交信記録から彼は飛行機ともどもUFOに誘拐され

バレンティッチ

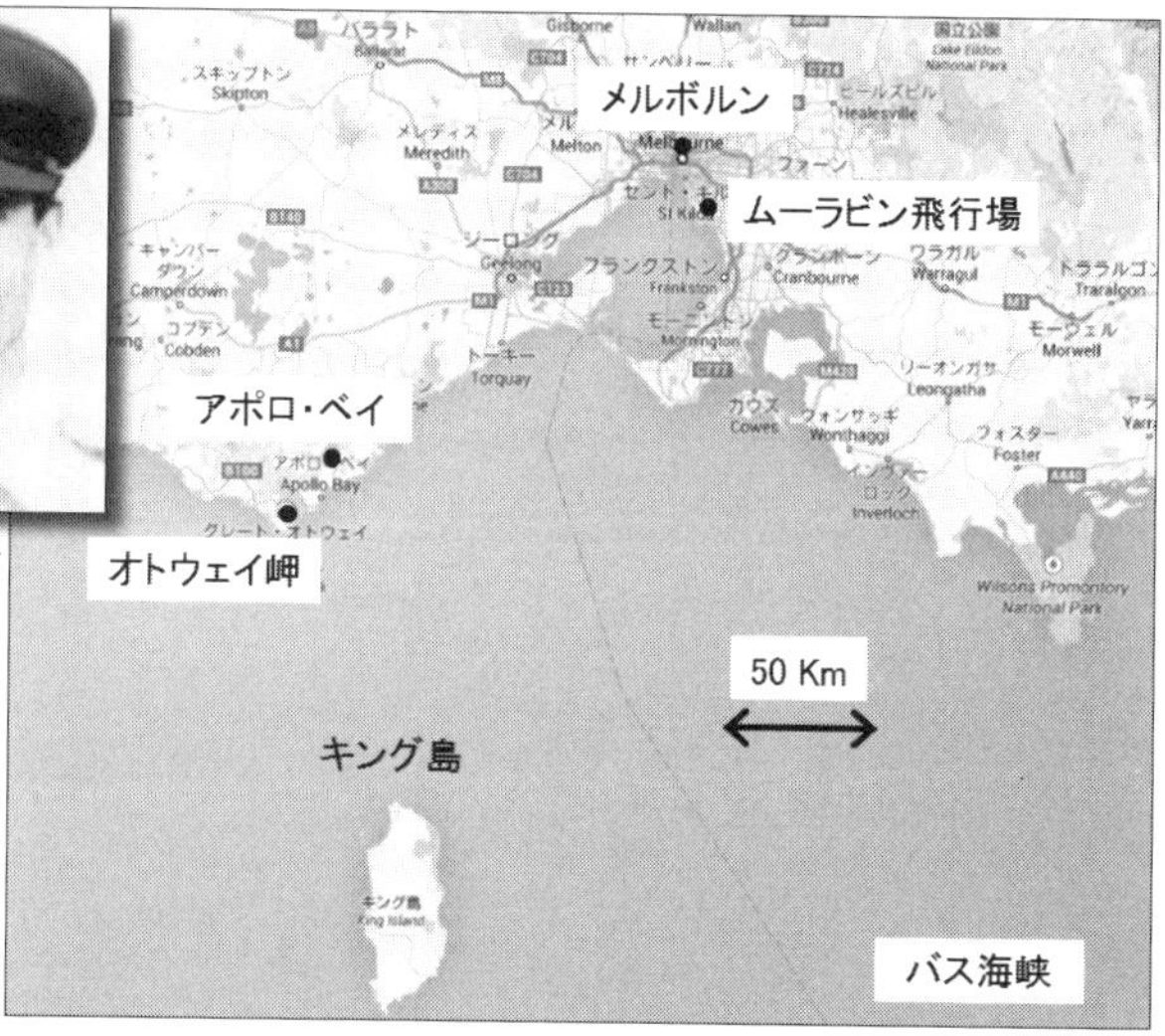

事件現場の地図。セスナはムーラビン飛行場を出て、キング島を目指した。

たのでは、という話も出た。バレンティッチはUFOマニアでUFOビデオや本を収集していたので、自作自演のでっちあげ、自殺、薬物中毒等の説も出たが結論は出ていない。

彼の父親もUFOマニアで息子とUFOや宇宙人の話をよくしており、亡くなるまで息子はUFOに誘拐され、まだどこかで生きていると信じていた。

この航空機行方不明事件については、後にUFO研究者により政府の捜索記録の文書が見つかり、以下のことが明らかになった。

行方不明の5年後、シリアル番号の一部が読めるエンジンカウル（エンジンの空気抵抗を低減するカバー）がタスマニア島北にあるフリンダース島で見つかり、その番号はバレンティッチのセスナ182Lのものと矛盾しなかった。

オーストラリア海軍の調査で、その番号に該当する可能性がある行方不明の飛行機は、バレンティッチのセスナ以外なかった。彼のセスナがバス海峡に墜落したのは間違いないようだ。

バレンティッチの飛行技術

20歳と若いバレンティッチは、飛行時間が150時間程で操縦技術に関しては初心者だった。

彼の未熟な飛行経験歴、操縦技能を考えると、当日のように夕方から夜間に移行する薄暮では、空間識失調（バーティゴ）を起こして墜落しても不思議ではなかった。

セスナ182Ｌ型（事件の機体と同形機）

1999年、妻とその姉を乗せたジョン・Ｆ・ケネディ・ジュニアが操縦する飛行機が、バレンティッチと似た飛行条件下でロングアイランド沖に墜落した。後の調査で墜落原因はパイロットの空間識失調と判明したが、ケネディ・ジュニアの飛行時間はバレンティッチより長い300時間だった。

なぜ危険な飛行に出たのか？

事件の大きな謎はなぜバレンティッチがその日、単独、洋上、薄暮から夜間にかけての飛行、というリスクの高い飛行を敢行したのか、である。

飛行目的は、キング島からメルボルンまで友人を運ぶため、あるいは、ザリガニを運ぶため、と飛行場関係者に話していた。しかし、その夜、キング島の飛行場に彼の友人はいなかったし、ザリガニの荷物もなかった。彼は飛行場関係者に、報告義務がある明確な飛行目的を告げていなかった。彼自身も薄暮・夜間飛行のリスクを理解していたはずで、あえて当夜の飛行を行う理由がどこにあったのだろう？

そこで、以下のような説も出ている。

10月21日は、流星雨のピークの日で、数多くの明るく光る流星がオーストラリア各地で目撃されている。バレンティッチはその日に流星が多数現れる可能性を知り、自分がＵＦＯとの遭遇者になろうとしたのではないか？　事件の約1年前に有名なUFO映画『未知との遭遇』が公開され、映画の冒頭にUFOと遭遇した民間航空機パイロットが空港管制官と交信する管制室の緊迫した場面がある。UFOマニアの彼は、この場面のパイロットを演じようとしたのではないか、という説である。

UFOに誤認され易い流星が出現しそうな夜に海上飛行して、管制官と映画のような交信を演じれば、彼はUFOとの遭遇者になり、事件はUFOマニアの注目を浴びるのでは、と考えたのではないだろうか。そう考えると、彼にとって10月21日、単独、洋上、薄暮・夜間飛行は必然になり、あえてリスクを冒す動機も理解できる。

スティーブン・スピルバーグ監督のSF映画『未知との遭遇』（原題：Close Encounters of the Third Kind、1978年公開）。異星人とのコンタクトを描いた本作は世界中で大ヒットし、日本でも空前のUFOブームを巻き起こした。

不幸なことに飛行経験が浅い彼は、演技途中で空間識失調に陥り墜落してしまった。これがミイラ取りがミイラになった自作自演説で、もしこの説が正しいとすると交信記録に残るUFOの正体を詮索しても意味はないということになる。

（加門正一）

【参考文献】

ASIOS『謎解き超常現象Ⅳ』（彩図社、2015年）
James Mcgaha, Joe Nickell「The Valentich Disappearance:Another UFO Cold Case Solved」『Skeptical Inquirer』（Vol.3,No.6, pp.46-49, 2013）
Richard F. Haines, Paul Norman「Valentich Disappearance:New Evidence and a New Conclusion」『Journal of Scientific Exploration』（Vol.14, No.1, pp.19-33, 2000）
Jerome Clark『The UFO Encyclopedia Vol. 3』（pp.537-543, 1996）
Discovery Channel「The Unexplained Files: Abduction」（http://urx.blue/F1DG）
「バレンティッチ機の捜索記録文書」（http://urx.blue/F1Ex）
SKEPTOID「The Disappearance of Frederick Valentich」（https://skeptoid.com/episodes/4385）

【UFO事件32】

ブルーストンウォーク事件

Bluestone walk Incident
04/01/1979
West Midlands, England

1979年1月4日、午前6時45分過ぎ——イギリスのミッドランド西部に位置するロウリー・レジスのブルーストンウォークで、ジーン・ヒングリー夫人（55歳）は夫が出勤するのを見送った後、庭に明りがあるのを見つけた。

夫がカーポートの照明を点けたまま出かけたのだと思った彼女は庭に出てみたが、照明のスイッチはオフになったままであった。再び夫人が室内に戻ると、今度は庭の一部がオレンジ色に光っており、光の色が徐々に白く変わっていくのが見えた。

ヒングリー夫人はキッチンに行き、飼い犬に水を与えたが、犬の毛は逆立ち、虚ろな目つきでふらふらと歩こうとしてその場に座り込んでしまった。

その時、キッチンの流しの脇に立っていた夫人は突然「ジー、ジー」というノイズを耳にし、虹色に輝く翼を備えた「3人」が宙を舞ってラウンジに向かうのを目撃した。

不思議なことに夫人は身体を動かすことができず、麻痺してしまったかのように立ち尽くしていた。言葉を発することもできず、流しに手をかけて立っているのがやっとであった。

■ラウンジに現れた「3人」

突然、彼女の身体が床から浮かび上がり、ラウンジへと向かった。ラウンジのドアに手をかけると移動は

【上】奇妙な体験をすることになった、ジーン・ヒングリー夫人（「avobe top secret」より）
【右】夫人が目撃した「３人」のイラスト。体長はおよそ1.2メートル。背中の羽で部屋の中を自由自在に飛び回った（「THE WINGED BEINGS OF BLUESTONE WALK」より）

止まったものの、まだ夫人の身体は床から浮いていた。

室内はまばゆい光で満たされており、ラウンジの片隅に置いてあったクリスマス・ツリーがユサユサと揺れ、飾り付けられたオーナメントが音を立てていた。何が起きているのかわからないまま、夫人はなぜか「ハロー！　ハロー！」と言おうとしたが口は開くものの声は出なかった。

冬の早朝で、ラウンジのドアを開け放しているにもかかわらず部屋は暖かく感じられた。室内には羽の生えた「３人」がおり、彼らがクリスマス・ツリーを揺すっていたが、彼らはまぶしく輝いており、夫人はそのまぶしさに目を手で覆った。すると輝きが収まり、部屋の中がよく見えるようになった。

「３人」はいずれも身長１・２メートルほどで外見はまったく同じだった。頭には銀色がかった緑色のキャップと、さらにその上から金魚鉢のような透明なガラスかなにかのヘルメットをすっぽりと被っており、顔はロウのように白く、眼は「黒いダイアモンド」のようであったという。また薄い唇があった。身体はとてもスリムで、やはり銀色がかった緑色のチュニックと銀色のボタンかプレスファスナーがついたウェストコートを着ていた。

手足の先は衣服と同じように銀色がかった緑色の材質でおおわれており、彼らの顔以外の素肌は見えなかった。彼らの翼は楕円形で、点字のようなたくさんの「穴」が表面にあり、その穴が虹色に光り輝き、夫人はこの世のものとは思えない美しさだと感じた。

■発光する裏庭の宇宙船

「3人」はツリーを揺するのを止めると、宙に浮かんだまま室内を興味深げにうろつき、家具をいじったり壁に飾られたクリスマス・カードを眺めたりしていた。

ここでようやく夫人は声が出るようになったので、この訪問者たちに「どんな御用かしら?」と話しかけた。

「3人」は腰に手を当て、ボタンを押すかのようなしぐさをすると、ピーという音がしてその後に「我々はあなたに危害を加えたりはしません」と揃って応えた。

彼らの口は動かず、声は腰から発せられているようだった。夫人が「あなたたちはどこから来たの?」と訊ねると、彼らはまた揃って「私たちは空から来ました」と答えた。

夫人が、彼らが揺すっていたクリスマス・ツリーについて説明すると、3人は「主(Jesus)のことは知っている」と答え、夫人と宗教に関する会話を交わした。その中で3人は「シナゴーグ(synagogues)で礼拝する必要はない」と語ったが、夫人はその単語を知らなかった。後日、夫にこの時の体験を語っているときに「シナゴーグ」がユダヤ教の会堂を意味する言葉だと教えてもらったという。

3人が棚にあるウィスキーの瓶を眺めているのに気が付いた夫人は「なにか飲み物でも?」と言うと、彼らは口々に「水」と言った。動けるようになっていた夫人はキッチンまで戻り、グラスに水を入れて戻った。グラスは彼らの手(ミトン手袋のように親指とそれ以外の部分に分かれていた)に、まるで磁石のように吸い寄せられくっついたという。

ヘルメットを被っている彼らがどのように水を飲むのか、夫人は興味深く観察しようとしたが、彼らがグ

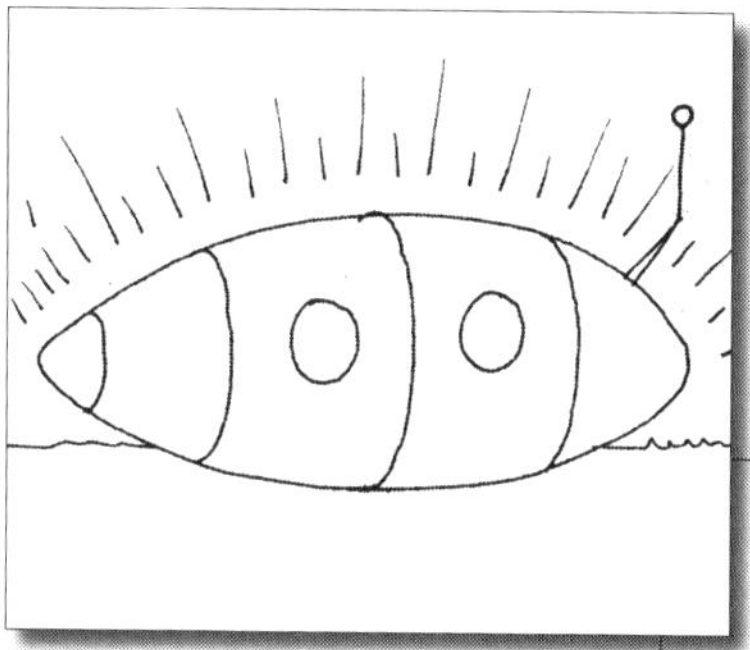

【左】ヒングリー夫人が裏庭で目撃した未確認飛行物体。オレンジ色に発光しており、後部（？）からアンテナのようなものが突き出ていた。（「THE WINGED BEINGS OF BLUESTONE WALK」より）

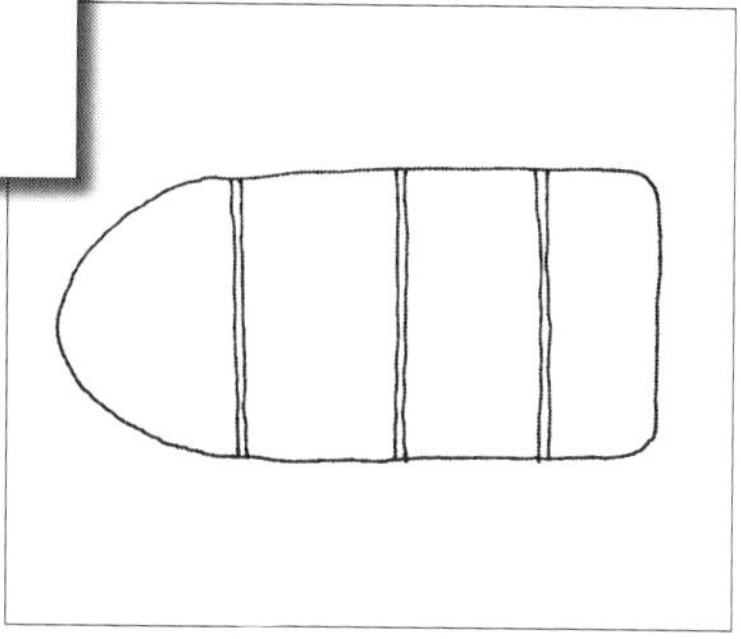

【右】未確認飛行物体が空に浮かび上がった後、庭に残った跡。幅が約1.2メートル、長さが約2.4メートルという大きさだった（「THE WINGED BEINGS OF BLUESTONE WALK」より）

ラスを頭に近づけると、頭部を先ほどのような強い光が包み、はっきりと見ることはできなくなってしまった。やがて光が収まると、不思議なことにグラスの中の水は確かになくなっていた。

夫人はさらに、家にあったミンスパイを彼らに出してやった。切り分けられたパイは、グラスと同じように彼らの手に吸い寄せられ、ピタリとくっついた。

その時、彼らがテーブルの上に置いてあった煙草の箱を見ていたので、夫人は「これは煙草といって、こうやって喫うものなの」と煙草に火をつけて喫いだした。すると突然「3人」は一斉に飛び退り、怯え始めたように見えた。

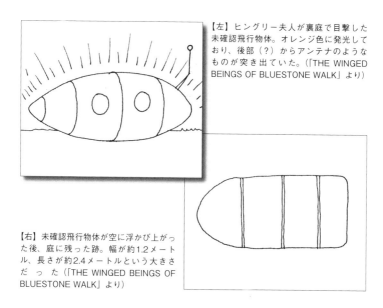

彼らはそのまま、浮かびながらラウンジから出て行こうとした。窓の外、庭からは同時に「ビーッ」という音が聞こえてきたという。夫人は煙草を消すと、「戻ってきて！」と言いながら彼らを追いかけたが、彼らは裏口から裏庭に出て行ってしまった。

ヒングリー夫人は裏庭にオレンジ色に発光する「宇宙船」のようなものを見た。それは長さ2・4メートル、高さ1・2メートルほどの物体で、窓のようなものが周りについていた。また「蠍《さそり》の尾」のようなものが後方についており、その先端には車輪らしきものが付いていた。

「3人」はまだ手にミンスパイをくっつけたまま、その「宇宙船」に乗り込むと、物体の放つオレンジ色の光が二回強く点滅した。夫人はそれが彼らの別れの挨拶だと感じた。「宇宙船」はそのまま浮かび上がり、家の塀を飛び越えてそのまま飛び去ってしまった。

■夫人を襲った身体の変調

夫人はその後、最寄りの交番に通報し、警官がやって来た。ラウンジに通された警官は夫人に「顔色が悪いですよ、こんな寒いのにドアを開け放しているからでは?」と言った。しかし、夫人は「3人」とラウンジにいた時はまったく寒さを感じず、むしろ暖かく幸せな気分であったという。

夫人は警官に起こったことを話し、「不法侵入者」たちの指紋がグラスに残っているはずだから採取してほしいと頼んだ。警察はこれには取り合わず、かわりにいくつかのUFO研究団体に連絡を入れてやった。

その後、地元のUFO研究団体やBUFORA(英国UFO研究協会)がヒングリー家を訪れ、事件の調査を行ったが、「宇宙船」が着陸していた裏庭の土壌からは異常なものは検出されなかった。

一方、ヒングリー家のキッチンの壁に掛けられていた電気時計や、ラウンジにあったラジオやオーディオテープ、テレビが故障・使用不可の状態になってしまっていることが確認された。

また、ヒングリー夫人は事件直後から手の指が赤く腫れ、純金の結婚指輪は白く変色してしまっていた(金が白色化するのは水銀に触れた時)。さらには目の痛みや度重なる頭痛、下痢の発作に苦しめられるようになり、外出時はサングラスが必要になった。

■真相はいまだ藪の中

ヒングリー夫人は多くのUFO研究団体の調査を受け、アレン・ハイネック博士とも面会したというが事件の真相は判明しないまま、3年後にすい臓癌で亡くなった。

　ヒングリー夫人は幻覚を見たにすぎないのだろうか？　追跡調査によれば、夫人は幻覚を見たりするような人物ではなかったというが、近隣の住民によると、事件以前から物事をやや大げさに言うところがあったそうである。

　また、事件の前年から、地元のテレビ局がキャンペーンキャラクターとして3人組のコーンヘッド型の宇宙人を使用した広告を流していたことも判明しており、研究者の中には事件への影響があると考える者もいる。

　羽の生えた妖精のような「3人」の外見、また彼らが夫人に「水」を要求したことはジャック・ヴァレが『マゴニアへのパスポート』で指摘したUFO体験と妖精伝承の類似に当てはまっており興味深い。なお、ヒングリー夫人は別段UFOや宇宙人といったことに興味を持ってはいなかったし、事件の後も自分が遭遇した存在が宇宙人なのかはたまた妖精なのかといった問題については判断を保留していた。

　最後に、ヒングリー夫人が目撃した「宇宙船」とよく似た形の、「蠍の尾」を持ったUFOが1955年8月22日にアメリカのカリフォルニア州で8人の少年に目撃されていることを付け加えておく。


（小山田浩史）

【参考文献】

John Hanson, Dawn Holloway『Haunted Skies Vol.7 1978-1979』(2016)
abobe top secret「Quiet Guys and Three Mince Pies」(http://ur0.work/F2aU)
Malcolm's Musings: Anomalies「The "Mince Pie Martians": the Original Account」(http://ur0.work/F2aa)
Eileen Morris「THE WINGED BEINGS OF BLUESTONE WALK」(http://ur0.work/F2af)

【コラム】

円盤の出てくる活字SF

山本弘

UFO（空飛ぶ円盤）の出てくるSF小説はたくさんある。しかし、その多くは単に「宇宙人の宇宙船」の記号として安直に用いているだけである。「UFO」「空飛ぶ円盤」という概念を真正面から扱ったSFは、意外に少ない。

　その数少ない「円盤SF」の中から、その時代の雰囲気を伝える5作品をピックアップしてご紹介したい。なお、三島由紀夫の名作『美しい星』（1962年）は、近年、映画化されるなど、知名度が高いので、取り上げるまでもないと判断し、割愛させていただいた。

　なお、評論の関係上、物語の結末まで明かしている部分がある。ご了承いただきたい。

① シオドア・スタージョン 『恐怖屋フィリプソ』

Fear is a Business

（初出『F＆SF』1956年8月号／翻訳『SFマガジン』1960年8月号）

ジョゼファス・マッカードル・フィリプソはもともと未確認飛行物体で商売しようなどと思っていなかった。ある夜、山中で車がエンコしてしまい、明日の朝、欠勤する言い訳を考えていたら、たまたま空に閃光を目撃した。フィリプソはその光からインスピレーションを得た。近くの空き地に円盤の着陸跡をでっちあげたのだ。そこに偶然、日曜娯楽版の記者のペンフィールドが通りかかった。

　フィリプソは自分ではほとんど何も創作する必要はなかった。ペンフィールドが彼にインタビューしながら、どんどん話を創っていったのだ。地球侵略を企む宇宙人に脅迫されたというフィリプソの体験談は新聞に載り、彼の著書は大ヒット。フィリプソは社団法人「宇宙寺院」を設立、本の印税ばかりでなく多くの金が入ってきた。

自分のオフィスで次回作の構想に悩んでいた時、部屋の中に見知らぬ男が現れた。一瞬、サーチライトに照らされて、上空に銀色の巨大な物体が見えた。男はヒューレンゾーンと名乗り、自分は幻影で、実体はあの透明な宇宙船の中にいるのだと説明する。人間のように見えるのも本当の姿ではないと。

ヒューレンゾーンたちはかねてから地球を観察しており、人類を戦争や疫病や貧困や不安から解放しようと計画していた。だが、フィリプソの著書が宇宙人に対する恐怖を世の中に植えつけ、計画を妨害している。だから著書の内容を撤回しろと要求しに来たのだ。

しかし、フィリプソが急に主張を変え、宇宙人が友好的だと言い出したら、信者を失望させるだろう。その代わり、ヒューレンゾーンはある装置を進呈しようと申し出る。その仕組みは簡単なもので、新しい著書に図面を載せれば、たちまち全世界に普及するはずだ。その装置は、「完全な通信」を可能にする。他人を完全に理解し、自分を他人に完全に理解させることが可能になるのだ。

その意味に気づき、フィリプソは戦慄する。そんなものが普及したら、嘘というものが不可能になる！ それこそが我々の目的だ、とヒューレンゾーンは言う。嘘で成り立っている地球人の社会を完全に崩壊させることが。たじろぐフィリプソを、ヒューレンゾーンは説得する。援助を拒絶すれば、人類はこれからも戦争や病気に苦しめられるのだと。

誤って宇宙船の透明化が破れたため、ヒューレンゾーンはいったん立ち去る。そこにペンフィールドから電話がかかってくる。フィリプソのオフィスの上に円盤が出現したと、大勢の市民が通報してきたのだ。ペンフィールドはフィリプソが何かトリックを仕組んだと思っている。そしてまたインチキ記事を書くために電話してきたのだ。

「そいつは、その……いや、正確にいうと、きみやわたしのような男《マン》じゃ――」

「ほう、女か」ペンフィールドはうわずった声で云った。「地上のものとは思えない美女だな。そいつはまた、どういうわけなんだ？　やつらはいままで、あんたを脅迫してたんだろう。それが、今度はあんたをたらしこみに来たとでもいうのかい。いったい、どういうことなんだ」

（川村哲郎・訳）

ペンフィールドは女の宇宙人がフィリプソを誘惑したというインチキ記事を書くために電話を切った。出版社からも電話がかかってくる。やはり新しい本の宣伝だと思っていた。やむなくフィリプソは話しはじめる。この世のものと思えない美女が、私の仕事を阻止するためにやってきたのだと……。

その時、背後で音がした。腹を立て、愛想をつかし、唾を吐く音。フィリプソが振り向くと、ヒューレンゾーンの姿が一瞬だけ見え、消えてしまった。フィリプソはため息をつき、頭上の星空から目をそらすと、タイプライターに向かい、新しい著書『決定的な武器』を書きはじめるのだった。

シオドア・スタージョンについては解説するまでもなかろう。今世紀に入って、短編集『海を失った男』（晶文社）や『不思議のひと触れ』『輝く断片』『「ウィジェット」と「ワジェット」とボフ』（河出書房新社）などが日本で続けざまに出版され、ちょっとした再評価ブームである。

この「恐怖屋フィリプソ」は１９５６年、アダムスキーのコンタクト・ストーリーが話題になっていた頃に書かれた作品。アダムスキーだけでなく、ケネス・アーノルド、ジェラルド・ハードなどの名もちらっと出てきて、時代を感じさせる。

一級のSF作家が書いただけあって、単なるブーム便乗作品にはなっていない。アダムスキーのお粗末な創作と違い、表現力に支えられ、合理性とオリジナリティ、そして緊迫感にあふれる物語になっている。特に、世のコンタクト・ストーリーに対する数々のツッコミ（「なぜ宇宙人が人間そっくりなのか」「なぜ力づくで地球に干渉してこないのか」「なぜ政治家でもない一般人をコンタクトの相手に選ぶのか」などなど）に対し、いちいち納得のいく理由が設定されている。余韻を残す苦い結末もいい。こういう優れたSFを読むと、やはりコンタクティーの書くストーリーは底が浅いなあと、つくづく思い知らされる。

　アダムスキーとは反対に、フィリプソは邪悪な異星人が地球人を脅かしていると唱えていたわけだが、彼の前に現れるヒューレンゾーンもまた、理想的な救世主とは言い難い。その態度は横柄で、地球人を見下し、フィリプソの愚かさをさんざん嘲る。地球人を救済しようとする動機も、善意ではなく高慢さに由来するように見える。これもアダムスキーの著作に対する皮肉だろうか。

　スタージョン作品では他にも、短編集『不思議のひと触れ』収録の「孤独の円盤」がUFOコンタクト・ストーリーの傑作。円盤からあるメッセージを受け取った女性が、その内容を明かせとみんなから迫られる。これについては入手可能なので詳述は避けるが、いかにもスタージョンらしいユニークな発想と語り口で、最後に明かされるメッセージの内容には感動する。一読をおすすめする。

②

眉村 卓

『破　局』

（初出『ＳＦマガジン』1965年8月増刊号／短編集『影の影』〔ハヤカワ文庫・77年〕に収録）

新聞記者の上原は、最近話題の「宇宙救済協会」についての記事を書く。彼らによれば、地球人が原水爆の実験で地球を汚すなど、罪を重ねてきたために、まもなく宇宙の法則によって地軸が転倒し、天変地異が地球を襲う。宇宙救済協会に入会した者だけが円盤に救われるというのだ。

　その記事を読んで、野沢とし子という女が訪ねて来る。彼女の兄は宇宙救済協会のメンバーだったが、資産を協会の活動に注ぎこんだあげく、除名され、首を吊ったのだ。

世界各地の空に円盤の編隊が現れ、多くの人に目撃される。大異変の前兆とも思える異常気象も頻発。デスクの命令で、上原は再び宇宙救済協会の取材に行く。喫茶店で面会した若い幹部は、疑う上原の前で、「セイント、セイント……あらわれて下さい」と呪文を唱え、円盤を呼んでみせる。

予言通りに地震が起きる。世界に不安が広がり、宇宙救済協会にすがる者が続出する。だが上原はそんなものを信じる気になれない。「私の見る限り、彼らは一種の被害妄想というか、社会に対してひどい偏見を持っていた。あの連中の新世界というものがどんなものかほぼ想像がつく」と。

数千人の会員たちはK村に集結し、円盤に救い上げてもらうため、天を仰いで「セイント、セイント」と唱えていた。やがて円盤の大群が空に現れるが、上原やとし子たちの見ている前で、いっせいに光線を放ち、人々を虐殺しはじめる。その時、さらに巨大な卵型の飛行物体が現れ、円盤を攻撃して、ほんの数分ですべてを破壊してしまう。

巨大な物体は「宇宙パトロール」を名乗り、ラジオを通して、全世界にメッセージを送ってきた。地球人は宇宙規模の詐欺に遭ったのだ。侵略者たちは、反重力装置を使って異常気象や地震を起こし、地球滅亡の危機を演出した。現実に適応できない人々、空想的な改革を願う人々を一箇所に集め、抹殺するためだ。後に残るのは、現実的な考え方をする者、支配するのに適した人々だけだ。

「文明種族はあくまでその責任をみずからとるべきもので、他の種族に従属したり、真似たりすべきではないということだけを通告しておく」

そう言い残して宇宙パトロールは去っていった。

初出の『SFマガジン』1965年8月増刊号は「日本人作家・架空事件特集」。短編集のあとがきによれば、UFOというテーマは編集部から与えられたもので、「あまり得意でないテーマだけに、四苦八苦した」という。この3年前に三島由紀夫が円盤信者たちの心情を描いた『美しい星』を発表しているわけで、眉村氏も同じ題材では書きにくかったのかもしれない。

　お分かりのように、これは1960年のCBA事件（106ページ）をヒントにした作品である。それにしても、この結末はどうだろうか。高校時代に初読した際の僕の感想は、「これって逆じゃないのか？」というものだった。再読しても、やはりそう感じる。侵略者にとって都合がいいのは、自分たちの言葉をほいほいと信じ、盲従する者たちではないか。彼らを生き残らせ、支配した方が得策なのではないか？

　また、かんじんの宇宙救済協会の描写がきわめて表層的なのが不満である。彼らが社会に対してどのような「ひどい偏見」を持っているか、具体的に描かれていないのだ。CBA事件を知っている当時の読者には説明不要だったのかもしれないが、そのために主人公の批判が空回りしている感がある。同じ号に載っている、やはり実在の団体をモデルにした筒井康隆「堕地獄仏法」の過激さに比べると、かなり甘いと言わざるを得ない。

　時代が一巡し、CBA事件も遠い昔になった今、あらためてUFOカルトというものを冷静に見つめ直すSFがあってもいいのではないか？　そう思って僕が書いたのが『神は沈黙せず』（角川文庫）と『UFOはもう来ない』（PHP文庫）である。

③
高斎 正
『円盤がいっぱい』

（初出『SFマガジン』1975年2月号／短編集『透け透けカメラ』〔光文社文庫・2003年〕に収録）

高斎《こうさい》正《ただし》氏はSF作家であると同時に、カーマニア、カメラマニアとして有名。その豊富な知識を活用し、自動車やカメラを題材にしたSFを多数発表している。

　氏の作品のもうひとつの特徴は、SF作家仲間の内輪ネタの多さだ。SF作家の川松左東、新星一、山口正記、野口昌広、藤原岩夫、富田有垣、充瀬瀧、高天原透、市村諒、三叉千秋、横川須彌など、名前を見ただけでモデルが分かる人物が、ほとんど本人そのままの役柄で登場する。

その高斎氏、UFOとカメラを結びつけた作品を何本か書いている。それらは短編集『透け透けカメラ』『UFOカメラ』(光文社文庫)に収録されている。そのうちの1本、「円盤がいっぱい」を読んでみよう。

ある夜、語り手でSF作家の「私」に、UFO研究家の北川広から電話がかかってくる。海外から届いたUFO写真の資料を見ていたら、年代も撮影者も撮影場所も異なる3枚のUFO写真が、いずれもスーパーフォトネックスというカメラで撮影されていることに気がついたという。私はカメラの資料を調べるが、よほど珍しいカメラなのか、日本の書籍にはまったく手がかりがない。

英語の資料をあさると、ようやくスーパーフォトネックスの正体が分かった。1939年に作られたカメラらしい。その資料を読んでいるうち、私はレンズとフィルムの間に相性のようなものがあるという記事を発見する。昔のレンズには色収差がわずかに残っているものがあったが、それとフィルムの感色性がうまく一致すると、解像力の良いネガができる場合があるという。スーパーフォトネックスに使われているサンシャインの50ミリF1・5というレンズと相性が良いのは、イルフォードFP2というフィルムらしい。

以前、高速道路でパンクして立ち往生していたのを助けた児島という男が、ぜひお礼がしたいと言ってきた。児島の待つホテルに出向くと、彼もカメラ好きで、偶然にも愛用しているカメラは、父の形見だというスーパーフォトネックスだった。私は児島に頼みこんで半日だけカメラを貸してもらう。

SFショーの会場で北川と合流する。さっそくスーパーフォトネックスにイルフォードを装填、写真を撮ってみようということになった。そこで彼らは、SFファンの芝田に出会う。彼も昔は円盤に凝ったことがあり、彼を知っている人は今でも「円盤の芝田さん」と呼んでいる。

芝田が去った後、私は北川と話し合う。芝田は今でも円盤を信じているらしい。

「だったら、円盤を信じていない振りなんかしなければいいのに」

「それはあなたたちが悪いんですよ。円盤を信じているというと、すぐにばかにするのだから、それでですよ」

「うん……」

「そういえば、会場に大阪の山梨さんが来てましたね」

「あの円盤信者の」

「また、それ」

「悪かった、謝るよ」

（言うまでもなく「芝田さん」のモデルは、日本空飛ぶ円盤研究会のメンバーで、同人誌『宇宙塵』創立者の柴野拓美氏、「山梨さん」のモデルは近代宇宙旅行協会創立者で『宇宙塵』にも寄稿していた高梨純一氏である）

会場で何枚か写真を撮ってから、私は児島にカメラを返しに行った。翌日、現像から上がってきたプリントを見た私は驚く。そのほとんどに空飛ぶ円盤が写っていたのだ。芝田の近くのものは典型的なアダムスキー型で、窓の中に宇宙人の顔まで見えていた。

会場内で撮影された写真にも、様々な形の小型円盤が写っていた。その下には必ず円盤信者の姿があった。私はようやく気づく。スーパーフォトネックスとイルフォードの組み合わせには、円盤信者の妄想を画像としてとらえる性能があったのだ……。

この後、当時の日本を騒がせた重大事件にからめたオチがあるのだが、円盤ともそれまでの展開とも無関係なので省略。

読み返してみると、やはり抜群に面白いのが、カメラに関するうんちくの部分。スーパーフォトネックスという架空のカメラのディテールが詳細に語られ、きわめてリアル。これを読んだ本職の写真家が、「自分の知らないカメラがこの世にまだ存在したのか」と思ったというのも、納得できる。

反面、円盤に関する知識は貧弱。特にスーパーフォトネックスによって撮られた最初のＵＦＯ写真が１９４１年（ケネス・アーノルド事件の６年前）というのは、明らかに考証ミスだろう。高斎氏にとっては、カメラのことを語るのが楽しくて、円盤がどうとかストーリーとしての完成度とかは二の次であったように思える。

この小説が書かれた１９７４年、日本は空前のＵＦＯ＆オカルト・ブーム。ＵＦＯものの書籍やＴＶ番組が氾濫していた頃だった。だが、それに対するＳＦ界の冷ややかな反応が読み取れて興味深い。

『ＳＦマガジン』創刊以前の１９５０年代、星新一氏や柴野拓美氏や高梨純一氏のような円盤マニアが、同人誌『宇宙塵』を拠点として、日本ＳＦ界の基礎を築いていった。だが、70年代に入ると、逆にＳＦ界全体がそうした古い世代の円盤マニアをうとんじるようになってきていた。この時代にはすでに「ＵＦＯ」という呼び方が一般化していたのに、作者の分身である主人公は「円盤」という呼び方で押し通している。思い出してみると、この時代、「円盤」という時代遅れの言葉には、「ＵＦＯとかいうしゃれた名前つけてるけど、しょせんエンバンだろ」という、やや侮蔑的なニュアンスがあったものだ。

星新一氏をはじめとする第一世代のＳＦ作家やＳＦファンの中には、円盤に深い興味を抱く者が少なくなかった。いつか円盤に乗った友好的な宇宙人が地球を訪れ、我々を救済してくれるのではないか……その幻想を打ち砕いたのがＣＢＡをめぐる騒動だった。

だから第一世代のＳＦ作家にとって、円盤は触れたくない過去のトラウマだっただろうし、70年代以降にデビューした作家にとっては、もはやそれは手垢がついて触れる気が起きない題材だっただろう。

他にもＵＦＯ研究家・北川広の登場する短編は何本もある。作中の説明によれば、本名は大林勝、某ＳＦ雑誌の二代目編集長をつとめた経歴もあり、「〝謎のバミューダ・パンツ〟という本を五〇万部も売り、ためにバミューダ成金といわれている」という。

「円盤写真の写し方」（初出『奇想天外』１９７６年12月号）は、アマチュアＵＦＯ研究家を名乗る木暮という男が北川を騙し、トリックで作られたＵＦＯ写真を本物と思いこませる話。実は木暮の正体は本物の宇宙人で、大衆にUFOの存在を信じなくさせるため、北川の信用を失墜させる工作だったのだ。

うーん、やることがせこいぞ、宇宙人！（笑）そもそも、1枚のインチキUFO写真に騙されたぐらいで、UFO研究家が世間の信用を失ったなんて話は聞いたことがない。北川のモデルである南山宏氏（300ページ）よりいいかげんなことを言いまくっている矢追純一氏（300ページ）が、いくらウソが暴かれてもまったく失墜する気配がないことを考えると、大衆の知性というものを買いかぶりすぎている気がする。

④

田中光二

『君は円盤を見たか』

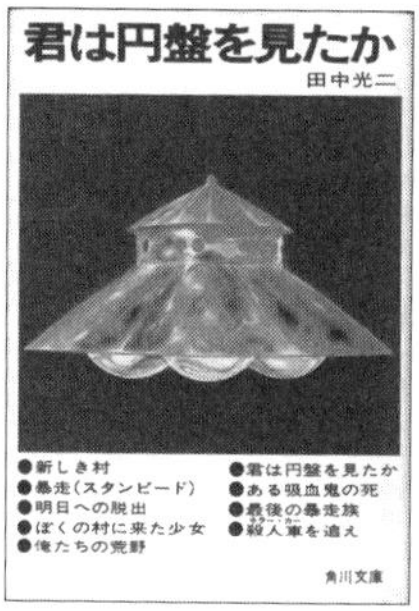

短編集『君は円盤を見たか』〔角川文庫・1976年〕に収録

ほとんどの人間に円盤が見えるようになった時代。人はみな自分だけの円盤を空に見ており、それを自らの守護神として崇拝していた。しかし、主人公の「私」だけは円盤が見えない。私は円盤を崇める人々に腹を立てつつも、迫害されるのを恐れ、見えるふりをしていた。ある日、追及されてついに開き直り、円盤が見えないことをぶちまけた。激昂する群集が私に襲いかかる。

逃げる私は黒塗りのリムジンに助けられる。連れて行かれた場所は、どことも知れぬ巨大な建物の一室。私の前に現れた初老の男は、自分たちが、各国が協力して作り上げた秘密組織であると明かす。

これは一種の生理現象なのだ、と男は説明する。人類は潜在的に孤独を恐れてきた。知性体として宇宙に孤立していることの恐怖。その願望が超常感覚と結びついて幻を作り出し、人は円盤を見るようになった。より高度な超能力を持つ者は、テレキネシスを発揮し、円盤の着陸痕や、念写による円盤写真などの物理的証拠までも作り出した。だが、中にはそうした能力を欠いており、円盤を見ることのできない者もいる。

今や人々は円盤におぼれ、崇拝している。実際に円盤を飛ばし、メッセージを伝えれば、人々は唯々諾々としてそれに従うだろう。人口爆発は依然として続いており、数十年後に破局が訪れることは目に見えている。人口調節のために思い切った手を打たねばならない。そのために円盤を利用しようというのだ。

このプロジェクトのためには「円盤幻視症」にかかっていない正常な人間が必要だ。男は私に、自分たちの仲間にならないかと誘う。エリートになり、これまで迫害してきた大衆を逆に支配する立場になるのだと……。

田中氏は1941年生まれ。1972年、「幻覚の地平線」でデビュー。ほんの数年で、山田正紀、かんべむさしと並ぶ、70年代を代表する日本SF作家の1人になった。「幻覚の地平線」は当時、その新しい感覚がSF界で高く評価されたものである。

だが、高校1年の頃、リアルタイムで読んだ僕は、逆にその「新しい」部分が鼻についた。ヒッピーのコミューン（としか見えないもの）や、幻覚剤の使用による超能力の発現、反体制的な作風など、いかにも70年代初頭の雰囲気が、時代に迎合しすぎているように感じられたのだ。SFというのはもっと普遍的な題材を扱うべきではないかと。

この短編集には、「異常気象のために食糧危機が起こり、文明が崩壊、主人公たちは都会を脱出、山中に自給自足のコロニーを建設してサバイバルを繰り広げる」というパターンの話が何本も収録されている。出版された年（1976年1月）からすると、作品の初出は74～75年頃のはず。『ノストラダムスの大予言』に代表される破滅ブームの真っ最中、環境汚染や異常気象による破滅が近づいているのではないかと、日本中に不安が広がっていた時代だ。田中氏の一連のSFには、そうした時代背景から生まれた真剣な危機感が感じられる。「こんな時代が来たら俺はこう生きてやる」という自己シミュレーションのように読める。

のちに田中氏がサイキック・バトル小説や架空戦記小説を書くようになることも考え合わせると、この人は真剣すぎるあまり、その時代の雰囲気に敏感に影響を受けてしまうのではないかと思える。「こんな時代だからこんな小説を書かねば」という使命感のようなものに突き動かされているのではないか。

　その田中氏が、ＵＦＯブームの頃（初出は調べがつかなかったが、やはり74～75年頃と思われる）に書いたのがこの作品。ＵＦＯに浮かれている一般大衆に対する違和感と嫌悪が、「円盤の存在を認められないために疎外される主人公」という、なんともストレートな形で表現される。

　それにしてもどうしてこの人、いつも「巨大な権力の陰謀」という図式に持っていきたがるのだろう。強制的な「人口調節」というネタにしても、何度も読んだぞ。ピンチになった主人公の前に、黒塗りのリムジンに乗って登場する権力の手先というのも、イメージが分かりやすすぎて、ちと失笑する。

　まあ、これも70年代の反体制の風潮の影響なのかもしれないが、そういう地上的な図式にされると、せっかくのＵＦＯというテーマが矮小化してしまう気がするのだ。高斎氏の作品と同じく、人間の精神作用が円盤を創造するというアイデアを、こんな使い方をされるのは、ものすごくもったいない。

⑤ トーマス・M・ディッシュ

『バニー・スタイナーの誘拐』

The Abduction of Bunny Steiner, or a Shameless Lie

（初出『アシモフ』1994年2月号／翻訳『ＳＦマガジン』1998年6月号）

　この号の『ＳＦマガジン』はＵＦＯ特集。ＵＦＯを題材にしたＳＦ３編と、エッセイ、アンケート、インタビューが載っている。ＵＦＯ好きにとって興味深いのは、ホイットリー・ストリーバーのインタビュー「コミュニオンを超えて」（初出『トワイライト・ゾーン』１９８８年４月号）と、ＳＦ作家トーマス・Ｍ・ディッシュのエッセイ「グリニッチ・ビレッジのエイリアン」（初出『ネイション』１９８７年３月24日号）が並んで掲載されていること。

　自分がＵＦＯアブダクションを受けたと主張するス

トリーバーの『コミュニオン』に対し、ディッシュはウィーニパイ人というピーナッツのようなエイリアンに誘拐されたことを思い出したと言い、ウィーニパイ人の口を借りて、昆虫型のエイリアンが信者獲得のためにストリーバーを操って『コミュニオン』を書かせたという真相を語る。ノンフィクションとして発表されたというだけで『コミュニオン』の内容を信じなくてはならないのなら、同様に、ウィーニパイ人に誘拐されたというディッシュの話も真実とみなさなくてはならないことになる。ディッシュはストリーバーの手法を逆用して、彼をおちょくってみせたのである。

それでもディッシュの憤りは収まらなかったようだ。7年後、彼は短編「バニー・スタイナーの誘拐」を発表し、UFO本業界のバカバカしい内幕を、さらに痛烈におちょくってみせた。

ファンタジー作家のルーディ・スタイナーは人生のどん底にあった。太りすぎだし、断酒には失敗、小説はスランプ。そして何より、人気シリーズ『妖精軍団』が不条理な訴訟沙汰に巻きこまれ、印税が一銭も入ってこなくなったのだ。

そんな彼に、救いの手を差し伸べた者がいた。ジャネット・クルーズ。かつてルーディを騙して大損害を与えた編集者だ。今は大出版社のクノップ社で働いているという。彼女は『コミュニオン』の路線の本を書いてくれたら5万ドルを払うと約束する。ルーディは「ストリーバーは百万ドルだぞ」とぼやくが、選択の余地はない。

ジャネットが提案したのはこんな筋書きだった。ルーディの娘のバニーがエイリアンに誘拐される。彼女は催眠セッションによって、エイリアンから「口にするのもはばかられる陵辱」を受けたことを語る。もちろんルーディに娘などいない。それがかえって好都合だとジャネットは言う。存在しない娘なら、マスコミに嗅ぎ当てられることもない。

その本『ヴィジテーション』をルーディは5週間で書き上げた。本の中では、4歳の娘バニーの愛らしさを強調し、自分がいかにバニーを溺愛しているか、エイリアンに凌辱されたことを知って苦悩したかを描いた。

原稿を渡した後で、彼はジャネットにひっかけられたことに気がつく。彼女はクノップ社ではなく、オレンジ・バングル・プレスで働いていた。ザ・ピープルというカルト教団の所有する出版社だ。

オレンジ・バングル・プレスから出版された『ヴィジテーション』は、たちまち注目を集める。バニーがラジオやテレビに出演し、自分の誘拐体験を語りはじめたからだ。番組のビデオを入手したルーディは、初めてバニーを目にする。少女は本の中で彼が描写した架空の娘のイメージにそっくりだった。天才的な演技力で、「でっかい目玉をしたへんてこな人たちが、自分の体のどこにさわったか」を語り、カメラの前で涙を流した。

ジャネットはルーディに新しい仕事を持ちかける。『ヴィジテーション』はハーパーコリンズ社から新版が出版されることになった。その際に最終章をつけ加えてほしい。バニーとその母親メリッサは、クリスマス・イブに行方不明になる。雪の上にはUFOの着陸痕。彼らがUFOに誘拐されたことを暗示して終わる。当然、証拠を消すために、2人はマスコミの前から姿を隠す手はずになっている。

バニー・スタイナーの物語はこれで終わりだ、とルーディは思った。だが、そうではなかった。ニューヨークの彼のアパートに、バニーが転がりこんできたのだ。

彼女の本名はマーガレット。小さく見えるが8歳半。頭が良く、本も読める。ルーディの書いた『妖精軍団』も大好きで、『ヴィジテーション』を読んですっかり彼を気に入ったという。

「うん。しかし、あれはぜんぶ作りごとだよ」ルーディはそう指摘した。「あの本は嘘の上に嘘を積み重ねてある。それはきみも知ってるはずだ」

「でも、あなたのつく嘘はすてき」とバニーは主張した。「もしあなたにほんとの小さい女の子がいたら、きっとあの本の中のパパみたいだったと思うよ。(後略)」

(浅倉久志・訳)

彼女はザ・ピープルのコミューンで母親と暮らして

いたが、母親と仲が悪く、コミューンの暮らしにも嫌気が差していた。そこで、本当にルーディの娘になることを思いついたのだ。母親は喜んで養育権を彼に譲ってくれるはずだ。おまけにバニーは教団の内部資料も持ち出していた。中には『ヴィジテーション』の売上報告書もあった。ルーディに支払われた額とは大きな差がある。

理想の父親と理想の娘。おまけに金が入ってくるあてもできた。二人の未来は明るいのだった。

こうしてあらすじを書いてみると、ぜんぜんSFじゃないな（笑）。まあ、一流のSF作家がSF雑誌に載せた小説だってことで、ご容赦願いたい。

作家が個人的な感情にまかせて小説を書いてしまうと、しばしば小説としての構成がおろそかになりがちである。しかし、ディッシュは見事に自らの感情を昇華し、考え抜かれた良質のコメディに仕上げた。少なくとも僕は何度も笑った。好きな作品である。

とりわけ、クライマックスに主人公の前に降臨するバニーのかっこいいこと！　愛らしいうえに頭が良く、ルーディの置かれた閉塞状況を一気に打開してみせる。特に「あなたのつく嘘はすてき」という台詞はジンとくる。金儲けのためにノンフィクションと偽って書いたフィクションが、最後に現実になるという奇跡――この構成の上手さには脱帽した。

ジャネットというキャラクターも、悪役ながら憎めない。UFO本を扱っているくせに、その読者層を徹底的にこけにする。『ヴィジテーション』にSM的なサブテキストが見え見えであることを心配するルーディに、UFO本の主要な読者はそんなもの気づくわけがないと保証するのだ。

随所で、ストリーバーの『コミュニオン』やホプキンスの『イントゥルーダー』などの実在の本の内容に言及されており、現実とフィクションが織り交ぜられ、話にリアリティを与えている。眉村氏や高斎氏や田中氏と比較するのは悪いが、やっぱりフィクションというのはこれぐらい完成度が高くないといかんよなあ……と思うのである。

【第五章】

1980、90年代のUFO事件

80年代は埋もれていた「ロズウェル事件」がよみがえった時代である。「マジェスティック12」をはじめとする多くの事件がロズウェル事件と絡められるようになり、以降は、UFOといえばロズウェルといわれるほど中心的な役割を果たすようになっていった。

なお、「キャッシュ・ランドラム事件」、「レンデルシャムの森事件」、「日航ジャンボ機UFO遭遇事件」などのように有名な事件がいくつも起きていたのは、この時代までである。

90年代は「異星人解剖フィルム」が登場し、世界を騒がせた。しかしそれ以降、中心人物と背景にストーリーを持った世界的に有名な事件は激減していく。インターネットなどの普及により、情報は拡散しやすくなった一方で、すぐに消費されやすくなり、熱からさめるのも早くなったのかもしれない。かつての活気に溢れた時代が再び訪れることはあるのだろうか。

【UFO事件33】

レンデルシャムの森事件

Rendlesham Forest incident
25-26?/12/1980
Suffolk, England

1980年の12月、イギリスはサフォーク州にある駐留アメリカ軍の基地であるウッドブリッジ基地とベントウォーターズ基地に挟まれるようにある「レンデルシャムの森」と呼ばれる森林で、複数のアメリカ兵によりUFOが目撃される。

それだけであれば、UFOケースとしてはよくある事件かもしれない。だが、この事件のもっとも注目すべき部分は、アメリカ軍の基地副司令官により事件の公式報告書が作成され、公文書としてイギリス国防省に提出されている点である。権威が認めたかのように装うインチキネタもたくさんあるのがオカルト界隈であるが、このレンデルシャムの森事件に関しては、実際に報告書を作成したチャールズ・ホルト中佐本人が何度もメディアのインタビューに応じ、実際に報告書を作成、提出したことを認めている。

つまり、この事件こそは「少なくとも、なんらかの奇怪な代物が目撃されたことが公式に報告された事件」なのである。この公式報告書は作成者の名をとって「ホルト・メモ」と呼ばれている。報告書のあらましはこうである。

■「ホルト・メモ」の内容

●タイトル　不可解な光

第1章　1980年12月27日未明、ウッドブリッジ基地の警備兵が森の中に奇妙な光を目撃、調査を命じ

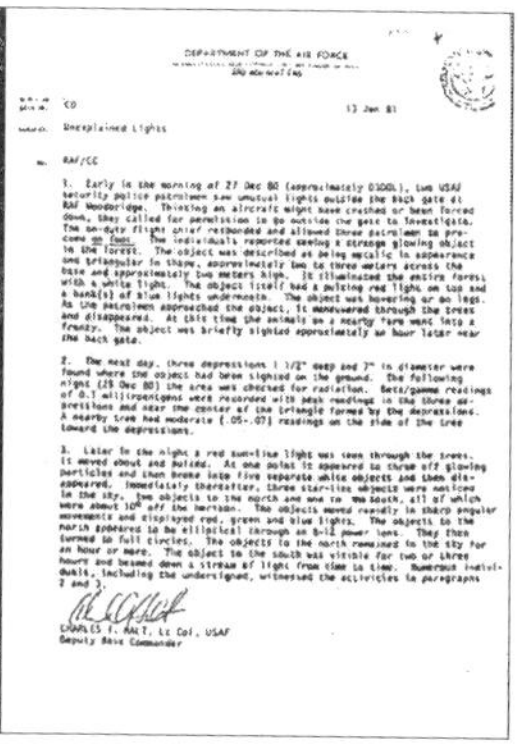

DEPARTMENT OF THE AIR FORCE

CD 13 Jan 81

Unexplained Lights

RAF/CC

1. Early in the morning of 27 Dec 80 (approximately 0300L), two USAF security police patrolmen saw unusual lights outside the back gate at RAF Woodbridge. Thinking an aircraft might have crashed or been forced down, they called for permission to go outside the gate to investigate. The on-duty flight chief responded and allowed three patrolmen to proceed on foot. The individuals reported seeing a strange glowing object in the forest. The object was described as being metalic in appearance and triangular in shape, approximately two to three meters across the base and approximately two meters high. It illuminated the entire forest with a white light. The object itself had a pulsing red light on top and a bank(s) of blue lights underneath. The object was hovering or on legs. As the patrolmen approached the object, it maneuvered through the trees and disappeared. At this time the animals on a nearby farm went into a frenzy. The object was briefly sighted approximately an hour later near the back gate.

2. The next day, three depressions 1 1/2" deep and 7" in diameter were found where the object had been sighted on the ground. The following night (29 Dec 80) the area was checked for radiation. Beta/gamma readings of 0.1 milliroentgens were recorded with peak readings in the three depressions and near the center of the triangle formed by the depressions. A nearby tree had moderate (.05-.07) readings on the side of the tree toward the depressions.

3. Later in the night a red sun-like light was seen through the trees. It moved about and pulsed. At one point it appeared to throw off glowing particles and then broke into five separate white objects and then disappeared. Immediately thereafter, three star-like objects were noticed in the sky, two objects to the north and one to the south, all of which were about 10° off the horizon. The objects moved rapidly in sharp angular movements and displayed red, green and blue lights. The objects to the north appeared to be elliptical through an 8-12 power lens. They then turned to full circles. The objects to the north remained in the sky for an hour or more. The object to the south was visible for two or three hours and beamed down a stream of light from time to time. Numerous individuals, including the undersigned, witnessed the activities in paragraphs 2 and 3.

CHARLES I. HALT, Lt Col, USAF
Deputy Base Commander

…S OF THE WORLD

BRITAIN'S BIGGEST SELLING SUNDAY NEWSPAPER

Sunday

STILL ONLY 25p BEST VALUE FOR MONEY

● Colonel's top secret report tells the facts
● Mystery craft in exploding wall of colour
● Animals flee from strange glowing object

UFO LANDS IN SUFFOLK

And that's

【左上】事件の舞台となったウッドブリッジ基地の東門。この付近のレンデルシャルの森に着陸した発光物体を多くの兵士が目撃したとされる（©Taras Young）
【右上】ホルト中佐が事件の概要をまとめて、軍に提出した通称「ホルト・メモ」。
【左】事件を報じる「ニュース・オブ・ザ・ワールド」紙の1983年10月2日号のヘッドライン。

られた3人の警備兵は森の中で、金属製と思われる、光り輝く三角形の物体を目撃したと報告してきた。その物体は底辺の長さ2~3メートル、高さ2メートルほどで、兵士たちが接近するとその物体は木々の間をすり抜けて姿を消した。

第2章　次の日、目撃地点で地面に3つの丸い窪みがあるのが発見された。その周囲からは微弱な放射線が検出された。

第3章　その日の夜遅く、夜空に太陽のような光が現れ、脈動し飛び回った。その光は分裂し、色々な方角に複数の色に輝く物体を確認した。南に見えた物体は、地面に向けて光線を照射した。私（ホルト中佐）を含めた多数の兵士がこれらの事件を目撃した。

署名　アメリカ空軍基地副司令チャールズ・I・ホルト中佐

現在では報告書の第1章にある12月27日は書き間違

ホルト中佐

いで、警察への通報の記録から、本当は25日夜から26日早朝だと考えられている。ホルト・メモが作成されたのが翌年1月13日と遅かったため、記憶違いがあったと思われる。チャールズ・ホルト中佐が書籍などの記述によってウッドブリッジ基地の副司令だったりベントウォーターズ基地の副司令だったりするのは、規模の大きなベントウォーターズ基地のすぐ近くに補助的にウッドブリッジ基地があり、命令系統が統合されているからで、両基地を指揮していたのがゴードン・ウィリアムズ大佐だという。

■基地司令官が宇宙人と会見？

さて、非常に興味深い事件ではあるが、「金属製の物体」を目撃した（と主張している）のは、ごく少人数のパトロール部隊であり（はっきり金属製だと主張しているのはそのうちの1人、ジム・ペニストンだけらしい）、大多数は怪しい光しか目撃していないことには留意しておく必要はある。しかし、少なくとも中佐というかなり位の高い将校を含む大勢が「不可解な光」を目撃したというのはかなり興味深い。

さて、このレンドルシャムの森事件だが、実は時間の経過によって事件のスケールが大きくなっている。後年になって「実はもっとすごいことがあった！」と言い出した者が現れたからだ。

そもそもこの事件が世界的に知られるきっかけになったのは、1983年にイギリスの新聞「ニュース・オブ・ザ・ワールド」に「サフォーク州にUFO着陸」という記事が掲載されたためである。

ホルト・メモの内容だけであれば、ある意味でスッキリと終わった事件であるが、基地周辺を調査したUFO研究家には、まったく別の証言を得た者もいた。ブレンダ・バトラー、ドット・ストリート、ジェニー・ランドルスの3人組は、この事件の調査の中で結成された調査チームである。

彼女たちの集めた証言のいくつかは、ホルト・メモと符合した。しかし、決定的に違うものもあった。森にUFOが着陸し、基地司令官が宇宙人と会見したというものである。この件について調査している中で現れたのがラリー・ウォーレンという男である。

彼はベントウォーターズ基地の元警備兵で、基地司令官ゴードン・ウィリアムズ大佐が、着陸したUFOから降りてきた宇宙人と会見、その様子を200人の兵士が目撃したと証言したのだ。これはホルト・メモにはない記述であるが、派手で大衆ウケが良さそうで、この事件が大々的に報道されるきっかけとなったのである。

ゴードン・ウィリアムズ大佐

しかし、当のホルトはラリー・ウォーレンの証言を否定し、当時森に向かった警備兵の1人、ジム・ペニストンもウォーレンの証言のせいで我々の証言が疑われると非難している。ペニストンは実際に物体に触れたと主張している。政府によるUFO隠蔽の陰謀論を支持する研究家らはホルト・メモは情報操作のために、わざと事実と異なる記述が書かれたのではないかという説を主張した。それとは逆に、ウォーレンの証言を怪しむ研究家もいる。

■兵士らが見たものの正体

このように「少なくとも何かが起きたことは、公式に証明されている」というUFOケースとしては貴重な事件であるのに、何やら証言が食い違う混沌とした部分が存在する。

では、その晩にホルト中佐たちが目撃したものは一体何であろうか。

最初に警備兵が目撃した光の正体について、懐疑的な研究家の間で可能性が高いとされているものが火球、つまり燃えながら落下する隕石などの明るい流れ星である。ちょうど26日未明、イギリス東部で3つの火球が観測されている。それを「森に落ちる怪しい光」と考えた警備兵が報告したというのだ。

【左】レンデルシャムの森の東、10キロの地点にあるオーフォードネス灯台（©Taras Young）と火球の写真。灯台の光は森の中でもよく見えた。ホルト中佐らはその光を見ていたのかもしれない。

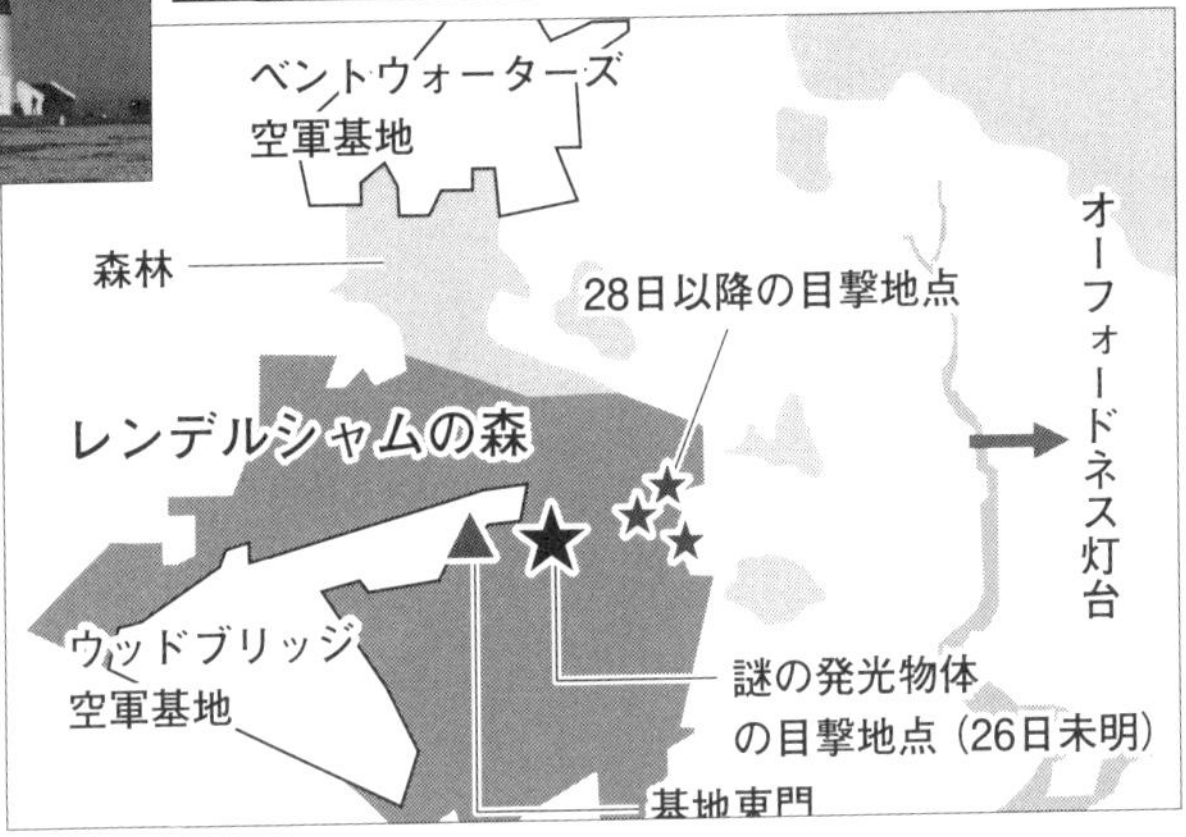

また、ホルト中佐たちが目撃した光については、森の東方10キロのところにあるオーフォードネス灯台の明かりだったのではないかとする説もある。これについては最初に森に入った警備兵3人も最初の報告書で「灯台の光だった」としている。ただし警備兵の1人、ジョン・バロウズは、波風を立てないように穏当な報告をしただけだと証言を翻している。

チャールズ・ホルト、ジム・ペニストン、ジョン・バロウズらは後年もテレビのインタビューに答えているが、あれが灯台の光だったとは認めていない。また、ホルト・メモの不可解な光の記述が正確なら、灯台だけで説明するのはやや苦しいかもしれない。ただし、サーチライト、パトカーのライト、星など、複合的な要因が絡み合っている可能性も否定できない。

2009年にはピーター・ターティルという老人が名乗り出て、盗んだ肥料を積んだトラックを証拠隠滅のために燃やした。その光が事件の正体だった、と証言した。しかし、他の証言と整合性が取れない面が多く、研究家からはあまり相手にされていない。

ジェニー・ランドルスらは調査の過程で自説を徐々

に「UFO隠蔽説」から「何らかの別の事件の隠蔽のためにUFOの噂を流した」と変えていったが、現在では、光については灯台などの見間違いで説明できるのではないかと考えているようである。

ラリー・ウォーレンの証言は大衆ウケはよかったが、具体的な証拠もなく、関係者の多くが否定しており、信ぴょう性には疑問符がつく。

2015年、BBCでチャールズ・ホルトの会見の様子が放送された。サフォーク州で行われたUFO会議での発表の様子で、ベントウォーターズ基地のレーダー係から、未知の物体を追跡したという証言を得たという。未知の物体が96キロの範囲を2～3秒で横断したというのである。同じような証言は事件当時、近隣のワットンレーダー基地の係官からジェニー・ランドルスも得ていたようである。

ジム・ペニストンは2010年頃から、突如として自分が接触したUFOからバイナリコードを得た、と証言し始める。UFO研究家がそのコードの解析を試みた結果、大西洋の幻の島「ハイブラジル」を指した、のだそうだ。

かのロズウェル事件が、最初は「UFOらしき何かを軍が回収した」というシンプルな事件だったのに、後年になるほど事件のディテールが追加されて関係者も激増、混沌とした事件になったように、「英国のロズウェル事件」と呼ばれている本件も、元々は将校が変な光を見ただけの事件だったのが、いつの間にかディテールが増殖し、訳のわからない事件へと変貌しているのである。

（横山雅司）

【参考文献】

『謎のHALT文書』（二見書房、1989年）
『謎解き超常現象Ⅳ』（彩図社、2015年）
ヒストリーチャンネル「イギリスのロズウェル」
一般社団法人潜在科学研究所「新★0界通信」（第20号～22号）
BBC NEWS「Rendlesham Forest UFO sighting 'new evidence' claim」（http://www.bbc.com/news/uk-england-suffolk-33447592）
UFO SIGHTING HOTSPOT「Hy' Brasil: A Portal to Another World?」（http://ufosightingshotspot.blogspot.jp/2014/12/hybrasil-portal-to-another-world.html）

【UFO事件34】

キャッシュ・ランドラム事件

Cash-Landrum incident
29/12/1980
Texas, USA

事件は1980年12月29日午後9時頃、場所は米国テキサス州ヒューストン郊外・ニューキャニーからハフマンに向かう道路FM1485（Farm to Market Road 1485）号線の途中で起きた。

■ホバリングする飛行物体

ベティ・キャッシュ（51歳）、ビッキー・ランドラム（57歳）と彼女の孫コルビー・ランドラム（7歳）が車で道路を北から南に向かって走っていた。周囲は都市近郊の農村地帯で、道路は松林で挟まれている。木の上に光を見た3人は、最初、ヒューストン空港に向かう飛行機と思ったが、近づくにしたがって光は木の高さで道路上にホバリングする巨大な物体であることに気づいた。

物体はくすんだ金属光沢を持ち、明るく輝き、直立したダイヤモンドの上部と下部が切り取られた形状をしていた。小さな青い光が中心部をリング状に囲み、ダイヤモンドの底部から規則的に炎と熱を放射していた。キャッシュらは車を止めて物体をよく見ようと外に出たが、ランドラムはすぐ車の中に戻りコルビーは怖がって車から出なかった。好奇心に駆られたキャッシュだけが外でしばらく物体を観察した。

物体からの熱で車体は触れられなくなる程熱くなり、ダッシュボードも熱で手形が残る程柔らかくなった。物体が木より高くに上昇すると、ヘリコプターの

インターネット上で出回っている事件の想像図（UFO Evidence「The Cash-Landrum Case」）。
【図1】がUFOの炎による道路の焦げ跡とされる写真（Unsolved Mistery「TEXAS UFO」）

一群が現れ物体を囲んで編隊を組んだ。数えると23機で、後で機種を調べると多くは軍で使用されるタンデム・ローターのCH‐47チヌークだった。

■米政府を提訴した目撃者たち

しばらくして物体とヘリコプターの一群は遠くに飛び去り、目撃時間はおよそ20分間だった。

3人が帰宅すると体調に異常が現れ、吐き気、嘔吐、下痢、脱力感、目の灼熱感、日焼け感、等の症状が現れた。特に車外で長く物体を眺めていたキャッシュが重症だった。年明けに病院に行くと放射線障害ではないか、という診断だった。事件以降、キャッシュとランドラムは体調がすぐれず、2人は１９８１年に２０００万ドルの医療費賠償を目的として米政府を訴訟したが１９８６年に敗訴した。

キャッシュは１９９８年、ランドラムは２００７年に死去したが、事件で受けた放射線による健康被害の影響が疑われた。事件はＭＵＦＯＮ（Mutual UFO Network: 全米最大の民間ＵＦＯ研究団体）の研究者ジョン・シュスラーが詳しく調査し彼は本を出版している。このUFO事件は合理的な説明が困難で様々な説が唱えられた。しかし、よく調べると3人の証言以外、熱で手形が残った車のダッシュボード、健康被害の原因になる放射線あるいは化学物質の痕跡のような物的証拠は何も見つかっていない。

例えばネットには、前ページの【図1】のようなシュスラー撮影のUFOの炎で焦げたアスファルト道路の写真が見つかるが、これは「アンソルブド・ミステリー」という再現映像番組の一場面で本物ではない。そもそもシュスラーがこの事件を調べ始めたのは、事件から2ヶ月ほど経ってからである。写真のような焦げ跡が2ヶ月間もそのまま残るはずもなく、また、こんなものが道路の真ん中にあれば不審な（UFOの）焦げ跡という噂がすぐに広まり、現地のメディアも巻き込んだ大騒ぎになっただろう。しかし、残念ながらそんなニュースは何処にもない。

また、テキサス健康局の関係者が調査のために正確な事件現場を教えて欲しいとシュスラーに尋ねると、彼は「深夜の事件で、目撃者は気が動転していて事件現場の正確な場所を示すことはできなかった」と答えている。図1のようなシュスラー撮影の焦げ跡があれば現場は容易に分かるはずではないだろうか。UFO本に書かれた事件詳細の多くはシュスラーの調査結果を元にしているが、残念ながら彼の話には首を傾げざるを得ない。

■過去の事件との類似性

これ以前に、事件のヒントになるかも知れないUFO事件が起きている。

1978年、5月13日、カリフォルニア州ケアマン市の警官、マニュエル・アンパラノはパトカーで市内を巡回中、午前3時32分頃、丸い火の玉のようなUFOが南西方角の綿畑の地上40メートル程の高さに浮かんでいるのを目撃した。UFOは次第に上昇し、時々、底から光線を放ちながら色を青色に変え、方向を変えて急速に南西に飛んで行った。

その日の午後、アンパラノ警官は、自分が日焼けしていることに気付き、病院で手当てを受けたが日焼けの原因としてＵＦＯ目撃が疑われた。当夜はパトカーの窓は閉めていたので紫外線を浴びる可能性は低く、医者はマイクロ波が原因ではと診断した。

しかし、このＵＦＯ日焼け事件は解明されている。ケアマン市の南西約２４０キロにバンデンバーグ空軍基地があり、警官がＵＦＯを目撃した同時刻に、同基地からＧＰＳ衛星を載せたアトラスロケットが打ち上げられていた。方向、時刻を考えると警官が見たＵＦＯはこのロケット発射以外考えられない。ケアマン市は基地から遠く離れているが、夜間のロケット発射は条件が良ければよく見え、地元の放送局から打ち上げ計画が公表されることもある。

ということはアンパラノ警官の日焼けはＵＦＯ目撃とは関連がなく、前日にどこかで無意識に浴びた紫外線が原因と考えられる。可能性として直射日光、工業用紫外線ランプが考えられる。マイクロ波で火傷はするが日焼けはしない。

同じようにキャッシュ・ランドラム事件の健康被害もＵＦＯ目撃とは関連がなく、もともと2人には持病がありＵＦＯ事件をきっかけとして悪化したのではという疑念がある。放射線障害の専門家によれば、放射線が2人の健康被害の原因なら症状は致命的で短期間で死んでしまうというもので、２人は事件後長く生きたので健康被害の原因は放射線ではないとも言われている。事件以前の２人の医療記録が重要になるが、事件を調べたシュスラーは２人の死後も、彼女らの事件前の医療記録の公表を拒んでいる。

■ＵＦＯの正体は何か？

炎を出すダイヤモンド型のＵＦＯ目撃は子供も含めた３人が口裏を合わせたとは考えにくく、何かを目撃した可能性は高い。米軍ヘリコプターを使ったフレア訓練、米軍秘密兵器実験、星（カノープス）あるいは精油所の排気ガス炎の蜃気楼（ＦＭ１４８５を約40キロ南に直線的に伸ばすとシェル石油ディアパーク精油所に突き当たるが、偶然だろうか？）、等が提案されたが決定的なものはない。

筆者は１９９９年に事件現場を走ったことがある。写真では山間道路に見えるが、ＦＭ１４８５は大都市

1999年の現場付近の写真（撮影：加門正一）。道端の車は筆者のレンタカー。道路には走行車が２台（１台は遠方）見える。

ヒューストン郊外の田園地帯を走るバイパス道路で、脇道に逸れると農家や住宅もある。３人が証言するような事件が起きれば、地元の花火大会みたいなもので大騒ぎになっても不思議ではない。

また、現場は南北に約5キロ続く片側1車線の直線道路だが、道端に立つと夕方時で1分間に10台程の車が絶え間なく通り、見通せる範囲に車が1台も見えないことはなかった。事件当時の交通事情は不明だが、ＵＦＯ目撃が20分間も続いたのなら他の目撃者（ドライバー）が一人も現れないのは不思議である。ＵＦＯ目撃時間はもっと短時間で、ＵＦＯも他のドライバーも気付かないような現象だったのではないだろうか。

（加門正一）

【参考文献】

John F. Schuessler『The Cash-Landrum UFO Incident』（CreateSpace Independent Publishing Platform, December 15, 1998）

John F. Schuessler「Cash-Landrum Case Investigation of Helicopter Activity」『MUFON UFO Journal』（No. 187, 1983）

Robert Sheaffer「Between a Beer Joint and a Highway Warning Sign: The 'Classic' Cash-Landrum Case Unravels」『Skeptical Inquirer』（Vol. 37, No.2, pp.28-30, 2014）

Bad UFOs「"Chasing UFOs" and "Dirty Secrets" - The National Geographic Channel」（http://u0u0.net/F3fl）

『The APRO Bulletin』（Vol. 27, No. 2, 1978）

ABC NEWS「Overnight rocket launch seen in Valley」（http://abc30.com/archive/8409038/）

Unsolved Mistery「TEXAS UFO」（http://u0u0.net/F3TQ）

Philip j.Klass「CSI:The Skeptic UFO Newsletter」（http://u0u0.net/F3g7）

S. Campbell『The UFO Mystery Solved』（Explicit Books, Edinburg, 1994）

【UFO事件35】

毛《も》呂《ろ》山《やま》事件

Moroyama incident
16/08/1981
Saitama, Japan

事件は1981年8月16日、場所は埼玉県入間郡毛《も》呂《ろ》山《やま》町箕《み》和《わ》田《だ》という農村地帯で起きた。

■宙に浮いた黒く丸い物体

地元の農家・関口潔氏（当時55歳）は、早朝6時頃、空に浮かぶ風船のようなものを見たが、気にせず草刈を始めようとして自分の田の水で鎌を研いでいた。その時突然、頭上から直径3メートルくらい（人間なら2〜3人くらい入れる程）の黒く丸い大きな物体が被さってきた。

関口氏は恐怖を感じたが、その後すぐに100メートルくらい離れた田の中に立つ自分に気付いた。関口氏は物体が被さってから離れた田で気が付くまでの記憶がないが、気が付いた直後、頭上に浮かぶUFOを目撃した。

高さは近くの電柱のトランスと同じくらい、UFO底面には網目構造のようなものがありゆっくり回転していた。UFOは次第に高度を上げ西に飛んで行き5分くらいで山の向こうに消えた。風船のようだったが風船のようにフワフワ飛んでいたわけではない。UFOから音や風のような体に感じるものは何もなかった。

このとき新聞配達をしていた宇津木安美氏（当時51歳）も関口氏の上空に滞空するUFOを目撃した。

記憶がない時間の長さははっきりしないが、宇津木氏の新聞配達時間を考えると30分くらいだろうか。ま

【上写真】2008年に撮影した事件現場（撮影：加門。写真合成不完全）。事件当時、関口さんの水田だったA点でUFOが被ってきた。気が付くと左の家近くの水田の中B点にいて、電柱のトランスの高さにUFOを目撃した。特に不思議な飛び方はしなかった。

【左写真】事件直後、関口氏が自宅の黒板に描いたUFO（「埼玉新聞」昭和56年8月17日）

た、ＵＦＯは他に複数の人間が目撃しているはず。そこで、その日に近くのトラック販売店で事件のことについて話すと、新聞社が知るところになり、翌17日の地元紙の記事になり大騒ぎになった。

■目撃者・関口氏の印象

以上は事件の27年後、２００８年に筆者が関口氏から直接伺った話である。

関口氏は地元の有力な農家で、お会いした時は82歳だったがお元気で言葉も明瞭ではっきり体験を覚えていた。事件当時、ＵＦＯにはまったく興味も知識もなかったそうで、とてもいい加減な話を吹聴する方には見えず、同氏の証言を疑う根拠は何もなかった。騒ぎは1年くらい続き、同氏にとってＵＦＯ騒動は良い思い出ではなく、事件の取材はあまり受けたくないと話されていた。残念ながら、もう1人の目撃者、宇津木氏は既に亡くなっていて、関口氏の証言を確認することはできなかった。

この事件の興味深い点は、ＵＦＯ目撃と共にＵＦＯ

事件でしばしば報告される〝失われた時間（ミッシングタイム）〟に似た体験を、UFOマニアとは思えない関口氏が話されたことである。同氏がUFO伝説と関連した〝失われた時間〟の知識を持っていたとは思えない。

■日本版アブダクション事件

事件は、日本テレビが深夜番組で取り上げ、廃刊された雑誌「UFOと宇宙」に記事が載った。番組は、関口氏の体験した〝失われた時間〟が、米国のUFO事件で知られる誘拐（アブダクション）に関連しているのではないか、と催眠術で記憶を再現しようとしたが、このテレビ局の催眠術については関口氏から何も聞けなかった。関口氏は事件以前にUFOに興味を持ったことはなく、お聞きした時もなさそうだった。

毛呂山町の位置

事件の感想を尋ねると「今でも困惑していて世に言う未確認飛行物体としか言いようがない」という答えだった。

この事件には適当な合理的説明が思いつかないが、こじつけるなら、UFOは形状・大きさ・飛び方から判断して何処かから迷い込んできたアドバルーンで、目撃者はそれを見て一種の金縛り状態（白日夢）になった、とも考えられるが、関口氏はUFOを近くで目撃していたそうだし、他の目撃者もいたようだ。

あまり知られていないが日本における興味深い未解決UFO事件のひとつである。

（加門正一）

【参考文献】
『UFOと宇宙』（ユニバース出版、1982年1月号26頁、同3月号38頁）
「埼玉新聞」（昭和56年8月17日朝刊）
「讀賣新聞」（昭和56年8月17日朝刊）

【UFO事件36】

開洋丸事件

Kaiyomaru Incident
18/12/1984, 21/12/1986
Falkland Islands, Midway Atoll

開洋丸は農林水産省に所属する漁業調査船で、1967年より1991年まで24年にわたって北洋から南氷洋までの世界の全水域において漁業調査を実施した。この船が1984年と1986年の二度にわたって未確認飛行物体に遭遇したというのが開洋丸事件である。

■飛行物体との最初の遭遇

事件の内容は農学博士の永延幹夫氏によって記録・調査され、報告が1988年の『サイエンス』に掲載されたことで話題になった。

最初の遭遇は1984年12月18日、現地時間の0時10分から1時35分まで、開洋丸は南米大陸南端の東側を北に向けて航行中だった。北方向の上空オリオン座付近から右方向（東）に動く黄色っぽい光を見た。

この光は約10分おきに計8回現れた。オリオン座付近に見えてから北に移動したのが2つ、東に移動したのが4つ、南に移動したのが2つであった。

光はフラフラしたりジグザグに動いたかと思えば加速したりと、星や人工衛星とは考えられないものだった。目撃者は最終的に5名だが全員が全ての光を見たわけではない。

■二度目の遭遇

高速で移動する謎の巨大物体をレーダーで捉えた初代・開洋丸（水産庁のHPより）

二度目の遭遇は1986年12月21日、東京湾沖ウェーク島の北を東に向かって航行中、現地時間の18時から24時頃まで続いた。18時にはレーダー上に巨大な楕円形の映像が映り北に移動していったが目視での確認はできなかった。

22時30分からの目撃は劇的だった。レーダー上に現れた巨大な楕円形は開洋丸の周りを2周した後、開洋丸に超高速で向かってきた。そして開洋丸の直前まで近づくと急激にIターンを行い逆方向に動き出した。移動速度はおよそ時速5000キロメートルと試算された。このときも目視での確認はできなかった。

23時過ぎには、西から東に開洋丸の上を通過するように移動する楕円形がレーダーに映し出された。このときはレーダー上で楕円形が開洋丸の上空を通過する瞬間に「物体が風を切り裂くような音」が聞こえた。この直後、船首方向の地平線上で卵をつぶしたような光を目撃した者もいた。レーダー上の楕円形を視認した3名は全員が風を切り裂くような音を聞いているが、光を見たと証言しているのは1名のみである。この後、24時前にもう一度レーダー上に楕円形が出現しているが5分ほどで消えている。

未確認飛行物体の正体は？

以上が事件の全貌である。追加の調査などは公式には何も行なわれていない。まとめると一度目の遭遇は空の光のみ、二度目の遭遇はほぼレーダー上のみとなる。レーダー上の映像と目視での目撃が一致したタイミングはなかった。

一度目の遭遇については光がフラフラやジグザグに動いていたことと、軍用機の灯火を見慣れた船員が軍用機でないと判断したことが未確認飛行物体と判断した根拠となっている。二度目の遭遇についてはレーダー上にのみ現れ、航空機では考えられない高速挙動をしたことが未確認飛行物体であると判断した根拠となる。

インターネット上では一度目の遭遇はアルゼンチン空軍の軍用機の灯火を見たもの、二度目の遭遇は米軍によるレーダーかく乱の演習だったという説が有力な真相として語られている。確かにそのような仮定を置けば開洋丸の遭遇について合理的な説明がつく。

フラフラとした動きやジグザグ運動は、暗い場所で光点が動いて見える錯視「自動運動」とも考えることができる。また、天候による空気のゆらぎという可能性もあるだろう。レーダー上を動く高速のターゲットはレーダージャミング（ディセプション）だったかもしれない。

一般的なレーダージャミングでは、レーダーを乱反射させるチャフを撒いたりすることにより、本当のターゲットがどれなのか分からなくするような方法が用いられる。高度なレーダージャミングであるディセプションは、レーダー波の反射を偽装することで実際とは違う位置にターゲットがあるかのように見せる手法である。

この当時はまだ、自由に虚像を作り出せるレーダーかく乱の装置は一般人が知るような技術ではなく、調査をしたとしても真相にたどり着くのは難しかっただろう。

ただし、この説にも疑問は残る。

軍事演習としてレーダーかく乱を一般の船に行

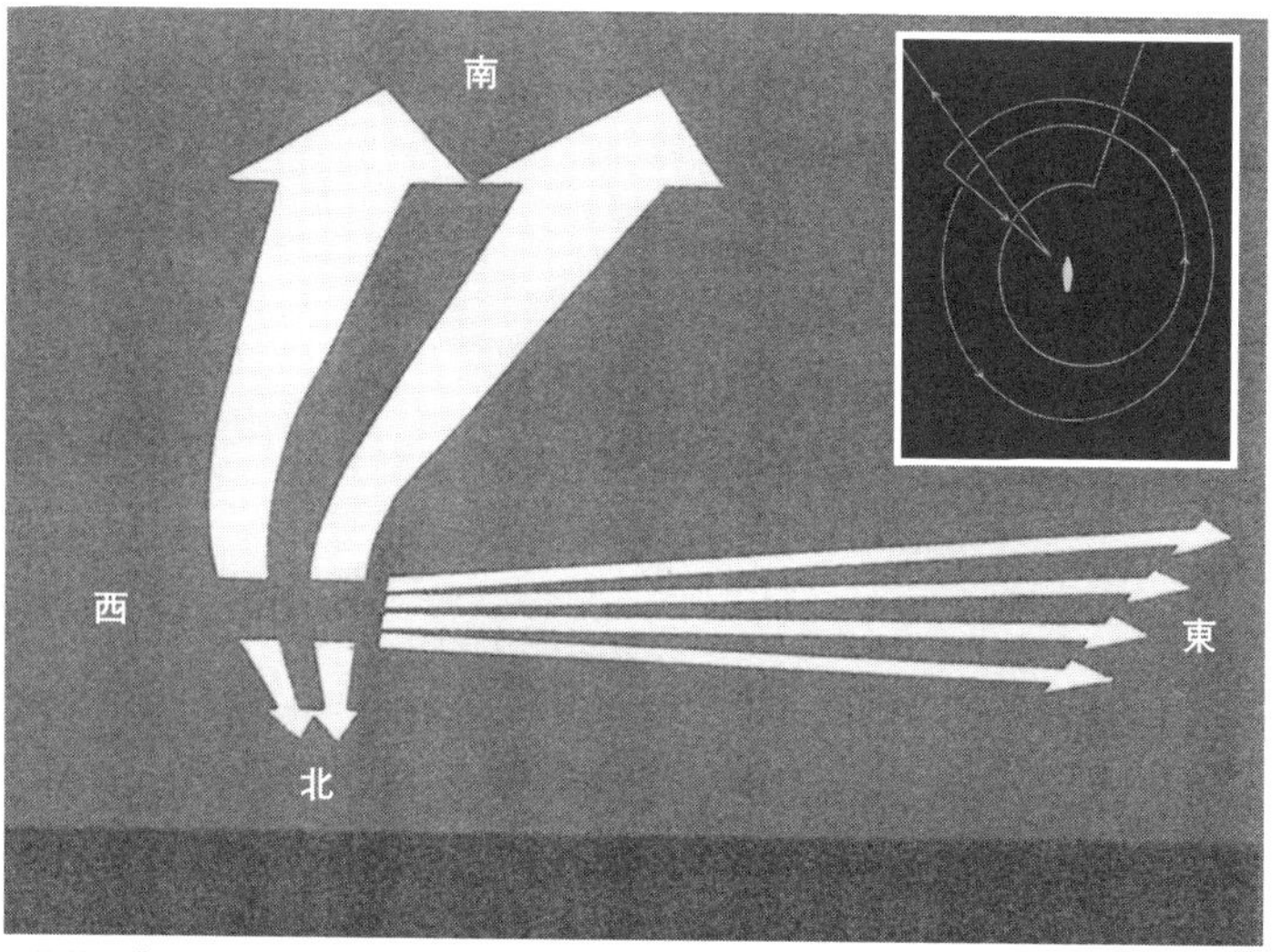

1回目の遭遇時の物体の動きを表した図。合計8つの光点がそれぞれ北や南、東に飛んでいった。囲みは2度目の遭遇時のレーダー像。物体は船を取り囲むように現れた（「サイエンス」誌）

なっても、そのかく乱の結果としてどのような像がレーダーに映ったのかを知ることはできない。これでは演習として片手落ちである。

学術調査船に対する軍のレーダーかく乱事例について、水産総合研究センター、開洋丸に搭載されていたレーダーを作っていた日本無線株式会社、防衛省、それから開洋丸事件の報告者である永延幹夫氏にお話を伺ったが、いずれもそのような経験及び噂は聞かないとの答えだった。

つまり、レーダーかく乱という説は魅力的ではあるが説を支持する証言や文書などの証拠は得られていないということである。

（蒲田典弘）

【参考文献】

「調査船『開洋丸』が遭遇した未確認飛行物体の記録」『サイエンス』（第18巻9号、1988年）
「筆者が語る『未確認飛行物体』」『サイエンス』（第18巻11号、1988年）

【UFO事件37】

日航ジャンボ機UFO遭遇事件

Japan Air Lines flight 1628 incident
17/11/1986, Alaska, USA

1986年11月に、アラスカ上空でジャンボ機の数十倍もある巨大なUFOに日航機が追いかけられたという事件。共同通信が特ダネとして報じたため、UFO事件を普段報道しない朝日新聞や読売新聞といった国内の各主要メディアも真正のニュースとして大きく取り上げた。

■アラスカ上空に巨大母船出現

事件は、1986年11月17日午後5時10分（日本時間18日午前11時10分）、パリから東京までボージョレ・ヌーボのワインを運ぶため、アンカレッジ空港に向けて飛行中だった日航ジャンボ機1628特別貨物便に起きた。当時、同機には寺内謙寿機長（当時47歳）をはじめ、為藤隆憲副操縦士（同39歳）、佃善雄航空機関士（同33歳）の3人が乗っていた。

同機は、アンカレッジの北東約770キロの地点で謎の発光体と遭遇。その物体は7分間ほど日航機と並んで飛行したあと突然、機の直前300メートルほどの地点に瞬間移動をし強烈な光を発した。その明かりで、日航機の操縦室の内部は明るく照らし出されたという。謎の飛行物体の大きさはDC－8の胴体ほどで、形状はほぼ正方形。中央縦方向に暗い筋が入り、その左右には白熱電灯のようなものが無数に並んで、時々中心部からは火花を散らせていたという。

アンカレッジ航空管制センターに問い合わせをした

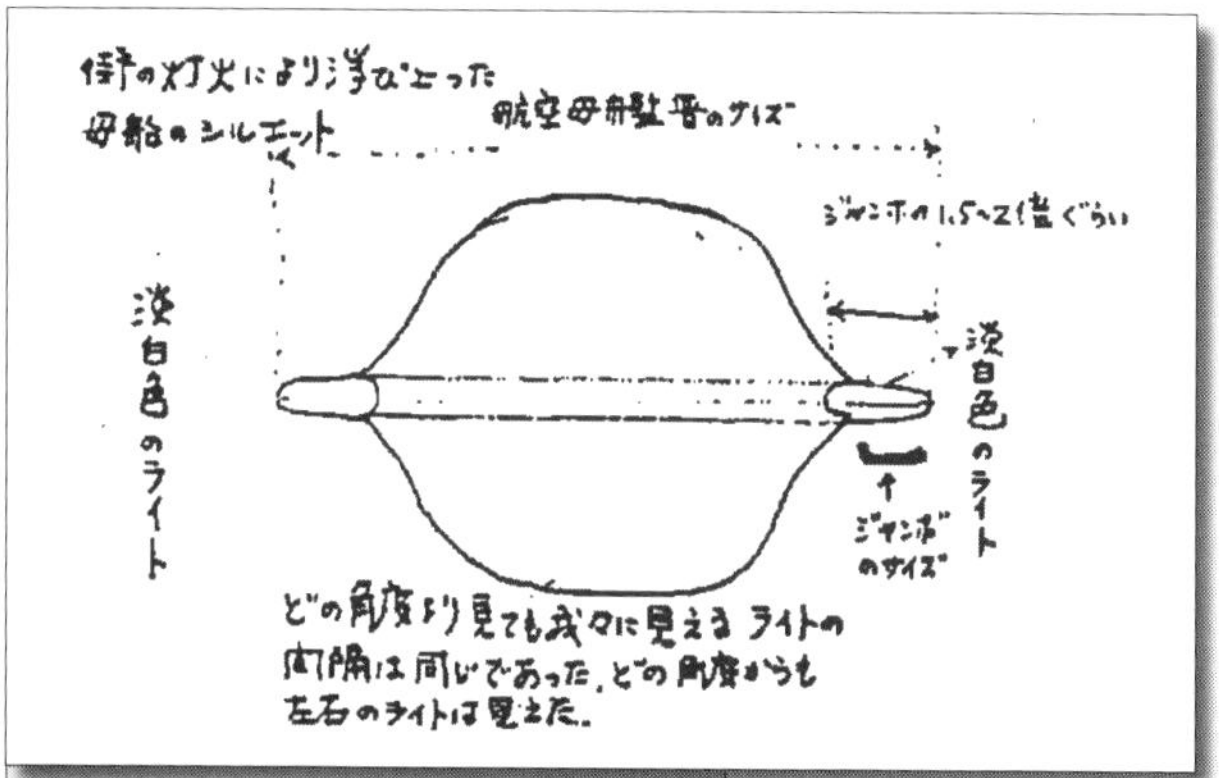

【上画像】事件後に寺内機長が描いたUFOのスケッチ。UFOの母船は航空母艦を2隻並べたような巨大さだったという（HAYWOOD「An Odd Night in Alaska」）
【左写真】寺内機長らが乗っていたJALのボーイング747-246F型機（©S.Fujioka）

が、センターのレーダーには何も映っていないと言われた。機長が気象用レーダーを使って確認したところ、14キロほど前方に巨大な物体が緑色に映った。

同機がフェアバンクス市上空に達した際には、同市の地上の灯火を背景として巨大UFOの姿がシルエットとなって浮かび上がった。巨大UFOは、大型の航空母艦2隻を背中合わせに重ねたような形をしており、直径はジャンボ機の数十倍はあろうかという大きさだったという。

巨大UFOは7、8キロの距離を空けたままピタリと付いてきたが、午後6時24分（日本時間18日午後零時24分）、アンカレッジ空港に到着する寸前に突然姿を消した。

■錯綜する情報と報道

「UFO界のシャーロック・ホームズ」と呼ばれたフィリップ・J・クラスは、地平線から10度ほどの位置に当時あった木星と、同方向にあった火星を見間違えたのではないかとする説を発表した。一方、この事件の第一報を報じた共同通信は「UFOとみられる物体の影が事件当時、アンカレッジ空港の航空管制センターのレーダーにも映っていた」とする続報を報じて惑星誤認説を否定した。

だが、事件翌年の87年1月9日、日本の朝刊各紙に「FAA（米連邦航空局）のレーダーにUFO映らず」という記事が掲載された。FAAがレーダー記録を点検したところ、実は、レーダーにはUFOなど映っていなかったというのだ。「地上のレーダーにも映っていた」という最初の話が一転し、実は何も確認などできていなかったことに変わってしまった。

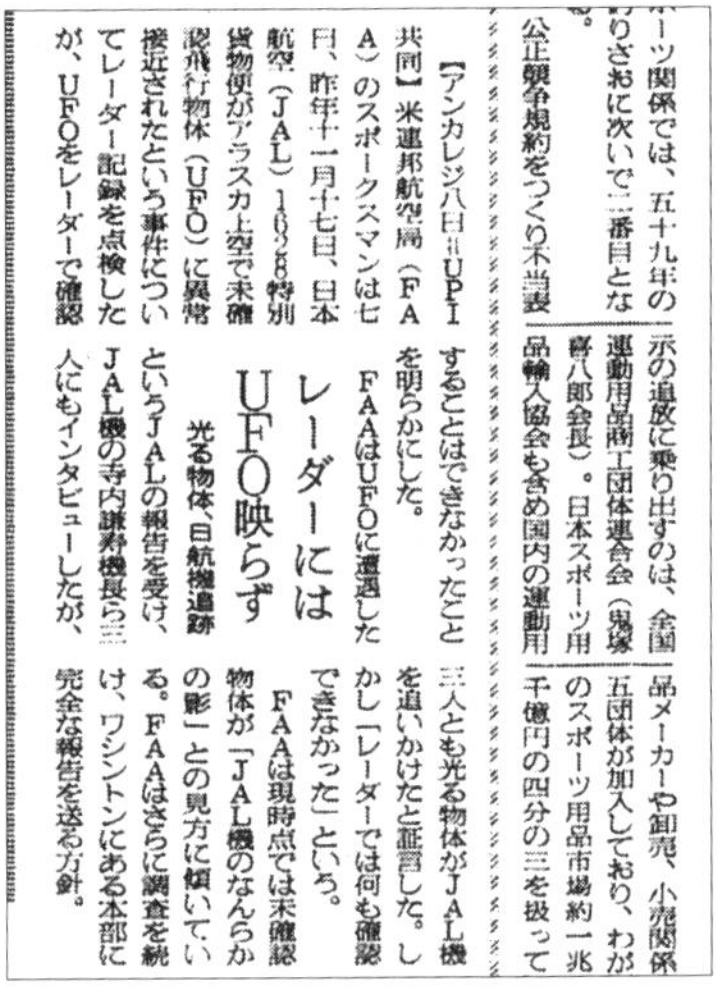
ーツ関係では、五十九年のりさおに次いで二番目となる。

公正競争規約をつくり不当表示の追放に乗り出すのは、全国運動用品商工団体連合会（鬼塚喜八郎会長）。日本スポーツ用品輸入協会も含め国内の運動用品メーカーや卸売、小売関係五団体が加入しており、わがのスポーツ用品市場約一兆千億円の四分の三を扱って

【アンカレジ八日＝UPI共同】米連邦航空局（FAA）のスポークスマンは七日、昨年十一月十七日、日本航空（JAL）1628特別貨物便がアラスカ上空で未確認飛行物体（UFO）に異常接近されたという事件についてレーダー記録を点検したが、UFOをレーダーで確認することはできなかったことを明らかにした。

レーダーにはUFO映らず

光る物体、日航機追跡

FAAはUFOに遭遇したというJALの報告を受け、JAL機の寺内謙寿機長ら三人にもインタビューしたが、三人とも光る物体がJAL機を追いかけたと証言した。しかし「レーダーでは何も確認できなかった」という。

FAAは現時点では未確認物体が「JAL機のなんらかの影」との見方に傾いている。FAAはさらに調査を続け、ワシントンにある本部に完全な報告を送る方針。

「レーダーにはUFO映らず」と事件の続報を載せた日本の新聞（朝日新聞1987年1月9日）

■レーダーに映る緑の物体

では、寺内機長が気象用レーダーで調べたら緑の巨大な物体が映ったという話はどうなのか？

これは緑色だったという点が大変に気になる。

このレーダーは金属などの硬い個体は赤で、雲などレーダーの反射が弱い物体は緑で映る仕組みになっていた。つまり、日航機のレーダーに映ったというモノは、本当に固体の機影であったのかどうか極めて怪しいのだ。

同年3月6日の夕刊には「日航機が遭遇したUFOは存在せず」という記事が出てしまう。これは、FAAが出した事件の報告書の中で、アンカレッジの管制センターと米空軍基地のレーダーが、日航機と十数キロ離れた地点に飛行するような物体をとらえてはいたものの、実はそれは日航機によるレーダーの反射が二重に現れていたものに過ぎなかった、というのだ。

■報道されない重要点

この事件に関してはさらに、日本ではほとんど報じられていない重要なポイントが2点隠されている。

まずは当時、事件現場にいたのは日航機だけではなかったということだ。ユナイテッド航空69便と米空軍のC－130輸送機の2機が現場付近を飛んでいた。

これら2機は、UFO出現の連絡を受けて、日航機のすぐ近くまで接近したものの、両機とも日航機は確認できたがUFOの姿など見ることができなかったのである。

さらに寺内機長は、このUFO事件の直後に別の「UFO誤認事件」を起こしていた。

最初のUFO目撃事件から2月ほど後の87年1月11日、寺内機長は同じようにパリからアンカレッジに向けて飛行機を操縦していた。その飛行中に、最初の事件とほぼ同じ地点で、再び「UFO」と遭遇していたのだ。

寺内機長は2回目の目撃時には「飛行機の9キロほど前方に、不規則に輝く光のパルスと巨大な黒い塊が見える。宇宙船だ。これはUFOだ」と証言していた。だが2回目の「UFO」の正体は、実は、近くにあった石油掘削施設の灯火が、氷の結晶でできた薄い雲に反射して見えていただけであった。この時、寺内機長はFAAとのやりとりの中で、見誤りであったということを自らが認めている。

二度目のUFOが誤認なら、最初のUFOだって誤認の可能性があるのではないだろうか。北海道など寒い地方では日の出や日没時に、太陽光を反射して「光の柱」（サンピラー）が立つことがある。細かい氷晶が太陽光を反射して、太陽の虚像を作り出す現象で、キラキラ輝きながら高速回転をする光の柱のように見える。これは寺内機長の目撃談とよ

【左写真】サンピラーの例（©Chopinskitty）

く似ている。

また、目撃されたＵＦＯの形状が、光の帯から正方形の回転体、軍艦のような巨大ＵＦＯへと次々と変わって一定していないことから、クラスが指摘したように、星を含めたいくつかの光学現象が絡み合って起きたＵＦＯ誤認現象であった可能性も高い。

■よみがえる事件の記憶

この事件は、今でも時々、思い出したように取り上げられている。２００６年12月に「週刊新潮」が寺内機長のインタビューを掲載し、直近では２０１７年５月31日発行のムック『解明不能　奇妙な事件簿』にも「日航ジャンボ機ＵＦＯ遭遇事件　衝撃の機長インタビュー」として取り上げられている。

『解明不能』誌では、２００１年にワシントンで開かれたＵＦＯ情報公開の報告会「ディスクロージャー・プロジェクト」で、この事件を調査したＦＡＡ事故調査部長のジョン・キャラハンが、「有史以来、最も価値あるＵＦＯ記録」と評価したものの、ＦＢＩやＣＩＡなどによって秘密裏に開かれたＵＦＯに関する緊急会議では、ＣＩＡ側から「データは押収する。以後、口外するな」と事件の隠蔽工作を受けたことを暴露したことが紹介されている。

しかし、こんな隠蔽工作など本当にあったのだろうか？　ジョン・キャラハンの発言に疑問を持った米国のＵＦＯブロガーのライアン・ドーブという人物が、キャラハンが会ったというＣＩＡ職員は、ＣＩＡで科学分析官を務めていたロン・パンドルフィであったということを突き止めた。

パンドルフィは、キャラハンがいうようなＦＡＡの会議が本当に開かれていたこと、そしてそこに自分と

ワシントンで開かれたUFO情報公開の報告会『ディスクロージャー・プロジェクト』の内容をまとめた書籍『DISCLOSURE』。

キャラハンが出席していたことを認めた。だがしかし、CIA職員が事件を隠蔽しようとしたことなどなかった、と証言したのだ。

実はこの会議にはもう1人、著名なUFO研究者であるブルース・マカビー博士も出席していた。マカビー博士はUFOビリーバーとして知られている人物で、いくら隠蔽好きのCIAでも、ビリーバーのUFO研究者を会議に招いておきながら、そこでのUFO情報を隠蔽できると思うほどアホではないだろう。そしてマカビー博士も、この会議で隠蔽工作を巡る発言があったことなど全く記憶していなかったのだ。

ちなみにCIA分析官のパンドルフィは、マカビー博士とキャラハンが会議で「情報公開の遅れ」といった話題について話をしてはいたが、「目撃者を黙らせる」といったような議論は何もなかったと記憶している、と述べている。そもそも、このUFO事件は、発覚と同時に一般の新聞にも詳しく報道をされてしまっているので、たとえしたくても「隠蔽」など今更やりようがあるわけもなく、まさに後の祭りな話であった。

つまりキャラハンが、UFO研究家であるマカビー博士のことをCIAのエージェントと勝手に勘違いしてしまい、隠蔽工作が行われようとしていたと誤って記憶していたというのが、どうもこの隠蔽工作事件の真相っぽいのである。

（皆神龍太郎）

【参考文献】

Bad UFOs:「Skepticism, UFOs, and The Universe JAL 1628: Capt. Terauchi's Marvellous "Spaceship"」（http://badufos.blogspot.jp/2014/07/jal-1628-capt-terauchismarvellous.html）

「FAA INSTRUCTIONS TO STAFF ON UFO SIGHTINGS DEBUNK COVER-UP CLAIMS」（http://www.realityuncovered.net/blog/2011/04/faa-instructions-on-ufo-sightings/）

Philip J.Klass「Special Reports: FAA Date Sheds New Light On JAL Pilot's UFO Report」『Skeptical Inquirer』（Vol.11 p322-326）

『UFO Skeptic Newsletter』（Summer 2001）

HAYWOOD「An Odd Night in Alaska: JAL 1628 a synthesis of narratives」（http://ur0.pw/F557）

皆神龍太郎『あなたの知らない都市伝説の真実』（学研パブリッシング、2014年）

『昭和の不可解事件の真相「解明不能　奇妙な事件簿」』（ダイアプレス、2017年）

【UFO事件38】

マジェスティック12

Majestic 12
29/05/1987
USA

マジェスティック12（以下、MJ‐12）文書は、1952年11月18日付の文書であり、ロスコー・ヒレンケッター（CIA初代長官）から次期大統領であるアイゼンハワー大統領に宛てられたMJ‐12作戦の概要説明文書である。一度はロズウェル事件の最高レベルの証拠として扱われた。通常、添付書類Aとして、ハリー・トルーマン大統領のサインが書かれた1947年9月24日付の特別機密行政命令No.092447も含む。

文書の冒頭では、MJ‐12がトルーマン大統領の命令で実施されている研究開発及び情報作戦であり、MJ‐12委員会が統制することが説明されており、MJ‐12委員会のメンバーもリストされている。続けてロズウェル事件で墜落したUFOと異星人の遺体を研究したこと、回収したUFOからリバースエンジニアリングを試み失敗していることなどが説明されている。MJ‐12委員会は大衆のパニックを防ぐため、情報統制を続けていくべきだとも結論付けている。添付書類はA～Hの8つあることになっているが、添付書類A以外は誰も見たことがない。

■形式上の明らかな間違い

文書自体は1984年12月11日、TVプロデューサーのジェイム・シャンデラのもとへ未現像の35ミリフィルムで送られてきたと主張されている。シャンデ

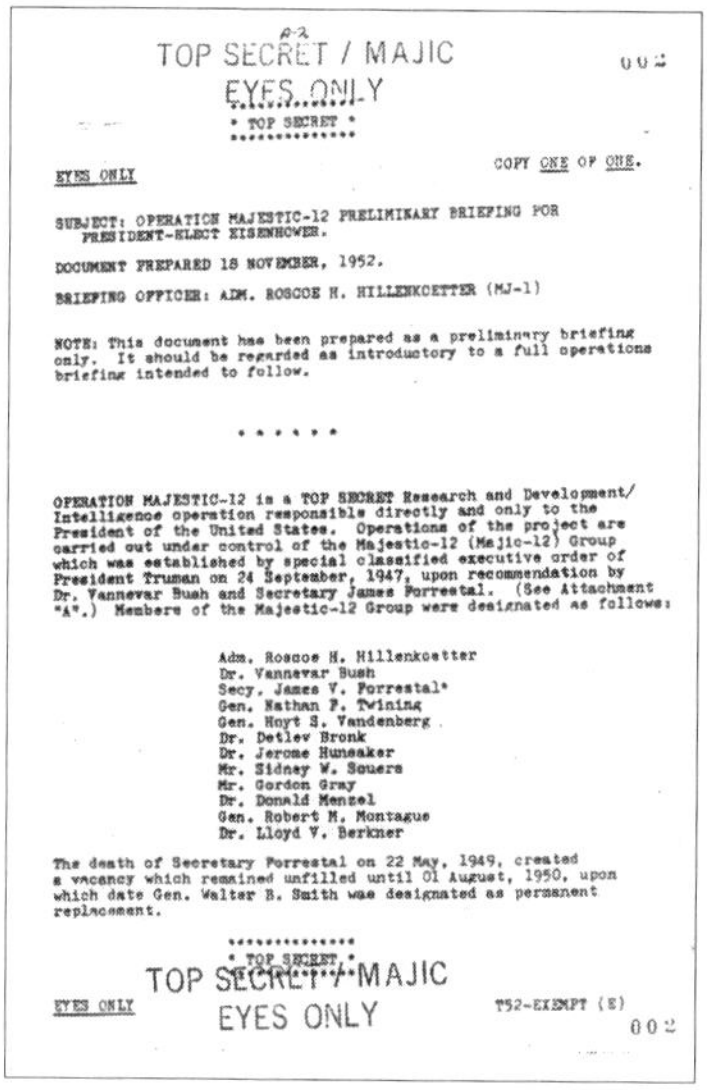

A-2

TOP SECRET / MAJIC
EYES ONLY

* TOP SECRET *

EYES ONLY

COPY ONE OF ONE.

SUBJECT: OPERATION MAJESTIC-12 PRELIMINARY BRIEFING FOR PRESIDENT-ELECT EISENHOWER.

DOCUMENT PREPARED 18 NOVEMBER, 1952.

BRIEFING OFFICER: ADM. ROSCOE H. HILLENKOETTER (MJ-1)

NOTE: This document has been prepared as a preliminary briefing only. It should be regarded as introductory to a full operations briefing intended to follow.

* * * * * *

OPERATION MAJESTIC-12 is a TOP SECRET Research and Development/Intelligence operation responsible directly and only to the President of the United States. Operations of the project are carried out under control of the Majestic-12 (Majic-12) Group which was established by special classified executive order of President Truman on 24 September, 1947, upon recommendation by Dr. Vannevar Bush and Secretary James Forrestal. (See Attachment "A".) Members of the Majestic-12 Group were designated as follows:

Adm. Roscoe H. Hillenkoetter
Dr. Vannevar Bush
Secy. James V. Forrestal*
Gen. Nathan F. Twining
Gen. Hoyt S. Vandenberg
Dr. Detlev Bronk
Dr. Jerome Hunsaker
Mr. Sidney W. Souers
Mr. Gordon Gray
Dr. Donald Menzel
Gen. Robert M. Montague
Dr. Lloyd V. Berkner

The death of Secretary Forrestal on 22 May, 1949, created a vacancy which remained unfilled until 01 August, 1950, upon which date Gen. Walter B. Smith was designated as permanent replacement.

* TOP SECRET *

TOP SECRET / MAJIC
EYES ONLY

EYES ONLY

T52-EXEMPT (E)

002

MJ-12文書の2ページ目の委員会のメンバーリスト。文書によれば、以下の者が会員だったとされる。

①ロスコー・H・ヒレンケッター
（第3代CIA長官、海軍大将）
②ヴァネヴァー・ブッシュ（工学博士）
③ジェームズ・フォレスタル（国防長官）
④ネーサン・ファラガット・トワイニング
（第3代アメリカ空軍参謀総長）
⑤ホイト・ヴァンデンバーグ
（第2代CIA長官、空軍大将）
⑥ロバート・モンターギュー（陸軍大将）
⑦ジェローム・ハンセーカー（工学博士）
⑧シドニー・サウアーズ（NSC秘書官）
⑨ゴードン・グレイ（国防動員局長官）
⑩ドナルド・メンゼル（天文学博士）
⑪デトリーブ・ブロンク
（全米科学アカデミー会長、博士）
⑫ロイド・バークナー（物理学者）

ラはUFO研究家のビル・ムーア（285ページ）に相談、スタントン・フリードマンが調査と検証に加わり1987年5月29日に公表された。

フリードマンの検証によれば間違いなく正式な文書であったが、実際には様々な問題が見つかった。ヒレンケッターが自分の階級を間違って記載しているのをはじめとして、日付の書式やカンマの打ち方、使われている用語、ページのナンバリングなど、当時の政府文書としてはまず考えられないものであると指摘されている。また、フォントから文書が作成された1952年にはまだ作られていないモデルのタイプライターが使われていたこと、押されていたゴム印のスタンプがムーアの持っていたものと同一と思われたことなども指摘された。

さらに決定的だったのは、MJ-12作戦の開始を指示する大統領命令がニセモノだと判明したことだった。大統領命令の番号は初代から続き番号になっている。MJ-12の大統領命令が本当に1947年9月24日に出されていたとすれば番号はNo.9895になるはずだが、No.092447の番号が振られてい

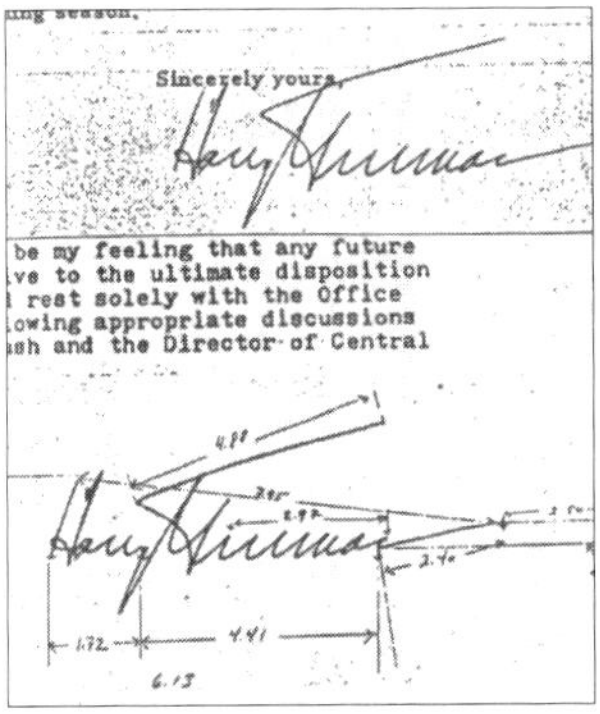

本物のトルーマン大統領のサイン（上）とMJ-12文書の「大統領命令書」のサイン。大きさだけは3.2％異なったが、形はまったく一緒であり、コピーされたものであることは明白だった。（志水一夫『ＵＦＯの嘘』データハウス）

た。これは09／24／47と分割すれば分かるように、文書の日付である1947年9月24日を表している。このような番号のつけ方はありえない。また、文書に書かれたトルーマンのサインは他の文書からのコピーであることも判明した。

MJ-12文書が大統領命令に言及している以上、どちらもニセモノであることになる。

■信憑性は限りなくゼロに近い

このように、文書そのものについての分析から文書自体がニセモノであることは確実で、おそらくムーアが作成した文書だろう。しかし、本当の情報をもとに再タイプされたものだと考えることはできるだろうか。それもどうも無理がある。

例えば、MJ-12のメンバーとされたドナルド・メンゼルだが、彼がもしMJ-12のメンバーであれば政府のUFO関係の機密文書に自由にアクセスできたはずである。しかし実際にはブルーブックの情報にアクセスする権限を持っていなかったため、アクセス権限のある友人のハワード・アイケンに頼み、ブルーブックの情報を横流ししてもらっていた。これは、プロジェクト・ブルーブックの初代機関長、エドワード・J・ルッペルトや、ウィリアム・ガーランドをはじめとする軍関係者に良く思われていなかったらしく、ルッペルトの個人的な手記からもメンゼルの行為に狼狽している様子が窺えるという。

ヒレンケッターについてもMJ-12のメンバーとするのは難しいだろう。彼は退役後UFO調査グループであるNICAPに属しており理事も務めていた。彼はUFOの事実を求め、空軍の未発表文書の写しを公

MJ-12文書を公開したビル・ムーア（左）、ジェイム・シャンデラ（中）、スタントン・フリードマン（右）の3人（Openminds「William Moore: UFO opportunist or agent of disinformation」より）

開するなど精力的な活動を行っていた。そして政府の秘密主義を批判したりもしている。ヒレンケッターはＥＴＨ（ＵＦＯは宇宙人の乗り物だとする説。３０６ページ参照）ビリーバーであったが、もし彼がＭＪ-12のメンバーであればもっと決定的な証拠を提示することもできただろう。

そもそもロズウェル事件で異星人の遺体とＵＦＯの残骸が回収されたということ自体が信憑性のない話である（24ページ）。

海外のＥＴＨビリーバーでも真面目なＵＦＯ研究家はＭＪ-12文書の信憑性に疑問をもっていたが、１９８９年のＭＵＦＯＮ年次総会でその印象は決定的になった。ムーアは発表の場で政府のニセ情報工作に加担していたという告白を行なったのだ。ムーアは政府の情報工作に協力することでＵＦＯの真実に迫ろうとしたと主張した。

しかし、政府側の人間の一人はリチャード・ドティだった。彼は様々なＵＦＯに関する信憑性の無い話を方々にばら撒いていた人物として有名である。ムーアの情報源とはそのような人物だったのだ。

（蒲田典弘）

【参考文献】

志水一夫『ＵＦＯの嘘』（データハウス、１９９０年）
ピーター・ブルックスミス『政府ファイルＵＦＯ全事件』（並木書房、１９９８年）
ティモシー・グリーン『ＭＪ-12の謎と第18格納庫の秘密』（二見書房、１９９０年）
高倉克祐『世界はこうしてだまされた〈2〉ＵＦＯ神話の破滅』（悠飛社、１９９５年）
『Myth of Roswell Incident』（http://ur0.pw/F5t6）
Openminds「William Moore: UFO opportunist or agent of disinformation」（http://ur0.pw/F5up）

【UFO事件39】

カラハリ砂漠UFO墜落事件

The Kalahari UFO Crash
07/05/1989
Kalahari Desert, South Africa

1989年5月7日、南アフリカ上空に侵入してきたUFOを、スクランブル発進したミラージュ戦闘機がキャノンレーザー砲で撃墜。UFOは、ボツワナ国境近くのカラハリ砂漠へと墜落し、その中から2人の生きた宇宙人が出て来た、とされる事件。事件の一部始終が記されているという南アの極秘文書「シルバーダイヤモンド文書」なるものが欧州のUFO研究家の手へと渡ったため公になった。91年10月に日本テレビ系列で放送された矢追純一UFO特番「生きた宇宙人が捕まった」でも、宇宙人回収事件が南アで起きたかのように大きく取り上げられたため日本国内でも広く知られる事件となった。

上記の矢追UFO特番によれば、カラハリ砂漠UFO撃墜事件は次のように起きた。

1989年5月7日13時45分、海軍のフリゲート艦がUFOの接近を報告してきた。UFOは、ケープタウンの海域から南アフリカ本土の上空に向かって時速9000キロ以上で近づいているとのことだった。ただちにミラージュ戦闘機が発進、UFOに無線で警告したが応答がなく、やむを得ずキャノンレーザー砲を発射、UFOはついにコントロールを失ってボツワナ国境の北80キロの砂漠に墜落した。

空軍情報部と軍技術部が急遽墜落現場に派遣された。UFO周辺の強力な磁気と放射能のため軍の電子装置が使用不能となった。UFOは直径18メートル、高さ8・5メートルの円盤だった。アメリカのライト

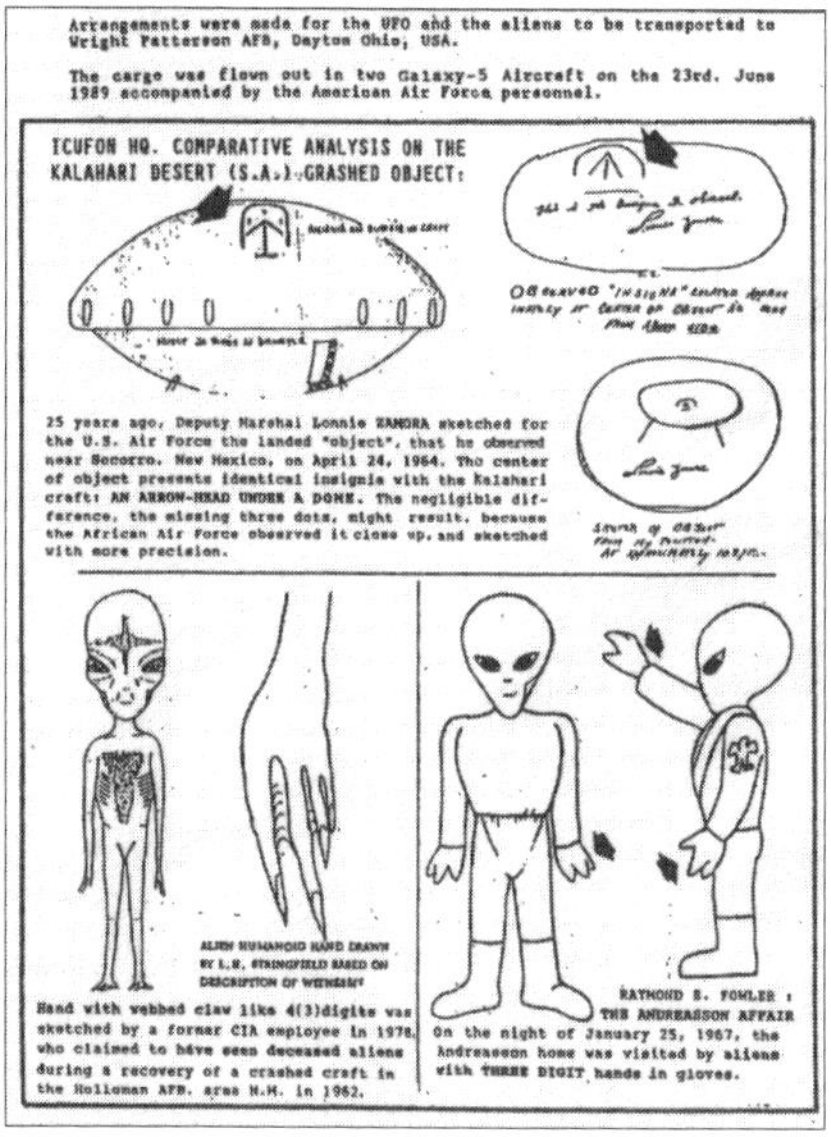

Arrangements were made for the UFO and the aliens to be transported to Wright Patterson AFB, Dayton Ohio, USA.

The cargo was flown out in two Galaxy-5 Aircraft on the 23rd. June 1989 accompanied by the American Air Force personnel.

ICUFON HQ. COMPARATIVE ANALYSIS ON THE KALAHARI DESERT (S.A.) GRASHED OBJECT:

25 years ago, Deputy Marshal Lonnie ZAMORA sketched for the U.S. Air Force the landed "object", that he observed near Socorro, New Mexico, on April 24, 1964. The center of object presents identical insignia with the Kalahari craft: AN ARROW-HEAD UNDER A DOME. The negligible difference, the missing three dots, might result, because the African Air Force observed it close up, and sketched with more precision.

ALIEN HUMANOID HAND DRAWN BY L.H. STRINGFIELD BASED ON DESCRIPTION OF WITNESS

Hand with webbed claw like 4(3)digits was sketched by a former CIA employee in 1978, who claimed to have seen deceased aliens during a recovery of a crashed craft in the Holloman AFB. area N.M. in 1962.

RAYMOND E. FOWLER : THE ANDREASSON AFFAIR

On the night of January 25, 1967, the Andreasson home was visited by aliens with THREE DIGIT hands in gloves.

カラハリ砂漠に墜落したUFOに関する情報が記されているとされる文書。左はその中の1枚、現場にかけつけた軍人が描いたという未確認飛行物体とその乗組員のイラスト。エイリアンはグレイ型をしている（『矢追純一のUFO大全』より）。

パターソン空軍基地から、2機のＣ－5ギャラクシー輸送機が飛んで来て、宇宙人とＵＦＯの機体を運んで行った。宇宙人は首から下を冷却され、仮死状態で運ばれ、彼らは酸素ではなくて窒素を呼吸している生物だということが分かった。

■嘘を重ねる稀代の詐欺師

これが本当なら、「南アのロズウェル事件」とでも呼ばれるべき事件であった。だが実際は、南アの情報将校と称して、これらの情報を流していたジェイムズ・ヘンドリック・ヴァン・グルーネンという当時24歳のカメラマンによるでっち上げ事件であった。

グルーネンは、この撃墜事件について500ページにも上る機密書類をスイスの銀行に隠し持っている、という触れ込みで欧州のＵＦＯ研究家らにコンタクトを図ってきた。そして「裏切り行為で法廷に掛けられそうになっている。厳しい監視も付けられた。ドイツ行きの飛行機チケットが今すぐに手に入らないと機密文書はみな破棄されてしまう」と泣きついてドイツ行きの飛行機のチケットを、まんまと手に入れた。だがドイツに来ても昔なじみのガールフレンドとデートをしてイタリアに遊びに行くなどして日々を過ごし、UFO研究家らに約束していた南アの秘密文書を渡そうとしなかった。挙げ句の果て「このフィアンセと結婚しなおして、ドイツに住みたい」などと言い出していた。ちなみに当時グルーネンには、南アに妻子がいた。

グルーネンがやっと出してきた政府の最高機密文書と称する文書は、文書2ページ内にスペルミスが16ヶ所も見つかるという大変にお粗末なもので、文書に使われていたレターヘッドはグルーネンのパスポートのコピーで文書に押してある日付印も、グルーネンの出生証明書と同じという全くの偽文書だった。

■極秘文書の陳腐な内容

グルーネン文書の中にはUFO内から発見されたレティキュリ星人の文書とその英語訳などという奇怪な文書もあった。当時ジンバブエにいたUFO研究家シンシア・ヒンドゥー女史らが、この文字の解析を試みた。だが、文書には132の文字があるのに一文字も重複がない上に、文章の英訳には「人類は皆殺しだ」とか「地球上の水をすべて消滅させる」といった、とても高度な宇宙人が書いたものとは思えない内容が並んでいた。ヒンドゥー女史によれば「C級スペースオペラにかぶれた12歳の子供の文章」だった。UFO研究家らの調査で身分詐称がばれたグルーネンは、南アへと逃げ帰っていった。

ちなみにUFO撃墜日とされた89年5月7日には、南ア海上にソ連の「FOTON2ロケット」が墜落している。その目撃談を下敷きにしてグルーネンらが架空のUFO墜落事件をでっち上げた、とみるのがこの事件のもっとも妥当な解釈と言えよう。

■女性になったグルーネン

普通だったら、デッチ上げ事件としてここで終了するはずの事件であった。ところがこの事件の6年後、1995年9月に、今度は南アに周囲を囲まれている小国レソトにUFOが墜落するという事件が再び起きた。レソトの農場にカラハリ事件と同じ直径18メートルのUFOが墜落し、その内部から異星人3人が見つかったというのだった。UFO墜落を記述した南アの極秘文書なるものがカラハリ事件と同様にUFO研究家の元へと送られてきた。

カラハリ事件でまんまと騙されたUFO研究家の誰もが疑ったように、今回も事件の黒幕として浮かび上がってきたのはグルーネンだった。だが、カラハリ事件の時には確かに男だったはずのグルーネンは、今回はなぜか「女」となってUFO研究家の前に現れてきた。

ドイツのUFO研究家マイク・ヘセマンによると、グルーネンはカラハリ事件の後、南アに妻子がいたにもかかわらずドイツ人女性と重婚してしまい、さらにドイツで職を見つけようと本当は2ヶ月しか南ア軍にいなかったのに「南アでは軍の情報将校をやっていた」というデタラメな履歴書を提出して、ドイツの軍隊に潜り込もうと画策したがすぐにバレて失敗。呆れた重婚妻にも見捨てられ、すっかりやけになったグルーネンは南アへと帰ってなぜか「美女」に大変身。ヨハネスブルクのナイトクラブで働くようになっていた、というのだ。

ニューハーフになってもUFO文書の偽造癖だけは治らなかったのか、今回も偽UFO文書を作っては研究家にせっせと送り続けていた、というのがどうやらレソト事件の顛末のようである。

カラハリ事件とレソト事件はこうしてUFO事件自体の奇怪さよりも、当事者の行動のわけの分からなさによって深く記憶される事件となった。

（皆神龍太郎）

【参考文献】

皆神龍太郎『UFO学入門　伝説と真相』（楽工社、2008年）

「皆神龍太郎のインターネットZファイル」『月刊ボーダーランド』（1997年4月号、角川春樹事務所）

矢追純一『矢追純一のUFO大全』（リヨン社、2006年）

【UFO事件40】

ベルギーUFOウェーブ

Belgian UFO wave
29/11/1989-1991
Wallonia, Belgium

ベルギーUFOウェーブとは、1989年の終わり頃から約2年のあいだ断続的にフラップ（集中目撃）が続いたUFO目撃事件のことである。この事件の特徴は、尋常じゃない数の目撃者がいて、その目撃者たちが同一形状（三角形）の未確認飛行物体を目撃している点にある。

3つのライトを持つ飛行物体

事の始まりは1989年11月29日の日没間もない頃。ベルギーの国境沿いにあるリヒテンブッシュという場所にある国境警備所にいた憲兵隊員が、「3つの異常によく光るライトを持ち、非常に低空で飛んでいる物体」を目撃。同じ頃、リヒテンブッシュからそう遠くないオイペンという場所からエイナッタンへと車で移動中だった憲兵隊員2人も、空中で静止しているように見える、先と同じような物体を目撃していた。彼らは、ゆっくり旋回してから動き出すその物体を車で追跡し、かなり近距離からそれを観察している。

それはとても「静か」で、底辺の大きい「二等辺三角形」をした「平らな板状の物体」だった。また底側には「3つの巨大なライト」を持ち強力な光をスポットライトのように照射し、中央には「赤い回転警告灯」のようなものがついていた。この異常な飛行物体を目撃したのは彼らだけではなく、この日だけでも125件の目撃報告が寄せられた。また、車で追跡した憲兵

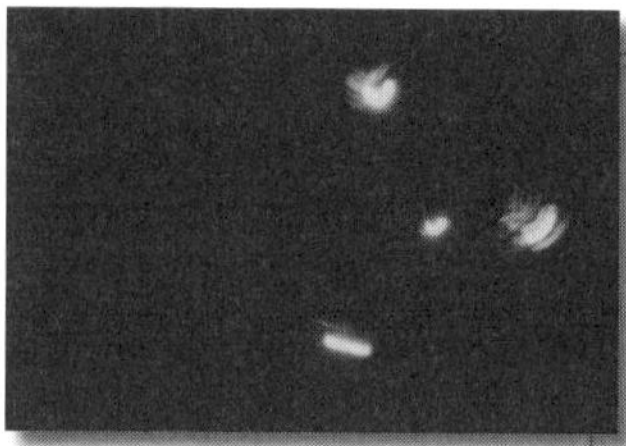

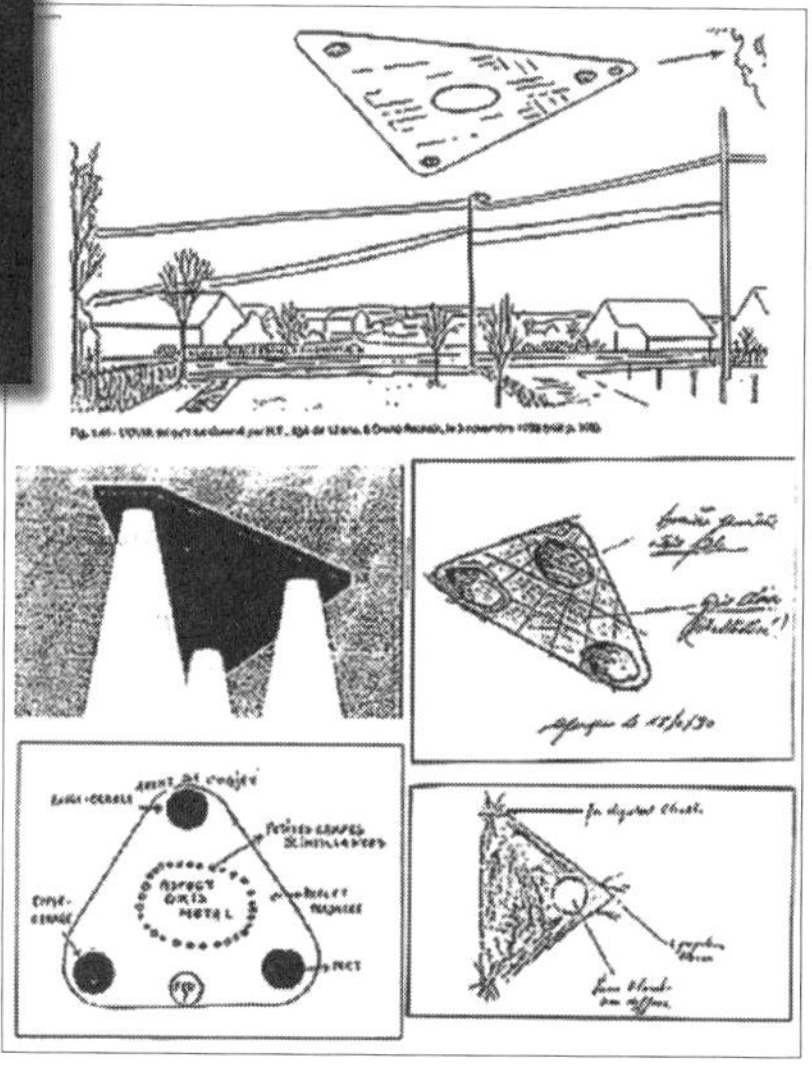

【上】1990年にベルギーのプティ＝ルシェンで撮影されたという、三角形の飛行物体の写真。
【右】ベルギーUFOウェーブの目撃者による飛行物体のイラスト。目撃者らは一様に「3つの巨大なライト」を持つ、「三角形」の飛行物体のイラストを描いた（abovetopsecret「The Belgian UFO Wave」より）。

隊員が後日テレビで証言したことによって、ベルギー国民から多くの関心を集めるようになる。

そして、12月11〜12日、18日、22日、24日、27日。1990年3月30〜31日、5月4日、25〜26日、10月18日、11月22日。1991年3月12日、24日、26日、29日、4月3日——と1991年までの約2年の間、UFOのフラップが断続的に起こり続けた。

また1999年3月30日の夜、地上レーダーがUFOを捕捉し、それにより2機のF-16戦闘機がスクランブルしていたことが、同年7月11日におこなわれたNATO司令部の記者会見で伝えられた。F-16のうち1機はレーダーを録画しており、そこには未確認飛行物体を13回もロックオンする様が記録されていた。

しかし、録画されたレーダーの映像を解析してみると、レーダーがロックオンした未確認飛行物体と思われたものは、もう一機のF-16戦闘機がグランド・クラッターと呼ばれる大気の異常によって生じるレーダーの誤認であることが、ベルギーのUFO研究家ビム・バン・ユトレヒトの調査によって明らかになっている。また、戦闘機のパイロットは肉眼でその飛行物体を確認していない。

■有名写真はフェイクだった

この事件は、ベルギー空軍からの信頼を得て未確認飛行物体の目撃報告の処理をまかされた民間UFO研究団体SOBEPS（ベルギー宇宙現象研究会）によって子細に調査され、精査された500件あまりの目撃事例を集めた2冊の分厚い報告書『Vague d'OVNI sur la Belgique』として世に問われることとなった。ただ彼らの主張は必ずしも中立とも言えず、懐疑論者は早くから地球外起源説を重視するこの団体を批判している。この報告書は抄訳された『五万人の目撃者』（二見書房、1995年）でその一部を読むことができる。

この事件の特徴は目撃者数の他に目撃されたUFOの形状が三角形であるということにある。しかし、『五万人の目撃者』で取り上げられている目撃報告を形状で分類してみると、必ずしもそうではないことがわかる。

この本で取り上げられている目撃事例は約100件で、そのうちの32件が、円盤型や卵型やハマキ型など、いわゆる三角形ではない飛行物体だった。三角形とした分類には「幾つかの光が見えた」程度の曖昧な報告も含めてあり、またそのディテールは個々の報告でかなりの違いがある。そのことも考慮に入れると、目撃された未確認飛行物体は様々なカタチであったと考えた方が自然に思える。

そしてこの事件でまず思い出されるのは、ベルギーのプティ＝ルシェンで撮影されたという3つの光体が三角形に並んでいる鮮明な写真だろう。

ある意味この写真がこの事件に対するイマジネーションのほとんどを補っているように思えるのだが、2001年にパトリックという男が名乗り出て、この写真が彼と友人が発泡スチロールを使って作ったハリボテを撮影した偽造写真であることをベルギーのテレビ番組で告白している。

■未確認飛行物体の正体は？

【上】UFOウェーブの未確認飛行物体の正体の有力候補とされたAWACS（左）とF-117A（右）
【左】ベルギーの民間UFO研究団体SOBEPSが事件の調査結果をまとめた『Vague d' OVNI sur la Belgique』（AELESTIA「Triangles over Belgium」）。

ベルギーUFOウェーブで目撃された未確認飛行物体の正体については、特殊な形状ゆえにUFOに間違われることが多いAWACS（円盤状の大型レーダーを背に付けた早期警戒管制機）説、アメリカが開発したステルス戦闘機F-117A（通称：ナイトホーク）説など、様々な説がある。

このうちステルス機説は、航空記録やアメリカ空軍の正式な回答により否定され、その可能性は低いように思われるのだが、そう囁かれるのが消えることはなかった。しかし、この説の決定的な問題は、わざわざ国道沿いを目立つサーチライトを照らして「ステルス機」が飛行するとは到底考えられない点にある。

それを考えるひとつの資料として、ベルギーに隣接するフランス北東部を活動拠点とするUFO研究団体「CNEGU」の『ベルギーUFOウェーブ1989-1992―無視された仮説―』という報告書がある。そこには、「この説ですべてを説明できるとは考えていない」と前置きしながら、その一部は軍用または民間のヘリコプターの誤認であることを図や写真を交えながら指摘している。

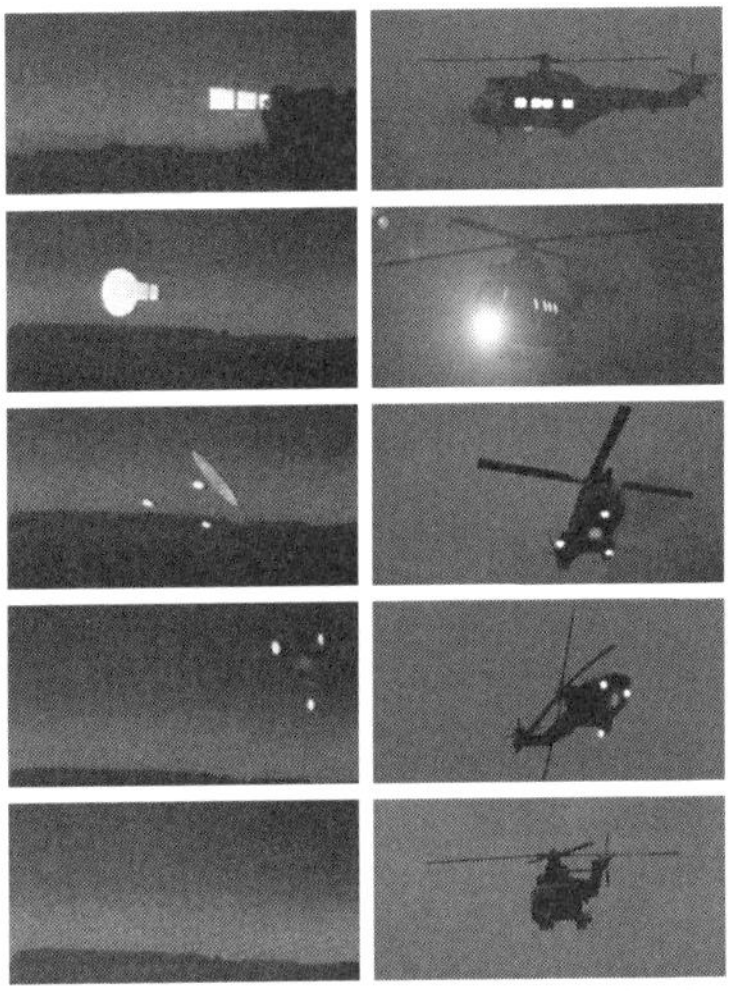

『ベルギー UFO ウェーブ　1989-1992』内で行われているヘリコプターと目撃情報の比較

この事件を契機に黒く巨大な三角形の未確認飛行物体「ブラック・トライアングル」という新たな要素が90年代以降のUFO言説に加わることになる。これが発生した理由の一端はやはりF‐117AやB‐2など軍事的な機密保持のもと極秘に開発された異様な形状のステルス戦闘機にあるだろう。

UFOフリークや陰謀論者の間では、これらのステルス機がロズウェル事件で回収されたUFOからのリバースエンジニアリングによって開発されたと噂されている。彼らに言わせればベルギーUFOウェーブもまた、エリア51で開発されたSR‐91（通称オーロラ）やTR‐3B（通称アストラ）などのテスト飛行であり、それはNASAが開発した空中停止やマッハ10を超えるスピードを出すことが可能な原子力プラズマ推進エンジンを搭載したステルス機なのだそうだ。

（秋月朗芳）

【参考文献】

SOBEPS著／大槻義彦監訳『五万人の目撃者 消えた未確認飛行物体』（二見書房、1995年）
デニス・ステーシー、ヒラリー・エヴァンス著、花積容子、藤井純一郎訳『UFOと宇宙人 全ドキュメント』（ユニバース出版、1998年）
「UFO事件簿―ベルギーのUFOウェーブ―」(http://ufojikenbo.blogspot.jp/2015/12/belgiumUfoWave.html)
AELESTIA「Triangles over Belgium」(http://www.caelestia.be/article05.html)

【UFO事件41】

異星人解剖フィルム

Alien autopsy
28/08/1995
New Mexico, USA

ニューメキシコ州ロズウェルに1947年に墜落した、いわゆる「ロズウェル事件」の円盤から回収されたエイリアンの死体解剖を撮影したと称するフィルム。20分足らずの無声の白黒16ミリフィルムで、手術室のような狭い部屋の中で全編が撮影されている。ベッドの上に横たわった、頭が大きく真っ黒な目をした小学生ほどの大きさのエイリアンと思われる死体を、気密服のようなコスチュームに身を包んだ医師らしき3人の人物らが、ひたすら解体していくという奇妙な映像である。

このフィルムは、英国の映像プロデューサーのレイ・サンティリという人物が、米国の元従軍カメラマンから購入したとして1995年8月28日に世界で同時公開をされた。日本でのテレビ放映は半年ほど遅れた96年2月2日。フジテレビ系列で〈宇宙人は本当に解剖されていた!!〉という番組名で初めてオンエアされた。同年の4月11日に第2弾が、さらに同年12月19日に第3弾〈宇宙人解剖フィルム最終報告〉が組まれ、日本では、計3回オンエアされた。だが、日本のUFO特番の常として、このフィルムが果たして本物なのか偽物なのか、視聴者が判断できるようなデータは何も与えられないまま一種のバラエティ番組として処理され、うやむやのうちに話が終わってしまった。

一方、欧米のUFO業界内では発表当時から胡散臭いフィルムと見なされ、徹底的な調査が行われた結果、現在ではフェイクであったことが確定されている。

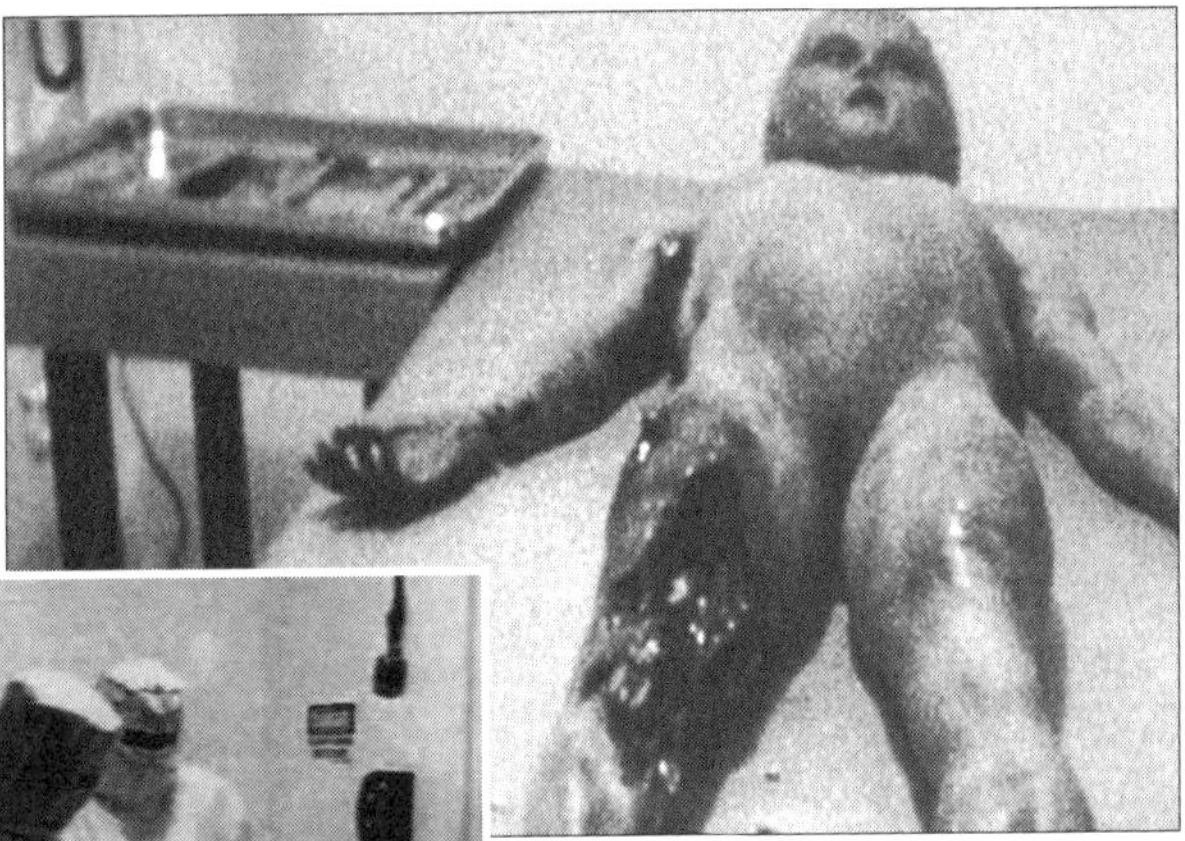
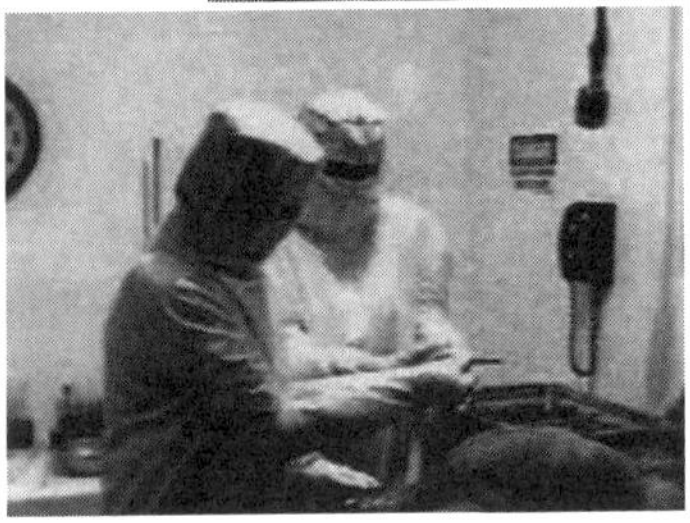

『異星人解剖フィルム』より、解剖台に載せられたエイリアンの遺体（上）と遺体を解剖する医師（左）。防護服を着ているが、酸素を送るホースが見当たらないなど、早くから問題点が指摘されていた。

フィルムを発表したサンティリは、周囲の親しい人間にフィルムを提供した元従軍カメラマンの本名は「ジャック・バーネット」だと漏らしていた。「ジャック・バーネット」探しがすぐに開始され、サンティリと接触した同名のカメラマンが実際にいたことが判明した。だが彼は民間人で軍に属した経歴などなく、1967年にすでに死亡していた。サンティリが異星人解剖フィルムを購入したのは90年代なので、彼にフィルムを売ることなどできたはずがなかった。

また元従軍カメラマンの聞き書きによれば、彼は当時開発されたばかりの世界最初のラムジェットヘリコプター「リトルヘンリー」をミズーリ州セントルイスで撮影したり、ホワイトサンズで進められていた原爆製作のマンハッタン計画の撮影などを行った人物とされていた。だが調査の結果、「リトルヘンリー」の撮影もマンハッタン計画の撮影も、民間のカメラマンの手で行われ、軍属のカメラマンとは無関係だったことが判明した。

フィルムの断片がイーストマン写真博物館の学芸員によって鑑定され、1940年代後半か50年初頭に現像されたものに間違いないという鑑定結果が出されたと宣伝されていた。だが、実際にはフィルムの製造年代の化学的鑑定など行われてはいなかった。

また白黒フィルムなのに、フィルムの入っていた缶にはなぜかカラーフィルム用のシールが貼られ、そのシールには2年後にならないと発足していないはずの国防総省のマークが入っていた。

また、映像の内容や撮影状況についても以下のような多数のダウトが指摘された。

「テレビスタジオの書き割りみたいに、いつも壁が2面しか映らない」「医師がカメラの記録を無視して解剖している」「手術用の鋏の持ち方が間違っている。手術用の鋏は中指を輪に通し、空いた人差し指は蝶番部分に添えて刃先のぶれを固定させるのが普通なのに、映像の医師は親指と人差し指を輪に通し、通常人のように解剖を行っている」「軍の極秘プロジェクトのフィルムは厳密に回収されるのが通常で、20分ものフィルムが未回収に終わることはあり得ない」「医学的に重要な撮影はカラーフィルムが必ず使われ、白黒フィルムでの撮影はあり得ない」「静止画を撮るスチールカメラマンと動画を撮影する映画カメラマンが必ず2人一組で行動していたはずなのに、静止画を撮るカメラマンの姿がどこにも写っていない」「一番大事なはずの異星人の内臓がよく見えるシーンになると、急に画面がぼけてしまう」などなど、解剖フィルムの真偽に関する調査結果は、まさにボロボロと言えた。

その後2006年になって、サンティリらによる異星人解剖フィルムの顛末を原作とした「宇宙人の解剖」というコメディ映画が封切られた。この映画の中で、精肉市場で買った鶏の内臓などを利用して解剖フィルムを偽造した方法が暴露され、大方の予想通り、捏造フィルムに過ぎなかったことが確定した。

（皆神龍太郎）

【参考文献】
カーティス・ピープルズ著、皆神龍太郎訳『人類はなぜUFOと遭遇するのか』（文春文庫、2002年）

【コラム】

7人のオルタナティブ・コンタクティー

秋月朗芳

さてこのコラムでは、有名なUFOコンタクティーであるアダムスキー以外の、あまり語られることのない「オルタナティブ・コンタクティー」（その他のUFOコンタクティー）」に焦点を当てることにした。

事件の詳細は最小限にとどめ、その背景にあるコンタクティーの人物像や、特徴的な部分をクローズアップし、雛形であるアダムスキー事件と比較できるようにした。そうすることで、彼らがUFOコンタクティーであることの事情や、このムーブメントが持つ普段あまり語られることのない側面を見せられるかもしれないと考えたからだ。

とはいえ基準とするのはアダムスキーなので、少しは彼の話もしておく必要があろう。

ジョージ・アダムスキー（1891－1965）はポーランドで生まれ、その後家族でアメリカに移住している。1917年にメアリー（1878－1954）と結婚し、しばらくは国立公園の管理人や製粉所の労働者、コンクリート作業の請負人などをしていた。アダムスキーらしさを見せ始めるのは、30年代に入って「ロイヤル・オーダー・オブ・チベット」という宗教的な哲学レクチャーをはじめてから。40年になると妻や数人の信奉者と共にカリフォルニア州のパロマー山ふもとに移り住み、信奉者の経営するカフェで給仕の手伝いなどをしながら、趣味の天体観測をして過ごした。

アダムスキーによれば、52年11月にモハーベ砂漠に着陸した円盤と遭遇し、そこで人間によく似た美しい金星人オーソンと身振り手振りやテレパシーによるコミュニケーションがなされ、地球人の核兵器保有の危険性などが伝えられたという。よくメディアに取り上げられる、俗にアダムスキー型円盤（スカウトシップ）

とされる円盤写真は同年12月に撮影されたものだ。その後も彼はコンスタントに金星人とコンタクトをかさね、さらには円盤に同乗して月や土星など様々な太陽系の星を訪問したと主張している。

アダムスキーが世間に広く認知されるきっかけとなった『空飛ぶ円盤実見記』は、米国では12版を重ね、国内にとどまらず50の言語に翻訳され50万部以上を売り上げている。たいした波及力だ。

また、これは覚えておいていただきたい点なのだが、アダムスキーが宇宙人とコンタクトを始めた時、彼はすでに還暦（60歳）だった。その時からが彼の人生の花道であったことは間違いないだろう。世界のあちこちに出向いて積極的に講演を行い、数々の著書を世に送り出した。

ジョージ・アダムスキー

そして10年あまりを宇宙人からのメッセージの伝道師として駆け抜けるように活動し、74歳でこの世を去った。

このアダムスキーの話が広く伝わると、同じような体験をしたという人たちがアメリカ国内ばかりでなく、世界のあちこちから雨後の竹の子のように出現して世間を賑わすようになる。

それではようこそ、7人のオルタナティブ・コンタクティーの世界へ。

altContactee 1

美人宇宙人との蜜月

トルーマン・ベサラム

トルーマン・ベサラム（１８９８～１９６９）は、『空飛ぶ円盤の秘密』を１９５４年に発表し世間に知られることになる。この時56歳。

ベサラムは鉱山で働く父と母の間に生まれ、その両親が離婚してからはカリフォルニア州内を転々とする生活となる。自立してからは、あちこちの工場で働き、その時出会った女性と結婚して幸せな21年間を過ごし

アウラ・レインズ

トルーマン・ベサラム

たという。だがその女性とは後に離婚し、45年に別の女性と再婚している。最初のコンタクトは52年、ネバダ砂漠のハイウェイ補修工事で道路舗装車の運転手として働いていた時だった。

ベサラムがコンタクトしたのは、太陽を挟んで地球の反対側に軌道をもつ（つまり地球からは見えない）惑星「クラリオン」からやってきた宇宙人だという。アウラ・レインズと名乗る容姿は人間とほとんど変わらない美しい女性宇宙人で、体にぴったりの宇宙服を着て、おしゃれな帽子をかぶっていた。彼女は、自分たちの星は地球のような争いごとのない平和な世界であり、それを伝えるためにやってきたという。その後、美人宇宙人との蜜月に嫉妬した夫人と55年に離婚（これはベサラム本人が冗談めかして語っている）。後に三度目の結婚を果たしている。

ベサラムのコンタクト体験が綴られた本を読んでみると、どこかアートシネマのような不思議な余韻を含んだ感触を得られた。写真を見るとどちらかといえば肉体労働者風のいかつい顔だが、どこかロマンチックな男だったのかもしれない。彼と手紙による交流があった久保田八郎氏（293ページ）が伝えるところによると、その手紙にはクラリオン星人アウラ・レインズと精神感応で共作した詩集が添えられていたという。

アダムスキーとの共通点は、やはり年齢だろう。ベサラムもまた人生の折り返し地点でUFOコンタクティーとなっている。違う点は結婚と離婚を繰り返している点だ。ただこれもUFOコンタクティーには珍しいことではないことが、次のダニエル・フライでお

ベサラムの著書

わかりになるはずだ。

altContactee 2

独学のロケット技術者

ダニエル・フライ

ダニエル・フライ（1908〜1992）は、54年に『ホワイトサンズ事件』を出版し世間に知られることになる。この時45歳。ニューメキシコ州にある陸軍管轄のホワイトサンズ・ミサイル実験場で働くエンジニアだった。最初のコンタクトは50年7月、その日最後のバスに乗り遅れて軍の宿舎に戻り、蒸し暑さに散歩にでかけた時だった。突然現れた空飛ぶ円盤は音もなく着陸し、テレパシーの声で円盤内部に誘導されたという。

ダニエル・フライ

円盤は遠隔操作の無人機で、この時フライは30分ほどでニューヨークに飛んで戻ってきたと話している。声の主はアランと名乗る宇宙人で、フライは54年までの間で3回彼に会ったとしている。アランはかつてレムリアとアトランティスの間に起こった核戦争と同じことが繰り返されることを危惧していた。

フライはミネソタ州に生まれ、8歳の時に母親を失い、10歳の時に父親を失っている。孤児となってからはカリフォルニア州へ移住し祖父母によって育てられ、かろうじて高校は卒業できたが財政的な理由で大学には進学できず、夕方までの仕事を見つけて夜は図書館で独学に励んだ。

化学に興味を持ち、爆発物取扱いの技師免許を得てからはロケット技術の分野に進出し、ホワイトサンズ実験場での仕事を得ることになる。コンタクト体験後、ニュースレターを発行する「Understanding」という団体を立ち上げ、全盛期の60年代前半には有料会員1500人を抱える大きな組織に成長させている。34年に最初の妻と結婚し64年に離婚、70年代半ばに再婚したが80年に死別。82年に三度目の結婚をした。

彼がUFOコンタクティーとなったのは、アダムスキーやベサラムより少し若い頃だが、それでも45歳だ。さほど若いとは言えない。そして、ベサラムと同じように三度の結婚を果たしている。孤児であり、独学で科学を志したフライ。先の2人と合わせて、UFOコンタクティーの生い立ちや人生が必ずしも恵まれたものでなく、どことなく孤独感が漂っているようにも思えてくる。そして次のバック・ネルソンで、それは確信へと変わるだろう。

altContactee 3

さみしい農夫と恥ずかしがりやの宇宙犬

バック・ネルソン

バック・ネルソン（1895～1982）は56年に『火星、月、金星への旅』という小冊子を自費出版し世間に知られることになる。この時61歳。自分の土地で農業を営んでいた。

ネルソンが最初に空飛ぶ円盤を目撃したのは54年。家畜たちが突然騒ぎ出したので外に出てみると空に3機の空飛ぶ円盤が浮かんでいたという。この時彼は3枚の写真を撮影し、その1枚にだけ2機の円盤が映っていた。最初のコンタクトはその約1年後、その時は簡単な挨拶のみで、その1ヶ月後に本格的なコンタクトを果たしている。農場に着陸した円盤からは3人の男と犬が降りてきて、ネルソンは自宅に彼らを招き入れた。3人の男のうち2人はバッキーと名乗る若者と、名乗らない年寄りの地球人で、もうひとりがボブ・ソロモンと名乗る金星人だった。55年の6回目のコンタクト時、とうとう彼らの円盤に乗せてもらい、月と火星と金星のクルージングに出かけている。

ネルソンはミズーリ州の町マウンテンビューから20キロほど離れたオザークという場所に80エーカーの広大な土地を買って住み着くまでは、牧場や伐採の仕事、警備員のような仕事をしながら国内を転々としていたという。彼が学校に通ったのは6年間のみで、教育をあまり受けていない人物だった。ひとり人里離れた山の中でひっそり暮らす初老の男を想像すれば間違いないだろう。公表されているネルシャツにオーバーオールという作業着姿の写真が印象的で、彼はどこに行くにも常にこの格好だったという。

　このコンタクト体験の後、彼は自分の農場で「Buck Nelson's Spacecraft Convention」（今風に言えばＵＦＯフェス）を開催し、それは10年後の65年まで続けられた。

バック・ネルソンと著書『火星、月、金星への旅』

　そこではネルソンが作った小冊子が販売され、買ってくれた人には封筒に入れられた少量の犬の毛がおまけとして付けられた。その犬は円盤で一緒に旅をしたボー（Ｂｏ）と名付けられた大きな犬で、金星人から譲り受けたものだという。そしてボーについて尋ねられたとき、ネルソンはボーが恥ずかしがり屋なので、誰も彼を見ることができないと話していた。

　もう書くまでもないが、ＵＦＯコンタクティーとなったのは61歳。それまでは（それ以降も）やはり華やかな人生ではなかったようだ。宇宙犬の毛のおまけを持ち出すまでもなく、彼の人となりはどこか滑稽で物悲しい。先に話したように、ある種の孤独感が凝縮されたようなコンタクティーである。

altContactee 4
虚弱体質なニューエイジ・ムーブメントの先駆者
オルフェオ・アンジェルッチ

オルフェオ・アンジェルッチ（１９１２～１９９３）は、55年に『円盤の秘密』を出版し世間に知られることになる。この時、彼は43歳。

　彼を一躍有名にしたのは心理学者のＣ・Ｇ・ユング

オルフェオ・アンジェルッチと彼の著書

が興味を示したことで、ユングはこの本について「彼の中では真実」と評した。彼が宇宙人と最初にコンタクトしたのは52年、ロッキードの航空機の組み立て工場で働いていた頃だ。それは心に直接語りかけてくるテレパシーだったが、同年ネプチューンと名乗る宇宙人と物理的なコンタクトを果たしている。そして、海王星、オリオン、琴座などの宇宙人と日常的にコンタクトし、世界戦争が差し迫っていると警告した。また彼はイエス・キリストも宇宙人の1人だとしている。

　アンジェルッチは幼いころから虚弱体質で、イタリア人の妻との間に子供をもうけたのち、健康上の理由でニュージャージーからカリフォルニアに移り住んでいる。彼は仕事についてからも夜間学校に通い、そこで科学の魅力に気付いたという。彼はコンタクティーになる前から疑似科学的な論文を執筆するような人物で、また宇宙旅行をテーマとした映画の脚本を趣味で書いていた（映画化はされなかったようだ）。

　アンジェルッチもまたダニエル・フライと同じように困難な生活環境のもと科学を志した一人だ。彼がコンタクト体験で語ったことは、きわめて宗教的で、宇宙人は自由に現れたり消えたりすることができる実体を持たない存在であるとされた。宇宙人が高次元の精神的な存在であるとする言説は、今ではニューエイジの世界ではありふれたものだが、彼が著書で「ニューエイジ」という言葉を頻繁に使っていることと合わせて、ある意味時代を先行していたと言えるだろう。

　アダムスキーがあくまで既存宗教と距離をとったのに対して、キリストも宇宙人の1人としているところも興味深い。ただコンタクティーたちの宇宙人像はそもそもこのようなコンセプトを持つものであり、このようにキリストや他の神々を宇宙人と同列に並べることで、彼らは既存宗教のコンテクストと厳密な教義に縛られずに宗教的な言説を自由に引用することができるようになったのだ。

altContactee 5

UFOに人生を壊されたミシンのセールスマン

ウッドロウ・デレンバーガー

ウッドロウ・デレンバーガー（1916〜1990）は、1966年に宇宙人と遭遇した体験がメディアに報道され世間に知られることになる。この時彼は50歳。

U・デレンバーガー

ウエストヴァージニア州ミネラルウェルズの農家に暮らす家電メーカーの主にミシンのセールスマンだった。

66年の11月2日午後7時ごろ、訪問販売を終えて帰宅途中だったデレンバーガーは、ハイウェイを車で走行中、大きな音がしてスピードを落とした。すると見えてきたのは、中央が膨らみ、萎んだ両端から炎を吹き出す奇妙な物体だった。

その物体は着陸し、中から長い黒髪を後ろに撫でつけた浅黒い肌の男がニタニタ笑いながら降りてきた。その男は怖がる必要はない、わたしはきみの国よりはるかに力の弱い国からやってきたとテレパシーで語りかけ、男は自分をインドリッド・コールドと名乗った。

その2日後、デレンバーガーはまたもやコールドからのテレパシーを受ける。彼は自分が戦争も貧困もない「ラヌロス」という地球とよく似た惑星からやってきたと語った。その後、コールドは彼の前に度々現れ、デレンバーガーは彼らの宇宙船への搭乗も果たしている。宇宙船の中はがっかりするほど何の変哲もなく、ベッドや見覚えのある備品がおかれ、ラヌロス星は牧歌的でヌーディストの星だったという。

そんな冒険物語を語っていた頃、デレンバーガーはプライベート上の危機を迎えていた。

このことが報道されてからというもの、電話が鳴り止まなくなり、UFOをひと目見ようと集まった人々で彼の農場は連日黒山の人だかりになってしまったのだ。彼は家族と共に何度も引っ越しを繰り返したが、事態はさほど好転せず、耐えられなくなった妻は子供を連れてデレンバーガーのもとを去っていった。

デレンバーガーの著書

デレンバーガーの娘は、父は自分の体験を主張する代わりに家族という大きな代償を払わされたと語っている。他の兄弟は父をよく思っておらず語りたがらないが、娘は父の体験を信じ、父の本に写真を追加した改訂版を出版している（持つべきものは娘か……）。

UFOとのコンタクトによって家族の絆が壊れてしまった悲しい例である。ならばいっそ宇宙人を家族にしてしまえばいいのではないか。そんなクリエィションを実践したのが、次にあげるエリザベス・クラーラーである。

altContactee 6

宇宙人紳士との愛の軌跡

エリザベス・クラーラー

エリザベス・クラーラー（1910〜1994）は、1980年に『光速の壁を超えて』を出版して世に知られることになる。

エリザベスはアダムスキーの本を読んで、自分が幼少の頃よりずっと宇宙人と精神的なコンタクトを続けていたことを思いだした。そしてある日、誘われるように近くの丘に行くと、そこには着陸した円盤とハンサムな紳士が彼女を待っていた。

彼女がエイコンと名乗るプロキシマ・ケンタウリ星系のメトン星からやってきた白人紳士型宇宙人と濃厚なコンタクトをしたのは、54年から63年までの間で、やがて2人は当然のように恋に落ち、エリザベスはエイコンの子供を身ごもることになる。そしてメトン星に4ヵ月滞在し、エイリングという名の男の子を出産する。メトン星は争い事のない自然豊かな楽園で、彼女は地球帰還後、地球を彼らの星のようにすべく世界中を巡り講演活動を行った。

エリザベスは、旧姓ウォラット家の3人の娘の末っ子として南アフリカのモーイリバーに生まれる。彼女は高校卒業後、ロンドンのトリニティ・カレッジで音楽を学び、ケンブリッジ大学で気象学を学んでいる。そしてさらには飛行機の操縦も習得しているいわば才女だ。43年にイギリス空軍のパイロットとの一度目の結婚で長女マリリンを出産。しかしこの結婚は長くは続かず、ポール・クラーラーとの二度目の結婚で49年に息子のディビッドが誕生している。しかし、この結婚生活も50年半ばには終わりを告げたという。

エリザベス・クラーラーと幻の著書

エリザベス・クラーラーの本は長らく幻となっていた。それは敬虔なクリスチャンである息子のディビッドが、母のそのニューエイジ宗教的価値観と相容れないことにより、復刻に難色を示していたからだ。ただそれ以前に、宇宙人の兄弟がいると聞かされた彼の心情は計り知れないところがあるが。

舞台がアパルトヘイト（人種隔離政策）下の南アフリカである事と彼女の体験は無縁ではないはずだ。様々な社会の矛盾と抑圧のなかで、特定のイデオロギーにとらわれずに理想を語ることができるUFOコンタクティーというフォーマットは、彼女の内なる理想を語るのに好都合だったはずだ。

また、この頃の南アフリカの裕福な白人家庭では、子供の世話を黒人の使用人に任せっきりにし、母子の愛情が築かれなかったケースが多くあったという。エリザベスは二度の結婚もうまくいかず、ましてや世界中を飛び回る才女だった。息子の難色は、彼女との意思の疎通が上手くいっていなかったことの証だろうか。さらに言えば、彼女にとってこの体験は、現実で築けなかった家族との愛情関係を埋めるものとしてのものだったのかもしれない。

南アフリカにはなぜか面白いUFO事件が多く、最後に紹介するエドウィンの件もその一つである。

altContactee 7

やむことのないメッセージ

エドウィン

1960年、エドウィンは働いていた南アフリカの農場で無線技師募集の求人でやってきたジョージ・Kと名乗る長身で黒髪の男と意気投合する。そしてその男こそコルダスという惑星からやってきたヴェルダーと名乗る宇宙人だった。彼によれば、地球には宇宙人の組織があり、地球人が精神的霊性向上に気付くように観察しているのだという。

ヴェルダーはエドウィンとのしばしの親交ののち、円盤に乗ってコルダス星に帰っていった。この話はエドウィンの信奉者であったカール・フォン・ブリーデンによって『惑星コルダスからのUFOコンタクト』としてまとめられている。

この話にはその後がある。宇宙人ヴェルダーはエドウィンへの置き土産として「無線機」を残していた。エドウィンはあちこちいじってみたが、しばらくはありきたりなホワイトノイズしか聞こえてこなかった。

しかしその6ヶ月後、ウィオラと名乗るコルダス星人と交信することについに成功する。

コルダス星人は通信の担当者を度々変えながら、宇宙と地球の平和、そして宇宙船の技術的な秘密などを延々と語り続けた。この無線による通信は72年まで続けられ、その後も通信方法を変更して続けられたという。そして6年目からの無線通信は全て録音されているというのだ。


さて、長かったオルタナティブ・コンタクティーの話もこれが最後だ。

嘘つきテクノ宗教とか科学的UFO研究の邪魔だとか散々嫌われ続けている彼らだが、もちろん社会倫理から多少逸している部分があることは認めたとして、僕は不思議と一度も彼らを嫌いだと思ったことがない。それは彼らも、我々を大きく揺さぶってくれたＵＦＯムーブメントの一部であり、そしてこの世界の一部だと思っているからだ。

また彼らが決して恵まれた環境の人間ではなかったことも共感ができる。もしかしたら、さほど恵まれた環境にいないであろう、私やあなたもコンタクティーになっていたかもしれない。

核兵器をなくせとか戦争をやめろとか、ＵＦＯコンタクティーたちはそういう直接的なメッセージはあまりしない。彼らが繰り返し繰り返し訴えるのは、ここではない〈他所〉があるということ。その〈他所〉では、ここでは日常的な出来事が、逆にまったく非現実的だったりする――それは例えば、核戦争の恐怖におびえたり、子供が飢えて死んだり、理不尽な争いで人が大勢死んだりすること。そんな、この世界の毎日どこかで起こっている、ごくごく当たり前の出来事が〈他所〉にはないというのだ。

コルダス星人の通信はきっとまだ何処かで続いているだろう。当分の間ここが〈他所〉のような場所になるとは思えないからだ。

【参考文献】

アドルフ・シュナイダー／フーベルト・マルターナー『ＵＦＯの世界―記録写真に見るその実態』（啓学出版、１９７９年）
ティモシー・グッド『エイリアン・ベース―地球外生命との遭遇』（人類文化社、１９９８年）
C・ピーブルズ『人類はなぜＵＦＯと遭遇するのか』（文藝春秋、２００２年）
ジム・マース『宇宙人ＵＦＯ大事典―深〈地球史〉』（徳間書店、２００２年）
ジョン・A・キール『プロフェシー』（ソニー・マガジンズ、２００２年）
T・ベサラム『空飛ぶ円盤の秘密』（高文社、１９７４年）
エリザベス・クラーラー『光速の壁を超えて』（ヒカルランド、２０１６年）
『季刊Ａｚ　第13号「特集 新・ＵＦＯ体験」』（新人物往来社、１９９０年）

【コラム】

オカルト雑誌「ムー」正しいUFO記事の読み方

皆神龍太郎

月刊「ムー」と言えばオカルト雑誌、オカルト雑誌と言えば「ムー」。一般には、こう広く信じられている。「ムー」は、今やオカルト雑誌の代名詞だ。生まれてはすぐに消えて行く、そんじょそこらの他のオカルト雑誌とは格が違う。

●「ムー」驚異の編集テクニック

だが「ムー」は、世の中的には、大変に誤解されている。「ムー」というその雑誌名を聞くだけで、「プッ」と吹き出す人も多い。「あのヨタ話ばかり書いているテキトーなオカルト雑誌のことでしょ」と。

確かに「テキトー」なことを書いてもいる。しかし、である。ではあなたは、「ムー」の一つ一つの記事のどこが「テキトー」で、どの記述が「ウソ」なのかを、理由をちゃんと挙げた上で指摘ができるだろうか?

やってみると分かるが、これが実はかなり難しい。自分が専門知識を多く持っている分野なら、そう難しくはないかもしれない。だが「ムー」は、一冊の中に、科学、歴史、宗教、文化、芸術とあらゆる要素が詰まっている超ハイパーな雑誌だ。その全ての記事について、「ムー」の記事にある以上の正確な知識を有するというのはかなり至難の業だ。

さらに言えば「ムー」の記事は、大変に工夫をして作られている。読者を煙に巻くために長年鍛えられてきた「ムー」の編集テクニックは驚くほど高い。「ムー」の記事は、どこで「テキトー」なことを書いているのか、そのポイントを読者に見破られないよう大変高度なテクニックを駆使して作られている。

そこで、ディープ・オカルトファンのみなさんのために、ムーの記事を100倍楽しんで読める方法を伝授したい。「ムー」はその記事のどこに「テキトー」

な要素を挟み入れ、「ムー」の思うツボな方向へと読者を連れ去ろうとするのか。その実例を挙げながら、「ムー」が使う高度編集テクニックのノウハウをご紹介したい。

●虚舟伝説のおさらい

　題材は2年前、2015年8月号の「ムー」。総力特集の「巨大恐竜絶滅　地球膨張＝重力増大の謎」もかなり魅力的だが、今回は表紙の右端に見える「江戸のUFO事件『虚舟《うつろぶね》』」を題材としたい。この記事の執筆者は、創刊号からずっと「ムー」に携わっている御大の並木伸一郎氏だ。そして、この記事の中で批判にさらされているのが、筆者が唱えた「虚舟の宇宙文字否定」説というわけである。並木氏は、日本オカルト業界のまさに重鎮。その並木氏が、「ムー」の紙面を割いてわざわざ筆者の説を批判してくれたのである。これは丁寧な「お返事」を差し上げないことには、かえって失礼というものではないだろうか？

「ムー」2015年8月号

　ASIOSの「謎解きシリーズ」をお読みの方々は、「虚舟」のことはすでにご存じかと思う。だが、簡単に紹介しておこう。

　「虚舟」伝説は、文政8（1825）年に江戸で開かれていた「兎園会《とえんかい》」という会合の中で、滝沢馬琴らが公にしたことで有名になった奇譚だ。馬琴らが発表を行った22年前の享和3（1803）年に、今の茨城県（常陸国《ひたちのくに》）に奇妙な形をした「虚舟」が流れ着き、その中から手に箱を携えた異国の美女が現れたという伝説である。

　数多ある怪奇譚のなかで、この話がいまだ人々の関心を強くひいているのは文章だけでなく、舟や女性を描いたイラストが残っているためである。天理大学図書館にある「兎園小説」原本の色付きイラストには、今でいえば空飛ぶ円盤にしか見えない奇妙な乗り物と、その中に乗っていたという異人の女性、そして船内に描かれていたという、通称「宇宙文字」と呼ばれる奇妙な幾何学文字が描かれている。

虚舟の絵と宇宙文字

虚舟伝説のイラストは上記のように、「謎の円盤」「謎の美女」「謎の宇宙文字」の3つの要素から成り立っている。残念ながら前者の2つ、「謎の円盤」と「謎の美女」については未だ謎のままだ。仮説は色々出されているものの、決定打となる証拠が見つかっていない。特に「空飛ぶ円盤」としか見えない、謎の円形の乗り物の図像が、何をモデルにして江戸時代に描かれたのか未だ分かっていない。

だが、3つ目の「宇宙文字」の謎は解かれた。「宇宙文字」に見える記号は、当時日本に伝搬していたオランダ文字を、日本風にアレンジして図像化したものだったのである。

蘭字枠

その証拠に、「虚舟」のイラストが描かれた時代とほぼ同時代の浮世絵の中に、「宇宙文字」とそっくりの文字が残されていた。浮世絵の周りを飾る枠に用いられた特殊な柄で、「蘭字枠」と呼ばれている。蘭字枠に出てくる文字と、「謎の宇宙文字」を並べてみたのが左ページ上の図。そっくりなことが分かるだろう。

この宇宙文字の中で最も奇妙な文字に思えるのが、三角の斜辺に丸が乗っている記号だろう。この奇妙な記号があるため、民俗学者の柳田國男は虚舟伝説をデタラメだと看破し、またオカルト信者たちは、宇宙文字は地球上の文字ではないと唱えてきた。

だが、この不思議な記号は、デタラメでも宇宙文字でもなかった。実は一つの文字ではなかったのだ。3つのアルファベットを一つのマークに合成した記号であり、さらに上下逆さまの位置で見ていたのだ。3文字を1文字と思い込み、かつ上下逆さまに見ていたのなら読めるわけがなかった。

　マークの方向を正したのが下図。これは「V、O、C」の3文字を1文字に合成して描いたマークだ。「V、O、C」と聞いてすぐピンと来た人は、日本史や世界史の授業を学生時代に真面目に聞いていた人に違いない。「V、O、C」マークとは、17世紀から18世紀にかけて世界の海を制覇していた、あの「オランダ東インド会社」のマークのことである。

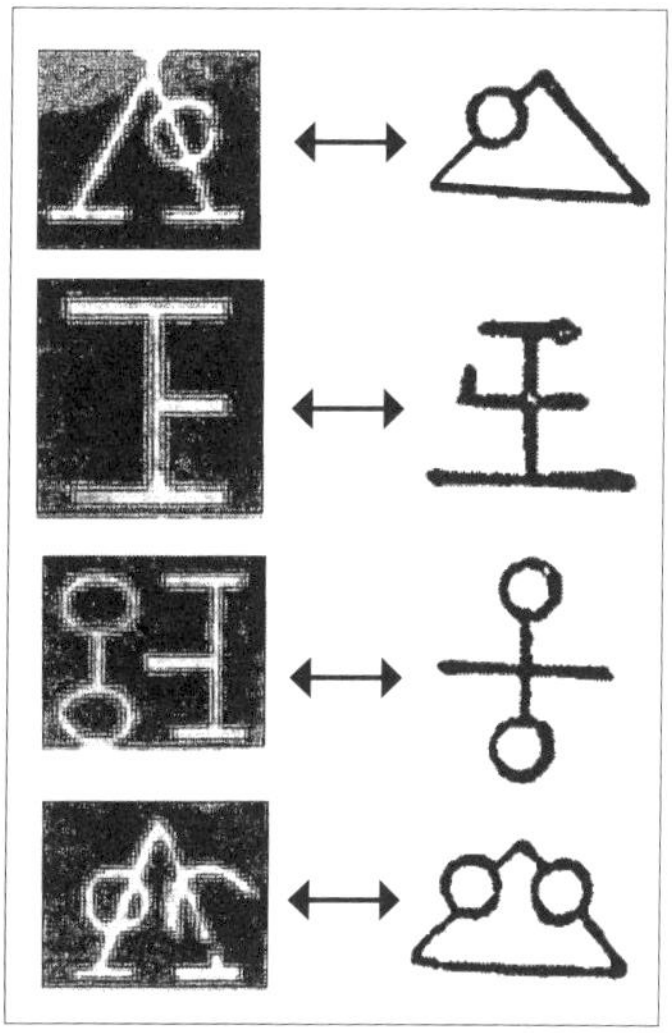
蘭字枠の蘭字（左）と宇宙文字（右）

　蘭字枠では、このマークのすぐ後に「HOLLAND（オランダ）」と読める文字が続いて描かれている。だから、三角の斜辺に丸の記号がオランダの「東インド会社」を表したマークであることは間違いない。「虚舟」がもし宇宙から来た乗り物であったのなら、その内部にオランダ文字が描かれていたわけがない。よって、「虚舟」は宇宙人が乗る空飛ぶ円盤ではない。「虚舟」は空飛ぶ円盤ではないということの証明は以上終わり……となるはずだった。

●「ムー」の編集テクニックが爆発！

だが、「空飛ぶ円盤ではない」という結論では、オカルト雑誌「ムー」の記事にならない。ムー的には、ここはなんとしても「宇宙文字」だったことにしなくてはならない。よって「ムー」誌上では、「皆神氏の宇宙文字＝オランダ文字説は間違い」という論が展開されるこ

正しい「V、O、C」

ととなった。これだけよく似ているのに、「ムー」はどうやって「オランダ文字説」を間違いだと断定したのか？　ここでオカルト雑誌「ムー」の華麗な編集テクニックが爆発するわけである。

まず「ムー」は、蘭字枠が描かれた年代を疑問視した。虚舟の資料には「１８０３年」に常陸の国に流れ着いたとある。一方、蘭字枠を用いた浮世絵を描いた渓斎英泉《けいさいえいせん》という画家が生まれたのは「１７９０年」。となると、英泉は少なくとも13歳の時には蘭字枠の浮世絵を描いていたことになる。そんな幼くして浮世絵を描いたわけがないではないか、というのである。

この反論、一瞬、そうだよねと納得しそうになりそうである。だが、よく考えて欲しい。そもそも、「虚舟」上陸なんて事件が、江戸時代に本当にあったのかどうかを検証しようとしているのである。虚舟文献に「１８０３年」と書いてあるから「１８０３年」に事件が本当にあったんだよねと言えてしまえるのなら、そもそも検証なんてする必要がない。「１８０３年」というのは、虚舟事件のイラストをでっち上げた際に一緒にでっち上げた年号かもしれないし、次々書き写しているうちに誰かが途中で勝手に書き足した年号かもしれない。年号は検証すべき対象であって、証拠として使えるものではない。それに「宇宙文字」が兎園小説という形で世に現れて来たのはずっと後の１８２５年。渓斎英泉はこの時には35歳である。

また、「蘭字枠」を直接手本として「宇宙文字」が作られたのではなく、「宇宙文字」と「蘭字枠」には共通の祖先となる文書があった、という可能性だってある。たとえば、新約聖書の「マタイによる福音書」と「ルカによる福音書」は互いによく似ているので、両者には共通の祖先となる「Q資料」があった、と言われている。同じように「宇宙文字」と「蘭字枠」にも、共通祖先となる資料があったという可能性がある。もしそうなら、「蘭字枠」より先に「宇宙文字」のほうが現れていても何も矛盾はない。

この仮説を慎重に吟味した論文を中京大学の紀要に載せており、その論文はムーに記事を書いた並木氏にも事前に手渡してあったのだが、その辺りのことは勿論「ムー」の記事ではひと言も触れられていない。

続いて並木氏は、「文字そのものにしても、宇宙文字と同じものは、絵の中にはひとつもない。つまり、決してイコールではないのである」という論法でオランダ文字説を否定する。

ええ!? 完全に「イコール」だとか誰か言いました? 両者は「非常によく似ている」としか言っていないんですけど。だって見比べてみてもらえば、他人の空似とは言えないほど両者がよく似ているということは一目瞭然じゃないですか?

と、ここまで書いていてハッと気がついた。「ムー」の該当記事には、「蘭字枠」と「宇宙文字」の両者を並べて比較した図がどこにも掲載されていないのだ。蘭字枠の浮世絵は載ってはいるものの、肝心の文字の部分は小さすぎてよくわからない。宇宙文字と蘭字枠の文字が、互いにどれだけ良く似ているかということを議論しているのに、両者を並べて比較する肝心のデータがどこにも載っていないのだ。なぜ、載せなかったのだろうか?

というわけで「ムー」の三上丈晴編集長に直接、聞いてみました。

「両者を比較する図をなぜ、載せなかったんですか」

「スペースがなかったからです」

おお、やっぱ、そう来ましたか! 載せると瓜二つなことが読者にバレてしまって「ムー的な記事」にならないので、元々載せる気がなかっただけじゃないのぉと、私は「邪推」しておりましたが。

●「ムー」を楽しく読むための教訓

以上のことから、「ムー」の記事を正しく読むための教訓がいくつか学べると思う。まず「ムー」は、基本的にウソはつかない。一部筆者の記事には、最初からみなでっち上げげと思えるような記事もないこともないのだが、基本的にウソはつかない。ただ本当のことを書かないだけなのだ。

ここで言う「ウソを書かない」というのは、以下のような意味でウソとは言い切れないという意味だ。たとえば「ロシアのウソコビッチ博士が、夢のタイムマシーンを発明したとロシアの新聞が報じた」という記事が「ムー」に載ったとする。この場合、こういった記事がロシアのどこかの新聞に本当に掲載された可能性が高い。そういう意味ではウソではない。

ただ、その機械って本当にタイムマシーンだったの？　ウソコビッチさんて、本当に博士号を持っているの？　そもそも、ウソコビッチさんって実在しているの、という点になってくると、段々保証のほどではなくなってくるというだけのことだ。だが「ロシアの新聞がそう報じた」という一点においては、ウソ記事とは言えない。これを「客観報道」と呼ぶ人もいる。

「ムー」の虚舟の記事に話を戻すと、並木氏が書いているように「宇宙文字」と「蘭字枠」の文字は確かに完全にイコールではない。ただ、非常によく似ている。この「非常によく似ている」ということが分かるデータを「スペースがなかった」という理由に言寄せて載せないというのが「ムー的記事」作成の華麗な編集テクニックのひとつなのである。ウソはついていない。

また「イコールではない」という、この書き方も大変に重要だ。こう書くことで「違う」とか「間違っている」という印象を読者に与えることができる。類似のテクニックは「ムー」ではよく使われている。

たとえば、「ムー」の文中で、「……とは考えられないだろうか」「……ではないとは言い切れない」「……という可能性もあるのではないか」といった文章が出てきたら、これは要注意の赤信号。単なる仮説だったはずなのに、数行先に行くと「……」の部分が、気がつかないうちに事実へと置き換わっていたりするのだ。

こういった数々のテクニックを駆使して、「ムー」の記事は作られている。だから、あまりオカルトに詳しくない読者がちょっと気を抜いて読むと、「ムー」の記事にあっさりと納得させられてしまってもそう不思議ではない。なんといっても相手は38年もの風雪を耐え抜いてきた手練手管の老舗オカルト雑誌なのである。

自らを「哲学雑誌」と呼ぶ「ムー」に対し、「科学的に間違っている」とか正面切って批判をしても、それはもう蛙のツラになんとやらの世界といえる。哲学は科学では割り切れないものなのである。

願わくばみなさんも「ああ、ここでまた巧みな誘導を施して、アッチの世界へと読者を引きずり込もうとしているな」などと、次々と繰り出してくる華麗な編集テクニックを見抜きながら、生ぬるくも愛に満ちた視線で「ムー」の記事を楽しく読んであげる、そういう賢く心優しい読者となって欲しいのである。

【第六章】

UFO人物事典

UFO史においては、これまで様々な人物が現れた。

古くは奇現象研究のパイオニアでもあったチャールズ・フォートにはじまり、彼に影響を受け、1947年からのUFO時代の起点をつくることにもなったケネス・アーノルド。

1950年代以降に「UFO＝異星人の宇宙船説」を広める大きな役割を果たしたドナルド・キーホー。

「世界三大コンタクティー」と言われたジョージ・アダムスキー、クロード・ヴォリロン＝ラエル、ビリー・マイヤー。

本書でも、たびたびその名前が登場したUFO研究家のアレン・ハイネックとジャック・ヴァレ。

そして日本では、UFO研究家の元祖的存在として双璧をなした荒井欣一と高梨純一。

他にも個性溢れる人物たちがUFO史を彩った。彼らの軌跡をここに紹介する（なお、巻末には付録として用語集と年表も掲載した。参考にしていただきたい）。

■海外のUFO関連人物

ケネス・アーノルド

（*Kenneth Arnold*　1915〜1984）

アメリカの実業家。20世紀のUFOブームは、1947年6月24日、この人物が「空飛ぶ円盤」と形容されることになる〝何か〟を目撃した事件から始まった。

アーノルドは1915年にミネソタ州の農家で生まれた。幼少期から身体能力に優れ、17歳からアメフトを始めると翌年には州の高校オールスターチームに名を連ねるなど、将来を嘱望された。しかし膝を壊したことで挫折、消火器販売のレッドコメット社に就職する。営業成績は優秀で、数年でエリアマネージャーに抜擢されるほどだったが、1940年に25歳で独立し、自身が発明した自動消火設備を扱うGWFC社を設立。事業は順調で高高度飛行が可能な自家用機CallAir社A-2を購入。山岳地帯が多いアイダホ州を拠点に自家用機の特性を生かした5つの州にまたがる営業戦略を成功させ、30歳にして実業家としての名声を確立する。ご息女のキム・アーノルドによれば、当時の平均年収の5倍は稼いでいたという。

アーノルドはまた、事業を通じて9000時間を超える飛行経験を積み、北米の山岳地帯に精通。定期航空路ではない辺境を航行するブッシュパイロットとしても名を馳せた。若くして地元の名士となったアーノルドは奉仕活動も行うようになり「アイダホ州捜索救助パイロット協会」の創立メンバーに名を連ね、米軍による墜落機や遭難者の捜索活動にも協力している。

アーノルドの人物像については、プロジェクト・ブルーブックの初代機関長エドワード・ルッペルト大尉による評価が興味深いため、少し長いが引用する。

ケネス・アーノルド

（前略）私は友人を通じ、アーノルドを知っている戦闘爆撃機のパイロットに会った。彼は民間人のときに新聞記者をしていて、アーノルド事件の発生時、彼を取材していたのである。彼の話によれば、最初地元紙の編集者たちはでっち上げだと断定し、そう書こうとしていた。しかし、彼らが事件について、またアーノルドの評判を徹底的に調べたところ、どうも真実を語っているように思えてきたのである。人柄も申し分ないものであり、優秀な山岳パイロットだった。彼はその地域の山々の細やかな特徴を熟知していた。

アーノルドの話の中でもっとも異常な部分は、彼が計算した時速2700キロに迫る途方もない速度だった。彼は私に次のように語った。「アーノルドは我々に速度の計算方法を教えてくれました」「私たちは全員彼の話を信用していました」

編集者たちは最初の態度を180度変えることになったが、彼らはアーノルドの体験にかなりの衝撃を受けていた。事件に対する強い関心はどんどん広まっていった。空軍はアーノルドが見た物体とは無関係であると即座に否定した。だとすると、アーノルドの体験談は得体の知れない事件だということになる。それで、世界中の新聞は一面でそれを取り上げたのである。

（『未確認飛行物体に関する報告』p20）

ルッペルトの言葉を借りるならば、「ヒマラヤの雪男」のように三面記事で扱われるような話にもかかわらず、信頼できる新聞の一面で大真面目に取り上げられた理由がここにある。もっとも、アーノルドがこの分野に身を投じ、最初に影響を受けたのがチャールズ・フォート（278ページ）の著作であったことから、早々に地球外起源説に傾倒し、レイ・パーマーと交友を持つ。その縁でモーリー島事件の調査を行い、52年には共著で『空飛ぶ円盤来たる』という本を出版し、以降10年ほどUFOの調査や研究を続けた。

60年以降はUFOに関する話題で表に出ることを避け、政界を目指すようになり、62年には共和党の予備選挙で勝利し、66年には第32代アイダホ州副知事選に出馬（結果は落選）。その後は68歳でこの世を去るまでUFO問題との関わりを避けて過ごしたとされている。ただし、現存する資料や記録によると、晩年も完全にUFO問題に対する興味を失ったわけではないらしく、62年にはナット&ボルト型（307ページ）の地球外仮説を棄却し、UFOは有機体ではないかという解釈を支持している。晩年の記録としては78年と82年のインタビューがあり、この頃には「UFOは有機体であり、さらにテレパシーのような能力を有する」といった認識を示している。

（若島利和）

※写真は「Project 1947」のウェブサイトより。

ジョージ・アダムスキー

（*George Adamski*　1891〜1965）

アメリカの自称コンタクティー。世界で最初に異星人とのコンタクトを公表した人物。

ポーランドに生まれ、2歳の時に両親とともにアメリカに移住した。貧困のため高等教育は受けられなかった模様であるが、13年から16年までメキシコ国境で第13騎兵連隊に所属、17年に結婚するとイエローストーン国立公園職員やオレゴンの製粉工場などで働き、26年頃よりカリフォルニアで神秘哲学を教え始めた。30年頃にはカリフォルニア州ラグナビーチで「チベット騎士団」なる団体を設立、神秘哲学の教室を開いていた。40年にはカリフォルニア州パロマー天文台近くに移住し、44年からは弟子のアリス・ウェルズが所有する土地をパロマー・ガーデンと名づけ、そこに建てられたパロマー・ガーデン・カフェで働きながら神秘主義哲学を教えていた。その頃、アメリカの神秘思想家であるウィリアム・ダドリー・ペリーとも交流を持ったようだ。

アダムスキーの名が知られるようになったのは、53年にデズモンド・レスリーとの共著という形で出版された『空飛ぶ円盤実見記』が世界的なベストセラーになったことによる。この中でアダムスキーは、51年3月5日に葉巻型母船を撮影し、52年11月20日に、カリフォルニアのモハーベ砂漠で金星人オーソンに会ったと主張している。続く『空飛ぶ円盤同乗記』では、1953年2月18日にロサンゼルスのホテルで火星人フィルコンと土星人ラムーに会い、一緒に円盤に乗った経験を語っている。

この2冊が世界的ベストセラーになると、59年1月から6月にかけて、各国のアダムスキー支持者が集めた資金でニュージーランド、オーストラリア、イギリス、オランダ、スイスなどを旅行し、オランダではユリアナ女王とも会見した。このとき久保田八郎にも訪日の打診が行われたが、十分な資金が集まらず断念したという。

その後、アダムスキーの主張はますます肥大し、62年3月には土星に行ったと主張し、ケネディ大統領やローマ法王に会ったと主張するようにもなった。さらに各種の講演会の場や、弟子たちとの非公式の場では8歳からチベットのラサに送られたとか、父親はポーランドの王族で母親はエジプトの王女などとも述べるようになった。

ジョージ・アダムスキー

しかし、アダムスキーのコンタクトの主張を裏付ける証拠は皆無といってよく、太陽系のすべての惑星や月の裏側に地球人と似た姿の住民がいる、太陽は熱くないなど、その後の宇宙探査はおろか当時の科学知識にも反する主張がふんだんに見られる。また、彼が撮影したUFO写真については、トリックの疑惑が持たれており、アメリカの民間UFO研究団体GSW（305ページ）のコンピューター分析では吊り糸が発見されている。さらに彼のコンタクト・ストーリーは49年に自身が書いた『宇宙のパイオニア』という小説の内容とかなり共通しているなど疑惑も多い。

（羽仁礼）

※写真は「The Scoriton Mystery」(Eastertime.1965)

ジャック・ヴァレ

（*Jacques Fabrice Vallée*　１９３９〜）

フランス・ポントワーズ生まれの世界的なＵＦＯ研究者で、スティーブン・スピルバーグ監督の「未知との遭遇」でフランソワ・トリュフォーが演じたフランス人科学者のモデル。天文学者、ベンチャー・キャピタリスト、小説『亜空間 Le Sub-Espace』で

ジャック・ヴァレ

フランスのジュール・ヴェルヌ賞を受賞したSF作家としても知られる。

　1954年にヨーロッパで起きたUFOの目撃ウェーブを機に、UFOに関心を抱く。パリ天文台に一時勤務した後、62年に渡米。ノースウェスタン大でコンピュータ科学の博士号を取得するなどの活動を続ける一方、J・アレン・ハイネックとの交友を深める中で本格的にUFO研究を始める。妻ジャニーヌとの共著『科学への挑戦 Challenge to Science』（1966年）でUFOにかかわるデータの統計分析に取り組むなど、当時は科学的にオーソドックスな方法論に依拠したアプローチで知られていた。

　ET仮説については当初肯定的な姿勢を取っていたが、1969年に刊行した『マゴニアへのパスポート Passport to Magonia』で、ヴァレはそのスタンスを一変させる。同書では、民俗学・宗教学的な知見を援用して、西洋における妖精や精霊の伝承とUFO現象の類似点を指摘。UFOは歴史を超えて人類が体験してきた奇現象に類したものだとして、一転してUFO＝宇宙船説を否定する議論を展開した。

　有力研究者であるヴァレの「転向」は、ET仮説が主流の米国では一大スキャンダルとなり、多方面から批判を浴びたものの、ヨーロッパのUFOシーンにおいては総じて好意的な評価を受け、UFO研究における「ニュー・ウェーブ」という流れを作り出す上で大きな役割を果たした。

　次いで1975年に刊行した『見えない大学 The Invisible College』では、UFOとサイキック現象との関連性を指摘するとともに、「コントロール・システム」というユニークな概念を提唱する。室温を制御するエアコンのサーモスタットのように、「UFOは人間の信仰や意識を一定の方向に誘導する働きをしている」という主張である。そのコントロールを意図している主体が何者かは明示しておらず、いささか思弁的な議論として批判も多いが、単純なET仮説に甘んじることのないヴァレの真骨頂を示すものである。

このほか、『欺瞞の使者 Messengers of Deception』（79年）、『レベレーションズ Revelations』（91年）などの著書では、UFO現象を隠れみのとして利用しようとする組織の存在について考察を加えており、陰謀論もヴァレにとっては重要な一つのテーマである。ただし、その主張には論拠が乏しいとの批判もある。

現在は米サンフランシスコ在住。2010年には、古代から19世紀までのUFO類似現象をカタログ化したクリス・オーベックとの共著『ワンダーズ・イン・ザ・スカイ Wonders in the Sky』を刊行するなど、なお健在ぶりを示している。

邦訳書に『人はなぜエイリアン神話を求めるのか』（竹内慧訳、徳間書店、1996年［原著は『レベレーションズ』］）、ハイネックとの共著『UFOとは何か』（久保智洋訳、角川文庫、1981年）がある（ただし、以上2冊の著者名表記はジャック・ヴァレー）。小説としては『異星人情報局』（礒部剛喜訳、創元SF文庫、2003年）がある。

（花田英次郎）

※写真はヴァレのHPにあるTEDの動画より引用。

ドナルド・キーホー

（*Donald Edward Keyhoe*　1897～1988）

アメリカのUFO研究家。地球外仮説の普及に大きな役割を果たし、政府がUFO関連情報を隠匿しているという陰謀論の草分け的存在でもある。航空ジャーナリストでもあり、多くの小説もてがけた。

アイオワ州オタムワで生まれ、1919年アナポリス海軍士官学校を卒業。パイロットとして海兵隊に勤務したが、22年の墜落事故で負傷したため、23年に一旦除隊する。その後商務省民間航空部門の情報責任者を務めていたが、『ウイアード・テイルズ』などのパルプマガジンに小説を執筆するようになり、28年に出版した、チャールズ・リンドバーグの国内旅行に同行した『リンドバーグとの旅』はベストセラーとなる。第二次世界大戦が発生すると一旦軍務に復帰し、少佐に昇進して除隊する。

UFOについてはアーノルド事件以後、個人的に関心を持っていたが、1949年、アメリカの雑誌

ドナルド・キーホー

『トゥルー』誌編集長ケン・パディから依頼を受けたことを契機に、旧知の米軍関係者等にも取材し、その結果を同誌1950年1月号に『空飛ぶ円盤は実在する』として執筆、他の天体からの異星人がUFOで地球を訪れているという説を展開した。

この記事は大きな反響を呼び、1月号はすぐに売り切れた。6月にはこの記事の内容をふくらませて『空飛ぶ円盤は実在する』として出版、空軍だけでなくCIAや国家安全保障局などの政府機関がUFOの実在を承知しているがパニックをおそれて隠蔽していると主張した。

その後、UFOに関係する人々を沈黙させる政府機関「サイレンス・グループ」が存在すると述べ始め、またバミューダ・トライアングルとUFOを結びつける主張も行った。

民間UFO研究機関NICAPには1956年の設立から参加し、57年より会長を務めた。会長に就任すると、空軍が隠匿しているUFO情報の開示を求める一方、様々な組織改革を試み、一時は会員数が大幅に増えた。しかしその後すぐに財政難に陥り、1969年にコンドン・レポートが公表されると会員数も大幅に減少、内紛からキーホーも追放された。1981年以降は、MUFONの理事も務めた。

（羽仁礼）

※写真は「Donald E. Keyhoe Archives」より引用。

ジョン・キール

（*John Alva Keel*　1930～2009）

〝紀行作家、写真家、ジョン・A・キール――なんの専門家でもありません〟――1950年代にキールが使用していた名刺の文面

2003年9月14日、アメリカのウェストバージニア州ポイント・プレザントで、地元の新たなる観光名所となることを期待して、モスマン像の除幕式が行わ

れた。その時、ゲストとして招かれていたのは、白いスーツに身を包み、サングラスをかけた洒落者の老人だった。誰あろう、ジョン・キールその人である。

ジョン・アルバ・キールは1930年、ニューヨークで生を受けた。10代の頃はレイ・パーマーなどのパルプSF雑誌を読みふけり、地方新聞のコラムの編集や地方のラジオ局やテレビ局に出入りして番組の脚本を書きながら、いつかはプロのライターになることを夢見ていた。朝鮮戦争時にはアメリカ陸軍に従軍し、西ドイツでAFN（米軍放送網）の仕事に関わる。

その後エジプトや中東、インドなどを放浪旅行し、その体験を『ジャドウ　東洋の黒い魔術』として出版。

ジョン・キール

1960年代中頃からUFO事件の調査やその報告に精力的な活動を開始。なかでも、1966年から翌1967年にウェストバージニア州ポイント・プレザントで発生したモスマン事件の取材をまとめた『プロフェシー』は、UFO事件の現場とその周辺で起こる数々の不気味で謎めいた出来事を克明に記した傑作として高い評価を受け、後には映画化もされた。

キールのUFO論は一般的な「地球外知的生命体仮説」とは大きく異なり、チャールズ・フォート以降の奇現象研究の流れや、オカルティズムや心霊主義をも取り込んだものである。UFO現象を引き起こしているのは「超地球的存在（ultraterrestrials）」であり、彼らは人類に、UFO現象があたかも地球外からの知的生命体によるものだと信じ込ませようとしているのだとキールは主張した。

超地球的存在は太古の昔から人類の前に神や悪魔、妖精や幽霊、怪物といった姿で現れて接触してきた、という彼の仮説は、地球外知的生命体仮説に大きく傾いていた欧米のUFO研究界に衝撃を与え、注目を浴びた。ジャック・ヴァレ以降の「ニュー・ウェーブ」UFO研究の中でもキールは最も話題と議論の的になった研究者の一人である。

しかし、近年ではキールの仕事に対する異なる評価も出てきている。たとえばモスマン事件に関しては『プロフェシー』の内容と事実に相違がある（キールが「盛った」）という指摘がある。

また、超地球的存在仮説もエンターテイメント性を重視したアイデアで、キール自身は信じていなかったのではないかという意見もある。イギリスのUFO研究家デビッド・クラークは晩年のキールに会った際に超地球的存在仮説について訊ねたところ、「そんなに真剣に扱うような話じゃない」と一笑に付されたとしている。クラークの同僚であるアンディ・ロバートは「キールにインタビューしたことを振り返って、「キールは自分の言っていることを信じているようにはまるで見えなかった。彼はさまざまな人の前で、その人が喜ぶような話を常に提供してきたのだろう」とクラークに述べたという。

なお、キールが亡くなった２００９年7月3日は、偶然にも日本のUFO研究家、志水一夫氏の命日でもある。

（小山田浩史）

※写真は「Håkan Blomqvist's blog」より引用。

ウィリアム・クーパー

（*Milton William Cooper*　１９４３〜２００１）

アメリカの著名な陰謀論者。元海軍将校、短波放送のアナウンサー。UFO関連の陰謀説を展開していた。クーパーは、１９７４年に除隊後、墜落UFO回収事件や、アメリカ政府と異星人との密約といった陰謀論、ケネディ暗殺とUFO、新世界秩序陰謀論などを展開し、１９９１年の『蒼ざめた馬を見よ』は陰謀論の名著として大ヒットした。ケネディ大統領の暗殺フィルムを良く見ると、運転手が銃を撃っていることが判るという説は広く知られている。

クーパーによれば、１９４７年から１９５３年にかけて27機のUFOが墜落し、91体の異星人の死体と5人の生きた異星人が回収されたことになる。また、トルーマン大統領は、異星人の攻撃から地球を守るため同盟国とビルダーバーグソサエティを結成、アイゼンハワー大統領がロックフェラーに依頼したことでMJ－12が結成されたと主張した。

さらに1954年には、異星人クリルがホロマン空軍基地に降りたとも主張。クーパーはこうした与太話を無許可の短波ラジオ局の放送を通じて行い、関連するドキュメンタリー・ビデオを何本か制作している。

また、1990年代前半には、ティモシーグッドに『MJ‐12年次報告』なる文書を提供しているが、当該文書とクーパーの手紙を比較した調査で、タイプライターの打ち方による癖が一致し、クーパー本人が偽造した文書だと考えられている。

2001年11月5日、自宅で警官と撃ち合いになり射殺され生涯を終えた。これによりクーパーの信奉者のなかでは暗殺説が定説になっている。

ただし、クーパーは1998年に脱税で逮捕状が出されてから逃亡しており、2001年の7月と9月には近隣住民との紛争による暴行で逮捕されそうになったばかりか、保安官に発砲し瀕死の重傷を負わせている。そのため11月の家宅捜索には強力な特殊部隊を擁する連邦法執行機関USMS（米連邦保安局）が同行しており、クーパーが反撃に出たことから射殺されたというのが真相のようである。

（若島利和）

ウィリアム・クーパー

※写真は「The Bill Cooper Forum」より引用。

フィリップ・J・クラス

（*Philip J. Klass*　1919〜2005）

難題と思われたUFO事件を調査し、その多くに合理的な説明を付けたため「UFO界のシャーロック・ホームズ」と呼ばれたUFO懐疑派の開祖といえる人物。解決に導いた多くのUFO事件の中でも、偽文書かどうかが論争になった「MJ‐12」文書について、文書にあるトルーマン米大統領のサインが他の公文書からのコピーに過ぎなかったことを証明し、真偽論争に終止符を打ったことで知られている。

懐疑的な視点からの超常現象の調査研究を世界に広

フィリップ・J・クラス

げた「CSICOP（サイコップ、現CSI）」の創設メンバーであり、UFO小委員会を務めた。本職は、航空宇宙専門誌「アヴィエイション・ウィーク&スペーステクノロジー」の上級編集者を務めていた。

1960年代半ばに、UFOが送電線の近くでよく目撃されていたことなどから「UFO＝プラズマ説」を唱えてUFO研究界に参入した。「UFO＝プラズマ説」は、日本では早稲田大学の大槻義彦名誉教授の説であるかのように思われているが、実は半世紀も前にクラスが唱えた説であった。

だが、クラスはすぐにこの説を使わなくなった。なぜ撤回したのか、クラスに直接聞いてみたところ「プラズマなど出さなくても、様々なUFO現象を説明できることがわかったからだ」ということであった。

確かに、米空軍の調査などで目撃されたUFOの9割以上が、飛行機や星といった様々な物体の見間違いに過ぎなかったことが判明している。「単一のプラズマでUFOが説明できる」と考えるほうが間違っていたわけで、日本の科学的UFO研究がいかに遅れているかを示すエピソードと言える。

「SUN（SKEPTICS UFO NEWSLETTER）」という個人誌を1989年から2003年まで76冊発行し、米UFO業界に漂うゴシップなど内部情報を世界に向け発信し続けた。この個人誌は現在は、CSIのサイトにPDF化され公開されている。長らくワシントンDCに妻とともに住んでいたが、晩年フロリダ州に移住し、癌のため85歳で亡くなった。

（皆神龍太郎）

※写真は英語版ウィキペディアより引用。

デビッド・M・ジェイコブス

（*David Michael Jacobs*　1942〜）

デビッド・M・ジェイコブスは、UFOをめぐる論争の軌跡をまとめた『全米UFO論争史（The UFO Controversy in America）』（1975年）の著者であり、同書の元となった論文で博士号を取得した歴史学者である。テンプル大学歴史学准教授を務めながら、バド・ホプキンス（280ページ）、ジョン・E・マック（284ページ）らと共にエイリアン・アブダクション研究の先頭に立ち続けた。

『全米UFO論争史』は、まだUFOが幽霊飛行船（308ページ）と呼ばれていた1896年から、コンドン報告および米空軍UFO調査機関プロジェクト・ブルーブック閉鎖で一区切りつく1973年までのあいだの、UFOをめぐる「大衆、UFO団体、メディア、科学者、軍人、政治家を巻き込んだ論争の軌跡」を網羅した意欲作であり、当時60以上の新聞・雑誌等で絶賛されたという。UFOをめぐってアメリカの大衆やメディアはどのように反応し国家や軍はどのように対応したか、といった現在ではなかなか把握することが難しい当時の状況を仔細に垣間見ることができる資料として、またUFO文脈をたどる歴史書として、いまだその有用性は失われていない。UFOの科学的研究に関する書籍を出版しているSSPC（学術研究出版センター）より全訳が刊行されている。日本語で読めるジェイコブスの著書としては他に矢追純一氏が翻訳を手掛けた『未知の生命体―UFO誘拐体験者たちの証言（Secret Life）』がある。

デビッド・M・ジェイコブス

全米UFO論争史ではあくまで中立的立場であり続けたが、こちらは打って変わってズバリ宇宙人が地球に来ていて、夜な夜な人間を拉致・誘拐していると主張する本であり、そのギャップに驚かされる。この本ではエイリアン・アブダクションに対する様々な疑義に執拗に反駁し、最終的に「誘拐の主目的は子ども（エイリアンと人間のハイブリッド）を産み出すことにある」という結論にいたっている。

（秋月朗芳）

※写真はデビッド・M・ジェイコブスのFACEBOOKより。

ロバート・シェーファー

（*Robert Sheaffer*　1949〜）

UFO研究家。アメリカの懐疑団体「CSI」、ならびにサンフランシスコの懐疑団体「ベイ・エリア・スケプティクス」会員。CSIの会誌『スケプティカル・インクワイアー』では、40年にわたり、「サイキック・バイブレーションズ」というタイトルでコラムを書き続けている。これまでに数多くのUFO事件を調査してきたことで知られ、懐疑的なUFO研究家の中では、現在、最も有名で活動的な人物の一人。

1995年には、人気ドラマ「Xファイル」のシーズン3、第20話にて、同じくUFO研究家として有名なジャック・ヴァレと共に名前ネタで登場したこともあった。この回では、宇宙人に扮装した米軍のパイロットが2人登場するが、それぞれの名前が「ロバート・ヴァレ」と「ジャック・シェーファー」で、2人の研究家の名前を組み合わせたものになっている。ちなみに同じ回で登場する軍の上官は名札に「ハイネック」と書かれていて、UFOファンにとってはいろいろ楽しめる回だった。

R・シェーファー（©Sgerbic）

シェーファーは現在、カリフォルニア州サンディエゴ在住。本職はシリコンバレーで働くエンジニア。メンサ会員。大のオペラ好きで、かつてはプロのオペラ歌手として活動していたこともあったという。

毎年開催されている肯定派中心の国際UFO会議に参加し、他の参加者と仲良く写真を撮りながらレポートをアップするのが恒例行事になっている。

（本城達也）

ロバート（ボブ）・C・ジラード

（*Robert C. Girard*　1942〜2011）

超常現象に特化した通信販売の古書店「アークトゥ

ルス・ブックス（Arcturus Books Inc.）」の経営者。特にUFO関係本の品揃えがよかった。日本ではかなり酔狂な人を除きほとんど知る人はなかったが、欧米のUFO研究者の多くは、毎月発行されていたここの書籍目録を資料購入の頼りとしていた。「UFO本を購入するのに良い米国の書店はどこか」と懐疑派のUFO研究家フィリップ・J・クラスに尋ねたら、彼でさえも「アークトゥルス・ブックスしかない」と答えたほど唯一無二のUFO書籍の専門古書店だった。

だが、晩年はアマゾンに押されて売上が減ってしまい、発行していた書籍目録のコメント欄に「ネットでUFO本を買うな」という呪いの言葉をよく掲載していた。ボブの死後、「アークトゥルス・ブックス」は閉店してしまったが、現在は、彼の妻と子息が「ARCSTAR Books」という名前に変わった通販書店を引き続きカリフォルニア州で開いている。

ロバート・C・ジラート

※写真は「Anomary Archives」より。

（皆神龍太郎）

ホイットリー・ストリーバー

(*Whitley Strieber*　1945〜)

テキサス州サン・アントニオ出身のホイットリー・ストリーバーは、この世界ではヒル夫妻とならぶアブダクティ（異星人誘拐体験者）、またはUFO研究者として語られることが多いが、それ以前にアメリカの有名なホラー／SF／ノンフィクション作家である。

ストリーバーは1978年に、連続猟奇殺人事件がニューヨークでかつて生きていた狼たちの復讐だったというホラー小説『ウルフェン』で小説作家としてデビュー。1984年には核戦争後のアメリカの状況をルポルタージュ形式で綴った『ウォー・デイ』をジェームズ・W・クネトカとの共著で発表し、ノンフィクションのジャンルにも進出している。

そして1987年、両方のジャンルの特徴を合わ

ホイットリー・ストリーバー

せ持つかのような奇妙な作品『コミュニオン』が発表される。この作品は著者自身がエイリアンに誘拐された体験を告白するノンフィクションとして衝撃と恐怖をもって受けとめられ、国内で300万部を超える大ベストセラーになった。また、クリストファー・ウォーケンを主演とした映画も制作されている。

ストリーバーの作品は一見とても奇妙な変遷を辿っているように見えるが、先に挙げた3つの作品には共通点がある。それは「環境汚染や自然破壊に対する人類への警鐘」ということだ。そのような環境に対する不安感は、彼の内的な不安感の現れであり、それが顕著化したものがエイリアンだったという見方もできるかもしれない。

アブダクション体験を題材とした著作として翻訳されているものは他に、『宇宙からの啓示（Transformation）』（88年）、『遭遇を超えて（Breakthrough: The Next Step）』（95年）があり、未翻訳の『The Secret School』（96年）、『The Key』（01年）『The Path』（02年）がある。

また環境問題への関心は、地球温暖化によって突然の激しい気候変動が起こる可能性を警告した『The Coming Global Superstorm』（1999年／超常現象や陰謀論に関するトークラジオ番組Coast to Coast AMのパーソナリティであるアート・ベルとの共著）がローランド・エメリッヒ監督にインスパイアを与え、映画『デイ・アフター・トゥモロー』（2004年）に結実したと言えるかもしれない。

（秋月朗芳）

※写真は「amazon.com」の著者ページより。

レイモンド・アーサー・パーマー

（*Raymond A. Palmer*　1910〜1977）

アメリカのUFO研究家で、『アメイジング・ストーリー』、『ファンタスティック・アドベンチャー』の編集長も務め、多くの超常現象関係雑誌も創刊した。

ウィスコンシン州ミルウォーキーに生まれ、7歳の時トラックにはねられた後遺症で背骨が曲がったまま身長は120センチ以上にならなかった。少年時代はパルプマガジンに耽溺する一方、自らも小説を書きはじめ、『ワンダーストーリー』1930年6月号に掲載された「ジャンドラの時間光線」で作家デビューする。一方SFファン活動でも知られ、1930年に同人誌『コメット』を創刊している。

レイモンド・A・パーマー

38年、『アメイジング・ストーリー』を発行するジフ・デイヴィス社が雑誌部門をニューヨークからシカゴに移したとき、近隣のミルウォーキーに住んでいたパーマーが編集長に抜擢された。以後パーマーは内容を若者向けに改編し、雑誌のページ数を増やす一方で、同人誌活動を通じて知り合った仲間たちにも執筆を求める、投書欄の充実や文通コーナーなど、読者の交流の場の充実などの紙面改編を行い、部数を大幅に増やした。この結果、39年に姉妹誌『ファンタスティック・アドベンチャー』が創刊されることになり、パーマーはその編集長も兼ねた。

他方、44年1月号に掲載したリチャード・シェイバーの「古代言語」に多くの読者が反応したことから、シェイバーの主張をいかにも事実であるかのように宣伝しつつ、他の作家も巻き込んでその世界観に沿った一連の作品を掲載するようになる。このシェイバー・ミステリーの関連で、パーマーは地球外の生命体が宇宙船で地球を訪れている可能性を指摘していた。アーノルド事件が起こると、UFOをシェイバー・ミステリーに関連付けた。さらにモーリー島事件ではアーノルド本人を調査に派遣する一方、事件の捏造に加担した疑惑も持たれている。

このようにフィクションを事実ともとれるような宣伝は社主からも批判を受けることとなり、パーマーは48年に自ら超常関係を扱う雑誌『フェイト』を創刊、翌年『アメイジング・ストーリー』を離れる。

しかし50年6月、地下室に落ちて怪我をしたことがもとで同年アムハーストに移り、その後自らの出版社を設立し、「ミスティック」（後に「サーチ」と改称）、「アザー・ワールド」（後に「フライング・ソーサー」と改称）などの超常現象関係雑誌を出版し続けた。

（羽仁礼）

※写真は「Håkan Blomqvist's blog」より引用。

J・アレン・ハイネック

（Josef Allen Hynek　1910～1986）

〝しかし、UFOとはかくかくしかじかであると断定することは、私にはできない。正体を知らないからである〟――J・アレン・ハイネック『第三種接近遭遇』序言より

スティーブン・スピルバーグ監督の『未知との遭遇』（1977年）のクライマックス、デビルスタワーで人類と宇宙人がついに遭遇するシーンで、プロジェクトチームの中にスーツ姿で咥えパイプの老紳士が一瞬映るのをご存じだろうか。この紳士こそ、映画のスーパーバイザーを務め、また原題である『Close Encounters of the Third Kind（第三種接近遭遇）』という言葉を提唱した天文学者、「UFO研究のガリレオ」アレン・ハイネック博士である。

ハイネックは1910年、シカゴでチェコ人の両親の間に生まれた。幼いころから本の虫であったハイネック少年は、やがて天文学を志すようになり、1953年には天体物理学の博士号を取得した。若き日のハイネックは自然科学を好む一方でオカルトに魅了され、周囲の若者が自動車やバイクに使うような金額をオカルトの稀覯本《きこうぼん》につぎ込んだというエピソードもある。

アメリカ空軍でのUFO研究の科学顧問としてプロジェクト・サイン（47～49年）、グラッジ（49～52年）、そしてブルーブック（52～69年）での事例調査・分析に関わる中で当初のUFOは既存の物体や現象の誤認やイタズラにすぎないとの考えから、UFO現象の中には確かに現実に起こったものもあるという認識に方向転換していった。そのきっかけはソコロ事件（64年）であるとされる。

73年にはCUFOS（Center for UFO Studies）という研究団体を設立（彼の死後、その名を取ってJ・アレン・ハイネックUFO研究センターへと名称が変更された）。ハイネックはCUFOSを「UFOを物理学の面から分析する機関」であるとした。78年には国連総会において、ジャック・ヴァレ博士などとともにUFO問題についてのスピーチを行っている。

ハイネックは自らを「UFO研究のガリレオ」と称した。UFO現象の研究を科学的な立場から行う嚆矢としての自負心があったのだろうか。一種から三種までの「接近遭遇」という分類を提唱し、広く世に知られた（冒頭に述べたとおり、UFO映画のタイトルにも採用された）。また報告を奇妙度と可能度の度合い（304ページ）からS=P図上に分類するといった手法も考案した。

J・アレン・ハイネック

ハイネックはUFOの「正体」については慎重な態度をとっていたが、もとよりあまり「エイリアン・クラフト」仮説には賛同していなかった。年下の同僚であったジャック・ヴァレの影響を受け、1970年代以降は、UFO現象が並行世界の存在などによってもたらされる、物理的な現象とサイキックな現象の両側面を併せ持つものだとの仮説を提示するようになった。

他方、ハイネックは天文学内部からはあまり高い評価を得てはいなかった。UFO問題を正面から取り扱おうとした彼の姿勢は、若手の天文学者たちからは物笑いの種になっていたともいう。

最後に、かつてハイネックの同僚でもあった天文学者・宇宙飛行士のカール・G・ハインツの言葉を引用しておく。

〝（UFO現象に対する）ハイネックの基本的なコンセプトの有効性と、調査において科学的な厳密さを伴うように心がけたことの成果については、後の世代の判断を待たねばならない〟

（小山田浩史）

※写真は英語版ウィキペディアより。

チャールズ・ホイ・フォート

（*Charles Hoy Fort*　１８７４〜１９３２）

アメリカの奇現象研究家。元ジャーナリストでアマチュアのナチュラリストでもある。ＵＦＯのみならずポルターガイスト、ファフロツキーズ、空中浮揚その他奇妙な現象全般に関する情報を生涯をかけて集めた。そこでこれらの現象を総称する言葉として、フォートにちなんだ「フォーティアナ」、「フォーティアン・フェノメナ」という呼び名が用いられることもある。現在イギリスで刊行されている超常雑誌『フォーティアン・タイムズ』も彼にちなんだ命名である。

ニューヨーク州アルバニーで裕福なオランダ系の雑貨商の子に生まれる。権威主義的な父親への反発もあり、若い頃から強い独立感情を持っており、18歳のときに世界旅行を行った。このときスコットランドからイギリス、南アフリカを旅したが南アフリカで病気になって帰国、帰国後幼馴染のアンナ・フィリングに看病を受けたことから、１８９６年にアンナと結婚した。

チャールズ・フォート

長じてジャーナリストとして活動する傍ら、１９０６年に小説『はぐれ者の製造者たち』なども出版したが、40代初期に遺産を得て生活に困らなくなったことから、１９２４年から１９２６年にかけてはロンドンに住み、大英博物館の資料を精読するなど、以後は世界の奇現象についての記述を集めた。彼が集めた事例は１９１９年に刊行された『呪われたものの書』を皮切りに、『未知の領域』（１９２３年）、『見よ』（１９３１年）及び『野生の力』（１９３２年）の4冊にまとめられた。

様々な現象の原因として、フォートは「宇宙のジョーカー」、「スーパー・サルガッソー海」などの概念を提示しており、現在ＵＦＯと呼ばれる、空中に目撃される未知の光る物体についても早くから関心を有していた。フォートはこれらの物体について、「別世界から偵察に来た船体の明かりではないか」と考え、

「地球に関する報告を、密かに自らの政府に送っている火星人がいる」と述べるなど地球外生命体仮説を先取りする主張も行っている。

（羽仁礼）

スタントン・フリードマン

（*Stanton Terry Friedman* 1934〜）

アメリカ・ニュージャージー州生まれ。原子物理学者。UFO研究家。1956年にシカゴ大学で物理学の修士号を取得。1956年以降は、ジェネラル・エレクトリック社、エアロジェット・ジェネラル・ニュークリオニクス社、ジェネラル・モーターズ社などで各種の研究開発に関わり、1966年から1970年までは、ウェスティングハウス社の宇宙原子力研究所の特別研究員として働いた。

スタントン・フリードマン

UFOに関心を持ったのは1958年のとき。エドワード・J・ルッペルト大尉による未確認飛行物体の報告書を読んだことがきっかけだったという。以来、UFOの正体は宇宙人による宇宙船だと確信し、1970年になると研究所の仕事を辞め、UFO研究だけに専念するようになった。1978年には、当時まだ知名度が低かったロズウェル事件を掘り起こし、「ロズウェルの父」とも呼ばれるが、現在の陰謀論まみれでグダグダな「ロズウェル事件」を誕生させるきっかけをつくることにもなった。

またMJ-12事件では、偽造された文書を本物と信じ、騒動の中心人物の一人としてUFO業界を騒がせたことでも有名。これまでに講演会は600以上、ラジオとテレビ番組にも数百本以上出演。海外で最も活動的なUFO肯定論者の一人。

論争好きとしても知られ、これまでにUFO否定論者と数多くの論争を繰り広げてきた。

（本城達也）

※写真はスタントン・フリードマンのHPより。

バド・ホプキンス

(*Budd Hopkins* 1931〜2011)

メトロポリタン美術館や大英博物館などにその作品が収められている著名な芸術家だが、1964年にUFOを目撃したことをきっかけに異星人による誘拐事件に興味を持ち、アブダクション研究家として知られるようになった。

1989年に住んでいたマンハッタンで、異星人誘拐の被害者支援と調査研究を目的とした「イントルーダー基金」を立ち上げた。異星人による誘拐時に消された記憶を取り戻すためとしてアブダクティーらに催眠術を掛けて記憶の呼び戻しを行っていたが、催眠術の使用は、真実の記憶を取り戻すのではなくその逆に、ニセ記憶を被害者に植え付けているだけの可能性が高いと心理学者などから強く批判された。

ホプキンス（©Carol Rainey）

ホプキンスが関わった最も有名な事件として、日本の矢追純一UFO特番でも紹介された「リンダ・ナポリターノ事件」が挙げられる。

これは1989年11月深夜、マンハッタン上空に巨大UFOが出現し、近くの高層アパートの12階のベッドルームで寝ていたリンダ・ナポリターノが、UFOから放たれた青いビームに持ち上げられて、空飛ぶ3人の異星人とともに誘拐されたとされる事件。特にそのアブダクションされる様子を、当時の国連事務総長が、2人のボディーガードと共に近くのブルックリン橋の上から目撃していたなどともされたため、UFO業界の注目が集まった。

しかし、マンハッタンに巨大UFOが現れた割には他に目撃者がほとんどおらず、事務総長自身も事件を後に否認したとされ、事件の信憑性には大きな疑問符が付けられている。

（皆神龍太郎）

ビリー・マイヤー

（*"Billy" Eduard Albert Meier*　1937〜）

スイス北部のチューリッヒ郊外に住む農夫で、4歳の時にUFOを目撃して、それからずっとプレアデス星人とコンタクトを続けている、と称している人物。UFO写真の多くはボケて何だか分からないものが大半なのだが、マイヤーは、非常に鮮明でかつ派手なUFO写真や動画を、次々発表した。だがいずれのUFO写真もトリックとみなされており、一部信者を除いてUFO業界内の評価は低い。

ビリー・マイヤー

たとえば、マイヤーが撮った左右にフラフラ揺れている円盤の動画があるが、この揺れを元に東大UFO研究会名誉会長の藤木文彦氏が円盤の模型の大きさを割り出した。大きさは約22センチと計算された。マイヤー本人は、プレアデス星人のUFOの大きさを7メートルくらいだと言っていたが、22センチでは誰も乗ることができない。

またマイヤーの農場から、UFOの撮影に使ったのではないかと疑われても仕方のないようなプレアデス型UFO模型の写真などという代物が見つかっている。これは焼けこげたネガに映っていたもので、その写真の実物はコリン・ウィルソン監修『超常現象の謎に挑む』（教育社、1992年）の54ページで披露されている。まぎれもなく、プレアデス型のUFO模型が机の上に乗っている写真なのだが、マイヤーによれば、彼の説明を聞いて彼の子供達が作った模型なのだと説明をしている。

（皆神龍太郎）

※写真は「FIGU」のHPより引用。

ハイメ・マウサン

（*Jaime Maussan*　1953〜）

メキシコの有名な超常現象研究家、番組ホスト。メ

ハイメ・マウサン

キシコ国立自治大学とマイアミ大学でジャーナリズムを学ぶ。1970年代から数多くのメキシコの番組で、レポーター、ディレクター、プロデューサーなどを務めた。

超常現象の研究は1990年頃から始まる。これまでに、メキシコ空軍が撮影したUFO映像、メテペック・モンスター、ロズウェル・スライドをはじめ、世界的に有名になった事件で、情報提供者になっている。

特にメキシコ発の超常現象では、大抵の場合、マウサンが何らかのかたちで関わっていることが多い。おそらくテレビを使っての取材、情報提供の呼びかけなどによって、彼に情報が集まりやすくなっているのではないかと考えられる。

わかりやすく例えれば、「メキシコの矢追さん」だろうか。日本のオカルト番組でも、メキシコまで取材に行っている場合、マウサンが登場してくることが多い。そのため彼を知っていると、「このネタにも関わっていたのか！」とニヤリとできるはずである。

（本城達也）

※写真は本人のFACEBOOKより。

ジェームズ・E・マクドナルド

（*James Edwad McDonald*　1920〜1971）

ジェームズ・E・マクドナルド博士は、60年代にUFOの研究に情熱を注ぎ、またその熱に巻き込まれるように命を落とした人物である。

オハマ大学、マサチューセッツ工科大学、アイオワ州立大学で学び、第二次世界大戦中は海軍で暗号の研究に携わり、アリゾナ大学大気物理学研究所気象学部の主任物理学者だった。専門は、雲の形成理論と気候変動。プライベートでは結婚し6人の子供をもうけている。また、彼自身も1954年に研究仲間とUFOを目撃している。

マクドナルドは、まだUFOが十分に研究されていない科学的に重要な事象であると主張し、アカデミックな世界でUFOの研究が正式に容認されることを望んでいた。

1968年に行われたアメリカ議会における公聴会「米下院UFOシンポジウム」では、UFO否定派のドナルド・メンゼル、ブルーブックの顧問科学者のJ・A・ハイネック、科学啓蒙に尽力した懐疑派のカール・セーガン、核物理学者のスタントン・フリードマン博士などにまじり発表を行っている。

またフィリップ・クラスと激しく対立したことでも知られている。当初は明確にしなかったが、後にUFOの可能性として地球外知性体仮説を公に支持する発言をするようになった。

マクドナルドはUFO問題の重要性を精力的に主張し米議会に働きかけた。そして米軍からコロラド大学に委託されたUFOの科学的研究「コンドン委員会」に参加することを強く望んだが、それは叶わなかった。またドナルド・キーホー率いる全米最大の民間UFO研究団体「NICAP」に参加し、共にコンドン委員会の不正を追及した。

ジェームズ・E・マクドナルド

60年代の終りにコンドン委員会がUFOが科学的価値のないものとする結論を下し、ブルーブックが閉鎖、NICAPも終焉し、UFOに対する科学的研究への機運が目に見えて減少していくと、UFO研究に肩入れしすぎていたマクドナルドに正当な科学の世界にもどる席はなくなっていた。学会でマクドナルドに対してUFOを引き合いにした皮肉が嘲笑的に発言され、さらに妻から離婚を考えている旨が伝えられた。その遠因にはUFO研究への傾倒があったと言えるかもしれない。

1971年4月、マクドナルドは自らの頭を拳銃で撃ち抜いて自殺を図る。一命は取り留めたが、それによって視力を失い車椅子生活になる。

しかし、視力が一部回復した矢先にもう一度拳銃自殺を図り、帰らぬ人となった。

（秋月朗芳）

ジョン・E・マック

（John E. Mack　１９２９〜２００４）

「容赦なく続く異世界のメロドラマから、われわれが解放されることはない」とは、ジョン・E・マックが関わったエイリアン・アブダクション体験者の言葉だ。そして彼もそのメロドラマの登場人物の一人だった。

マックはハーバード大学医科大学院の精神医学教授、またケンブリッジ病院の精神科の主任だった人物で、『アラビアのロレンス』で有名なT・E・ロレンスの評伝でピューリッツァー賞の受賞歴もある、ここまでならば申し分のない経歴の人物だ。

ジョン・E・マック

だが、１９９０年以降、エイリアン・アブダクション体験の研究に取り組むようになり、２００人以上の体験者と接見し調査している。

彼がなぜこのような変遷を辿ったのかについて確かなことは言えないが、彼が核兵器廃絶や全地球的な生態環境の危機的状況に興味を持っていたことと無縁ではないかもしれない。なぜならそれは、アブダクションの体験者、研究者、そしてエイリアンに至るまで共通して持っている危機感だからだ。

マックはこの研究に精力的に取り組み、１９９２年にマサチューセッツ工科大学（MIT）で開催された「エイリアン・アブダクション会議」で物理学者デイヴィッド・プリチャードと共同議長をつとめた。また、この模様を伝えるC・D・B・ブライアン『UFO誘拐事件の真相―MITからの報告』（中央公論新社）を読むと、彼が研究者というばかりでなく、アブダクティたちのよき理解者だったということがわかる。

２００４年、オクスフォードで行われたT・E・ロレンス社会シンポジウムで講演した後、自宅に戻る途中で飲酒運転の車にはねられて他界した。

（秋月朗芳）

※写真は「amazon.com」の著者ページより。

ウィリアム（ビル）・ムーア

（*William L. Moore*　1943〜）

アメリカの作家、UFO研究家。『フィラデルフィア実験』（1979年）や『ロズウェル事件』（1980年）の共著者のひとり。後者はロズウェル事件復活の大きなきっかけとなった。共著者のチャールズ・バーリッツによれば執筆のための情報はほぼ全てムーアによるものだという。ムーアはスタントン・フリードマンの調査結果を用いた。

もともとは世界最大のUFO研究組織「MUFON」のアリゾナ州セクションディレクターだったが、後にフリーランスの作家となった。

MJ-12文書騒動では、TVプロデューサーのジェイム・シャンドラが謎の人物から受け取った文書の分析を手伝ったということになっていたが、その後の懐疑論者の調査によりMJ-12文書はムーアが偽造したものだということが判明している。

MJ-12騒動の前後からはリチャード・ドティを情報源として行動していたが、1989年のMUFONの年次総会で真のUFO情報を得るために軍の偽情報工作に荷担したという告白を行った以降はUFOの表舞台にでることはなくなった。

ウィリアム・ムーア

後の並木伸一郎氏のインタビューでロズウェル事件に触れた際には「ロズウェル事件に関する最近の情報を熟慮した結果、もはや地球外の存在という説明がこの事件の最高の説明であるとは思っていない」と語った。

はじめは超常現象作家として、後にはプロデューサ的役割としてUFOでビジネスを成り立たせようとしていた節がみられるが、残念ながら大成功とはいかなかったようである。

（蒲田典弘）

※写真は「THE PHILADELPHIA EXPERIMENT From A-Z」より引用。

ベルトラン・メウー

（*Bertrand Méheust*　１９４７～）

心霊科学や超心理学の研究で知られるフランスの著述家。ソルボンヌ大学で社会学の博士号を取得した経歴を持つ。

心霊科学や動物磁気をテーマとした大著『夢遊病と霊媒 Sommambulisme et médiumnité』（１９９９年）のほか、ＵＦＯ研究の分野では１９７８年に刊行した『ＳＦと空飛ぶ円盤 Science-fiction et soucoupes volantes』で名高い。

同書は、１９４７年のケネス・アーノルド事件により「空飛ぶ円盤」が脚光を浴びるはるか以前、それを先取りするようなＳＦ小説が数多く書かれていた事実を掘り起こして注目された。

その着想を得たきっかけは、フランスの作家、ジャン・ド・ラ・イール（Jean de La Hire）が１９０８年に刊行したＳＦ『稲妻の車輪 La Roue Fulgurante』を読んだことだったという。

ベルトラン・メウー

この作品の主人公は、空中に浮かぶ球体が発する光線に捉えられて上空に引き上げられるが、やがて、明るい光に満ちた部屋の中で意識を取り戻す。

そんなストーリーが、のちに報告されるようになったＵＦＯによるアブダクション（誘拐）事件に酷似していることに衝撃を受け、本格的な研究に着手。現代のＵＦＯ報告に類似した話は、20世紀の初め、フランスや米国のパルプ・フィクションに再三登場していたことを明らかにした。

こうした符合については「ＵＦＯと遭遇した人々は過去のＳＦをどこかで読んだ経験があり、その影響を受けた」とする解釈も可能であるが、メウーはそのような因果関係を退け、これはＵＦＯのイメージが人間の精神から自然と生じる普遍的な性質をもっているあかしだとした。

もっとも、こうした見方は必ずしもＵＦＯ体験を幻覚のような心理学的な現象に還元しようとするものではなく、メウー自身、ＵＦＯに物理現象としての側面があることは認めている。

ＵＦＯは人間の内面に起源をもつようでいて、同時に物理的にも存在する――そのような謎に独自の切り口から肉迫したことで、メウーは「ユーフォロジー（３０８ページ）」の歴史に名を残している。

ちなみに『ＳＦと空飛ぶ円盤』は、単純明快な「ＵＦＯ＝宇宙船説」がポピュラーな米国では評価されないと見なされているためか、いまだに英語に翻訳されていない。

誕生日は１９４７年７月12日で、母親に「なぜ３週間早く６月24日に産んでくれなかったのか」と再三愚痴をこぼしていた、という逸話がある。６月24日とは、すなわちケネス・アーノルド事件が起きた、まさにその日である。

（花田英次郎）

※写真は「CLEVAO FORMATION」のウェブサイトより引用。

ドナルド・メンゼル

（*Donald Howard Menzel*　１９０１～１９７６）

アメリカの天文学者、ＵＦＯ研究家。ＵＦＯ否定論者として有名だった人物。１９２４年にプリンストン大学で天文学の博士号を取得後、アイオワ大学専任講師、オハイオ州立大学助教授、リック天文台助手、ハーバード大学助教授を経て、１９３８年に同大学の教授に就任した。専門は太陽とガス状星雲の研究。

第二次世界大戦中は３年間、中佐として海軍に在籍。この頃、電波の異常伝播によって生じる諸問題を取り扱ったが、この経験は後のＵＦＯ研究でも活かされている。

戦後になると、１９５４年にハーバード大学の天文台長とアメリカ天文学会会長に就任。ＵＦＯとの関わりはこの頃から始まる。メンゼルは地球外知的生命体そのものの存在については肯定的で、生命に適した惑星は銀河系に数百万はあると考えていた。ただし、その知的生命体が他の惑星から地球に訪問しているという考え方には否定的だった。
　そのためUFO事件が起こると、よく否定派として論陣を張り、否定論者として多くの事件に関わることになる。

ドナルド・メンゼル

　ところが、メンゼルの主張の中にはおかしなものも多かった。その代表例としてよくあげられるのは、1959年のギル神父事件である。このときは目撃情報にあったUFO搭乗員を「まつげの見間違い」と推測して酷評された。
　このような強引で説得力のない否定論は、彼の否定派としての評判を落とす原因にもなっている。
　なおプライベートでは多趣味で知られ、ピアノ、ギター、チェス、アマチュア無線、社交ダンスなどを得意としていた。また大の子ども好きで、かわいがっていた友人や同僚の子どもたちからは、愛情を込めて「ドナルドダックおじさん」と呼ばれるなど人気が高かったという。

（本城達也）

※画像は「ACAP」のサイトより引用。

ヴィム・ヴァン・ユトレヒト

(*Wim van Utrecht*　1959〜)

ベルギーのUFO研究家。欧州のUFO研究界で、古くから尊敬されている古参の研究者。1975年にフリッツ・バンダーベルトと共同でおこなった、ズビシュベルゲン写真についての分析は、UFO研究における最良の事例研究の1つとして名高い。

ヴィム・ヴァン・ユトレヒト

　1990年代のベルギー・ウェーヴでは、地球外起源説に偏りがちな論調が大勢を占めるなか、事件の異常性に注意を払いながら、地に足のついた調査を行った。1994年からは、UFOではなくUAO（未確認空中物体）を調査対象とした調査団体「シーレスティア（CAELESTIA）」を主催。その科学的で懐疑的な視点を足下に踏まえた姿勢は、欧州を中心に高い評価を得ている。

なお、二重写しが不可能とされたガルフブリーズ事件の写真に使われたトリックを暴くなど、懐疑論者顔負けの実績も豊富である。


（若島利和）

※写真は「UFOWIJZER」より引用。

クロード・ヴォリロン＝ラエル

（*Claude Vorilhon Raël*　1946年〜）

「ラエリアン ムーブメント」の創始者。コンタクティー。フランス生まれ。車専門誌のジャーナリストをしていた1973年12月13日、フランス中部のクレルモン・フェランに近いピュイ・ド・ラソラの噴火口で、「エロヒム」と名乗る宇宙人に遭遇したとされる。


その際、ヴォリロンは「一つになる」という意味の「ラエル」という称号を与えられ、人類に「真実のメッセージ」を伝えるための「最後の預言者」としての役割を与えられたと主張する。

またエロヒムからは、彼らの超技術によって、2万5000年前に人間を含む地球の生物が創造されたことを聞かされたとも主張している。

1975年10月7日には、エロヒムと二度目のコンタクトを果たし、彼らの宇宙船で母星の一つ「不死の惑星」に行き、数々の驚異的な体験をしたともいう。

1975年末には、エロヒムを地球に招くために大使館を建てるという名目で、「国際ラエリアン・ムーブメント」をスイスのジュネーブに設立。その後、世界中に支部をつくり、会員を集めている。

公式サイトからダウンロード可能な入会申込書によれば、会員には大きく分けて「国際会員」と「国内会員」があり、活動を積極的に行う国際会員の場合は、年収の7パーセント、国内会員の場合は年収の3パーセントをそれぞれ会費として納めなければならないとされている。

ラエルはこうして得られる莫大なお金を一円も受け取っていないという。会の運営費や大使館建設のための貯金に回しているそうだ。

ラエル

しかし、その大使館建設の実現可能性はかなり低いと考えられている。というのは、建設候補とする国に広大な土地を要求したり、治外法権を認めるように要求したりしているからだ。こうした無茶な要求が通らなければ、大使館建設はいつまでも実現しない。それはつまり、宇宙人エロヒムを呼ばない＝実在を証明せずに済むということであり、大使館建設の名目で半永久的に会費を集め続けることができるということでもある。

ちなみにラエルは、ヘアスタイルをちょんまげにするほどの日本好きで知られ、現在は沖縄に移住しているという。またラエリアン・ムーブメントの日本支部は比較的会員が多く、日本での活動も積極的に行われている。

（本城達也）

※写真は「ラエリアン・ムーブメント」のＨＰより引用。

ロバート（ボブ）・ラザー

(*Robert Scott Lazar*　１９５９〜)

米国ネバダ州にある極秘空軍基地「エリア51」内の施設「Ｓ-４」で、反重力で飛行する地球製ＵＦＯを研究していた、と１９８０年代末から主張している人物。しかし、その主張は極めて怪しい。

ラザーによれば、反重力を発生させる動力源には元素１１５が使われていたという。だが、元素１１５が初めて合成されたのは２００４年。２０１６年にやっと新元素と認められ「モスコビウム」と命名された。ラザーがＵＦＯを研究していたとしている１９８８年には、まだ影も形もなかった新元素だ。ラザーはこの元素１１５を「米国の研究所から分けてもらった」と証言しているので、異星人が持っていた元素という理屈もありえない。

またラザーによれば、UFOは、前方に重力場を発生させることで自分自身を引っ張って飛んでいるとしている。しかしこれでは、自分の靴ひもをいくら引っ張っても宙に浮かないのと同じ理屈で浮かぶことすらできない。

ラザーが主張する自らの学歴も誰も裏が取れていない。マサチューセッツ工科大学（MIT）とカリフォルニア工科大学（カルテク）で修士号を取ったと主張しているが、誰が調べてもそんな記録はまったく残っていない。

一部ではラザーに関する全ての記録を政府が消した、という陰謀説も囁かれている。だが、政府の闇の勢力は、インク消しのホワイトを持って、全卒業生の卒業アルバムからラザーの名前だけを、いちいち消して回るほど暇とも思えない。

ロバート・ラザー

UFO研究家のスタントン・フリードマンによると、ラザーはニューヨーク州のトレスパークラーク高校を卒業しているが、彼の成績は369人中261番だったという。下から3分の1では、天下のMITの入学はちょっと無理とフリードマンは言っている。またラザーはMITなどで学んだ恩師の教授の名前を二人挙げているが、そのどちらもMITにもカルテクにもいなかったことも判明している。

エリア51がブームとなった後、ラザーがマスコミに顔をだす事はほとんどなくなったが、2006年にロシアの元スパイがポロニウムを使って暗殺されたという事件が起きた際に、この核物質が通販で買える会社の社長としてラザーが取り上げられていた。また、NHKで2016年8月に放映された「幻解！ 超常ファイル　アメリカUFO神話パート2」にも出演していたが、「もうほっといて下さい」と言っていた。

（皆神龍太郎）

※写真は英語版ウィキペディアより。

■日本のＵＦＯ関連人物

荒井欣一

（あらいきんいち、１９２３〜２００２）

「日本空飛ぶ円盤研究会」会長、ＵＦＯライブラリー館長。日本のＵＦＯ研究のパイオニアの一人。

１９２３年、質屋を営む父良之介、母光子の長男として東京五反田に生まれる。生家は比較的裕福で、少年時から天体に関心があり、幼い頃は天文、気象学者になりたかったという。

長じて青山学院高等部に入学するが学徒動員で陸軍に入隊。終戦時には山口県下関市小月で機上レーダーの装備に従事していた。終戦後少尉で除隊し、復員後世田谷区上馬に疎開、男手の少ない地元で便利屋のようなことをしていたが、偶然知り合った元日本橋区長の推薦で昭和21年2月、無試験で大蔵省に入省、印刷局に勤務した。

１９４７年、アーノルド事件について知り、ＵＦＯに関心を持つ。１９５０年6月には、大蔵省を辞めて五反田駅前のデパートの一角で古書店を開業する。開業に際しては個人の蔵書約１０００冊に一般向けのものを数百冊買い足したという。当時は同時に貸本業も行い、商売は比較的順調で、一時は3軒の店舗を経営していた。

１９５４年、日本でデスモンド・レスリー、ジョージ・アダムスキーの共著『空飛ぶ円盤実見記』がベストセラーになったことが契機となり、翌年「日本空飛ぶ円盤研究会」を設立、会長となる。

「日本空飛ぶ円盤研究会」は日本最初の民間ＵＦＯ研究団体として高梨純一や斎藤守弘、三島由紀夫など研究家のみならず各界の名士も参加し、機関誌『宇宙機』の発行、ＵＦＯ観測会の実施、「宇宙平和宣言」や「それでも円盤は飛ぶ」の発出など活発な活動を行い、最終的に７７０名ほどの会員を擁するが、１９６０年、資金難や荒井自身の体調悪化などから活動を停止する。その後、荒井は書店経営を家族にまかせて写真印刷会社などに勤務し、一時は特撮やアニメ制作のピー・プロダクションにも庶務課長として席を置いていた。

しかし1965年、SF作家で「日本空飛ぶ円盤研究会」会員でもあった柴野拓美と偶然出会ったことから、平田留三が設立した「日本UFO研究会（JUFORA）」の機関誌『JUFORA』に記事を執筆する形で活動を再開、72年にはUFO25周年を記念し、「日本空飛ぶ円盤研究会」の名で品川の公会堂でUFO講演会を実施した。以後も『1977UFO年鑑』の出版、日本各地の研究家や研究団体の名簿作成など、「日本空飛ぶ円盤研究会」の名で活動を行うが、内実は荒井の個人的活動であった。

1979年には、自宅を5階建てのビル「光星ビル」に改築し、同年9月30日、その一室に日本初のUFOライブラリーを開館、一般にも公開した。

しかし1998年末、光星ビルのエリアが再開発の対象区域となり、UFOライブラリーも閉鎖された。資料の大半は福島のUFO研究家、木下次男の仲介で福島市飯野町のUFOふれあい館に寄贈された。

（羽仁礼）

久保田八郎

（くぼたはちろう、1924～1999）

日本のUFO研究家。「日本GAP（305ページ）」を主宰。「宇宙友好協会（CBA）」共同創設者でもあった。

島根県益田市に生まれる。慶応大学卒業後郷里で英語教師をしていたが、1954年、デスモンド・レスリーとジョージ・アダムスキーの共著『空飛ぶ円盤実見記』を読んで感銘を受け、アダムスキーと文通を開始した。1957年にはアダムスキーの『空飛ぶ円盤同乗記』及びトルーマン・ベサラム『空飛ぶ円盤と宇宙』を翻訳出版し（いずれも高文社）、同年の「宇宙友好協会（CBA）」創設にも参加した。この頃、日本人コンタクティーの1人とされる堀田建城別《たてきわけ》とも接触を持っている。

CBAでは理事を務める一方、機関誌『空飛ぶ円盤ニュース』にアダムスキーの動向や海外のコンタクティー情報を数多く掲載、CBAから出版された『精神感応』、「チベット上空の円盤」(『われわれは円盤に乗った　3つの驚異的コンタクト』に収録)の翻訳も行った。

1960年の「リンゴ送れシー」事件後、一時CBA代表となるが、翌年代表に復帰した松村雄亮の下でCBAがアダムスキーに対し批判的になると脱会し、アダムスキーの要請により1961年に「日本GAP」を設立した。

1969年には教師を辞して上京、外資系企業に勤める一方、「日本GAP」の活動を主導した。会社勤めを辞めた後1973年にコズモ出版社(後のユニバース出版社)を設立し、雑誌『コズモ』(後の『UFOと宇宙』)の編集長として刊行を始める。会社設立にあたっては、アメリカで実業家として成功していた遠矢直輝がアダムスキー信奉者であったことから、その資金援助を受けたということである。

『UFOと宇宙』の編集方針を巡る意見の相違から、1978年に久保田は退陣するが、その後も機関誌『GAPニューズレター』の編集をほぼ一人で行うなど「日本GAP」の活動を主導し、世界各地のアダムスキー信奉者と交流を持ちつつアダムスキーの「宇宙哲学」や彼の体験の普及に努め、また超常現象研究家としても活躍した。

1999年10月20日、満75歳で心不全にて他界。「日本GAP」は最盛期には公称2000人の会員を擁したとされるが、久保田が死去した1999年末に解散した。

アダムスキーの著書や書簡類の訳書を『アダムスキー全集』(文久書林)、『新アダムスキー全集』(中央アート出版社)として出版した。著書としては他に『UFO・遭遇と真実[日本編]』『UFOと異星人の真相』(いずれも中央アート出版社)などがあり、星香留菜名で『世界の未確認動物』(学習研究社)がある。

(羽仁礼)

志水一夫
(しみづかづを　1954〜2009)

超常現象ライター。日本宇宙現象研究会広報局長。

と学会運営員。慶応大学文学部史学科卒。

高校時代から超能力やＵＦＯの研究をはじめ、名著と言われた『ＵＦＯの嘘』（１９９０年）、『大予言の嘘』（１９９２年）といった超常現象関係の著作のほか、『セーラームーンの秘密』（１９９３年）など、遅筆と言われながらも、アニメ・ＳＦ系の雑誌記事も多く執筆した。

レイキや飲尿療法といったオカルトなものを信じていた反面、単純な肯定・否定の立場に立たず、日本の超常現象の研究に懐疑的な立場を最も早く持ち込んだ一人といえる。

２００９年７月３日にスキルス癌のため死亡。4万３０００冊近くあった自宅に溢れていた蔵書は、本人が散逸することを強く嫌っていたため、全て明治大学が新設する「東京国際マンガ図書館」へ寄贈された。この図書館は「２０１4年度完成予定」だったが未だ建つ気配を見せておらず、大学のホームページの更新も止まったままとなっている。


（皆神龍太郎）

高梨純一
（たかなしじゅんいち　１９２３〜１９９７）


日本のＵＦＯ研究のパイオニアの一人。東京の荒井欣一氏に遅れること一年、１９５６年11月に大阪で「近代宇宙旅行協会」（「日本ＵＦＯ科学協会」の前身）を設立し、会誌「空飛ぶ円盤情報」を実質一人で発行し続けた。著書に『空飛ぶ円盤騒ぎの発端』（１９７４年）『空飛ぶ円盤の空中修繕』（１９６５年、近代宇宙旅行協会発行）など。高校の英語の教師をしていたこともあって英語に堪能で、海外のＵＦＯ情報に詳しかった。

宇宙人の乗り物が地球に来ているとは信じていたものの、ＵＦＯの科学研究を自認していたため、アダムスキーなどコンタクティー派と論争を繰り広げた。すでにインチキと判明しているＵＦＯ事件を、さも本物であるかのように流すテレビ番組も許さず、矢追純一ＵＦＯ特番が放送されるごとに抗議文を送りつけていたことでも有名。本業は、大阪・上本町にあるビルの一階でスパンコールを専門に扱う個人貿易商を営んでいた。生前「私の本職は貿易商で、天職はUFO研究です」と語っていた。

新大阪新聞に「UFOミステリーの核心」という連載を1992年から行っていたが、1993年2月25日に第340話で未完のまま終わっている。

（皆神龍太郎）

並木伸一郎

（なみきしんいちろう　1947〜）


超常現象研究家。東京生まれ。早稲田大学社会学部卒。電電公社（現・NTT）に勤めたのち退職。1973年に設立された「宇宙現象研究会」（JSPS）では会長を務める。

介良事件や甲府事件をはじめ、日本で起きた奇妙な事件を現地まで赴いて精力的に調査。JSPSの会誌では、そうした事件の貴重な調査記事が、会員の報告と共に掲載されている。

また、1978年に出版された『UFOはホントにUFOか：誰も書けなかったUFOの真相』（郷・出版部）では、仁頃事件をはじめとするUFO事件などを取り上げ、切れ味鋭い良質な検証を行っている。

80年代以降は学研の老舗オカルト雑誌『ムー』のメインライターを務める。オカルト作家としては批判を浴びることもあるが、話を創作したり、プロレスやエンタメだと言い訳するようなことはしない。

また、表面的なオカルト作家の顔とは別に、海外情報に非常に精通したフォーティアン（奇現象愛好家）としての顔も持ち、UFOについても造詣が深い。おそらく現在、日本で最もUFOについて詳しい人物。

普段、あまり見せない顔を見られるものとしては、『ミステリー・フォトニクル』（デジタル・ウルトラ・プロジェクト）に収録されている「ある円盤少年についてのまじめな話」という記事がある。

これは、かつてのUFOブームの時代に起きた並木氏とある少年との秘話を記した名文である。未読の方にはぜひ一読をお勧めしたい。

なお余談ながら、並木氏は野球が好きで、早稲田大学在学中の1966年には、東京六大学準硬式野球リーグにおいて首位打者を獲得している。

（本城達也）

韮澤潤一郎

（にらさわじゅんいちろう　1945年〜）

新潟県生まれ。たま出版代表取締役社長。UFO研究家。UFOを研究するきっかけは、1954年、小学校3年生の夏休みに初めてUFOを目撃したとき。以来、UFOに興味を持ち、ジョージ・アダムスキーの『空飛ぶ円盤実見記』や『空飛ぶ円盤同乗記』をはじめとするUFO本を読み込み、自宅の屋根に観測台をつくって観測会を開くなどした。

中学から高校にかけては、自ら『未確認飛行物体実見記録』と題した研究ファイルを作成。写真つきで詳しい観測結果を残している。

法政大学に入学後は、授業内容に物足りなくなり、数々の宗教団体や精神修行組織を渡り歩く。大学卒業後は現在のたま出版に入社。当時、社長の瓜谷侑広氏と2人だけという状態からのスタートで経済的には苦しかったため、日本テレビの矢追純一氏が担当していた深夜番組「11PM」などで資料提供するなどして生活を支えた。

1976年には、それまで入っていた日本GAPを路線の違いから脱退し、「UFO教育グループ」を設立。機関誌『UFO教室』を刊行した（現在は共に休止中）。1980年代になると『第3の選択』をはじめとするベストセラー本を次々に刊行。たま出版専務取締役、出版局統括編集長、文芸社代表取締役などを経て、2000年にたま出版代表取締役に就任した。

テレビでは80年代末に深夜討論番組「プレステージ」で早稲田大学の大槻義彦教授と論戦を繰り広げ、以降も現在まで「たけしの超常現象㊙Xファイル」で論戦を続けている。

そうした番組の中では肯定派として出演しているため、UFOというと何でも肯定してしまう印象を持たれるが、実際は目撃事例のうち、本物は10〜15%くらいで、あとは誤認か錯覚がほとんどだと、大槻教授との対談の中では冷静な認識も述べている。

巷の噂によれば、大槻教授と実は仲が良いのではないかとも言われるが、実際の接点はテレビ局のスタジオに限られるという。また、2人で一緒に飲みに行ったこともないという。

なお、思い入れの深いアダムスキー事件に関するUFO史での位置づけは、最後のUFO事件だとしている。その独特のUFO観は簡単には理解しづらいところがあるものの、良い意味で筋金入りのUFOマニアであり、UFO研究家としても独自の道を歩み続けている。

（本城達也）

松村雄亮

（まつむらゆうすけ、1929〜？）

日本のUFO研究家。「空飛ぶ円盤研究グループ」及び「宇宙友好協会（略称CBA、後に「CBAインターナショナル」と改称）」代表で、自称コンタクティー。イギリスのUFO誌『フライング・ソーサー・レヴュー』など海外誌の通信員も務めた。

1929年、横浜に生まれる。小学校時代に満州に渡り、16歳で満州航空の乗員訓練養成所に入所したがそこで終戦を迎え、一旦シベリアに抑留された後1946年に帰国した。

父信雄が戦後スイスに拠点を置く航空雑誌『インタラヴィア』（現在は廃刊）の日本代表を務め、雄亮もその地位を引き継いだことから、海外の情報を通じてUFOに関心を持った。

1956年には、「空飛ぶ円盤研究グループ」を率いていたが、荒井欽一が主催する「日本空飛ぶ円盤研究会」とは、機関誌『宇宙機』に記事を執筆するなど協力関係を維持し、57年1月に松村が撮影したUFO写真については、「近代宇宙旅行協会」の高梨純一も肯定的な評価を下していた。

1957年には「宇宙友好協会」設立に参加し、「空飛ぶ円盤研究グループ」は発展的に解消、機関誌『空飛ぶ円盤ニュース』発刊にあたっては編集人兼発行人を務める。

1959年、松村が翻訳したスタンフォード兄弟の『地軸は傾く』に記された大異変への対応を巡り、CBA指導部が議論を重ねる中、松村は7月に自ら宇宙人とコンタクトし、さらには円盤に乗って宇宙人の長老とも会見したと主張するようになった。こうしたCBA側の動きはマスコミにも知られることとなり（リンゴ送れシー事件）、CBA以外のUFO研究団体・研究家との関係も決定的に悪化した。

事件後、松村は一旦役員を退くが、翌年には代表に復帰する。松村主導となったCBAは、ジョージ・アダムスキー批判を開始、同時にジョージ・ハント・ウィリアムソン（1926～1986、50年代に多数現れた自称コンタクティーの一人）を日本に招聘、以後古代の日本に到来した宇宙人の痕跡を探る、いわゆる宇宙考古学（古代宇宙飛行士説）に基づいた活動に傾斜する。

この時期、松村は会員からカリスマ的に崇拝され、CBA内部では「サーティーン様」あるいは「種子」とも呼ばれていた。

一方、アイヌの文化神オキクルミをはじめ、大和朝廷による統一以前に各地の古代日本人が崇拝した神や文化英雄を宇宙人とする見解が宗教団体「生長の家」との対立を招き（生長の家事件）、熊本のチプサン遺跡に無断でアーチなどの建造物を設置したことが熊本県教育委員会より批判を受ける（チプサン遺跡事件）などで世間の耳目を集めた。

こうした活動の頂点が北海道ハヨピラにおけるピラミッドの建設で、1966年6月の太陽ピラミッド完成時には、イギリスのUFO研究家ブリンズリー・ル・ポア・トレンチ（1911～1995。イギリスのUFO研究家で上院議員。第8代クランカーティ伯爵でもある）も招いて盛大な落成式が行われた。1970年6月24日には、ハヨピラでオキクルミカムイ祭1200年式典が行われたが、この直後松村は消息を絶った。

松村の行方は他のCBA関係者も詳しく承知していないが、ある証言によれば2000年頃、京都の小さなキリスト教団体に身を寄せて亡くなったという。

（羽仁礼）

南山宏

（みなみやまひろし　1936〜）

超常現象研究家。翻訳家。東京外国語大学ドイツ語学科時代にSFにハマり、早川書房へ入社。当時、SFをやるとつぶれるというジンクスがあったが、それをはねのけ、『SFマガジン』の2代目編集長として数々のSF作品を世に送り出した。

超常現象に興味を持ったきっかけはSF同人誌『宇宙塵』。同誌の関係者が日本空飛ぶ円盤研究会に参加していたことから、UFOを入口に興味を持っていったという。

1960年代から70年代にかけては、『少年マガジン』をはじめとした少年誌などで、定期的にオカルト特集記事を執筆。早川書房を退社してフリーに転身後も、精力的に活動を続け、UFO本をはじめとする数多くの著書や翻訳本を出版した。英語が堪能で、翻訳した本では、訳者あとがきが非常に詳しい解説記事になっているのが特徴。

海外の超常現象研究家とも交流が深く、10以上の研究団体に所属。イギリスの老舗オカルト雑誌『フォーティアン・タイムズ』の特別通信員も務める。また日本のオカルト雑誌『ムー』にも創刊当時から関わり、現在も同誌の顧問を務めながら、記事を執筆している。

日本ですっかり定着した「UMA」（謎の未確認動物）という用語の考案者でもあり、超常現象全般に造詣が深い。

かつては矢追純一氏のUFO番組などで情報提供を行ったり、自ら出演したりすることもあったが、現在は見世物的になることを嫌い、テレビの出演依頼は断っている。

（本城達也）

矢追純一

（やおいじゅんいち　1935〜）

TV番組ディレクター。1935年、満州新京生まれ。1960年、日本テレビ入社。

UFOを特集した番組を手がけ、80年代から90年代の日本におけるUFO文化を、事実上牽引した立役者の一人である。

まだTV黎明期の日本テレビに入社後、様々な番組の現場を転々としたが、なかなか自分に合う番組に出会えず腐っていたところ、深夜の情報番組「11PM」が始まると聞き、プロデューサーに頼んで参加させてもらう。当時の深夜番組はメジャーな存在ではなく、スポンサーもあまりつかなかったが、逆に自由に番組を作っても文句を言われにくい土壌があった。

もともと矢追氏はUFOに興味があったわけではなかったが、日本人が脇目も振らずに働いて心に余裕も持てない現状を憂い、ふと立ち止まって空を見ることができるような番組を作りたいと考え、当時ブームでもあった「UFO」という、空を見たくなる素材で番組を作り始めたと本人は語っている。UFOの他にもユリ・ゲラーやネッシーなど、キワモノと言える題材でいくつも番組を制作している。

11PMのUFO特集が好評だったことから、やがてUFO単体のスペシャル番組を手がけるようになる。それが代表作とも言える「矢追純一UFO現地取材」シリーズである。

機動性を重視した少人数の取材班で実際に現地取材を行い、目撃者などの当事者にインタビューを敢行する行動力、スピード感のある編集、番組の合間合間に挟まれる特撮のUFO映像となぜか「ピギー！」と鳴く宇宙人のアップ、何より冒頭の「ちゃらら〜ちゃらららら〜♪」というテーマ曲は当時のUFO大好き少年たちに強烈な印象を残している。

ただし、UFOの情報番組としては批判もあり、単なる軍用機メーカーの試験設備をUFOの秘密実験が行われる基地であるかのように紹介するなど、正確性よりも面白さを優先している印象は否めない。この姿勢はUFOに批判的な研究家だけでなく、エイリアンクラフトの実在を信じている研究家からも問題視されていた。

現在はフリーのディレクター、著作の執筆の傍ら、オカルトや精神世界をテーマにした「宇宙塾」というセミナーを主催している。

（横山雅司）

【巻末付録】

UFO用語集

お馴染みのものから少々マニアックなものまで、研究書や関連本に頻出するUFO用語をまとめた。意味をしっかり覚えているか、確認してみよう。

■IFO（アイフォー）

「確認済飛行物体」」（Identified Flying Objects）の略称。UFO（未確認飛行物体）に対置するものとして1960年代にJ・アレン・ハイネック博士が使用した言葉。UFOとして報告されながらも、その後の調査の結果、鳥や飛行機などの既知の物体と判明した飛行物体を指す。国を問わず、UFO報告の調査をしてきた団体は調査が熟練するにつれ、総じて正体を特定できる頻度が高まり、経験則として、UFO報告の80%～95%程度がIFOになるとされる。ハイネックは、UFO報告のうち、IFO及び幻覚、でっち上げを除いたものが、真のUFOとして研究対象になるという立場を採用した。

■アブダクティー

UFOに誘拐（アブダクション）されたという人。

■APRO（アプロ）

1952年1月、ロレンゼン夫妻が、UFOに関心を持つ有志を集めて設立した世界初の民間UFO研究団体。「空中現象研究団体」（Aerial Phenomena Research Organization」）の略称。UFOは客観的で科学的な研究の対象となりうる重要な課題との理念のもと、現地調査など、科学的なUFO研究を旨としていた。当初はウィスコンシン州に本拠を有していたが、夫妻の転居に伴い、アリゾナ州ツーソンに本部を移し、71年以降、UFOシンポジウムを開催するなど活発な活動を行ってきた。しかし87年にジム・ロレンゼンが、88年にコーラル・ロレンゼンが亡くなったことから活動を停止。貴重な資料はMUFONに引き継がれた。

■EM効果（イーエムこうか）

UFOが接近した時などに周囲の事物、人間、動物、機械などが被る影響を総称する言葉。「Elecro Magnetic effects」の略称で、電磁効果とも呼ばれる。

■異星人

本来は地球以外の天体に住む知的生命体のことであるが、UFOとの関連では地球外起源説を前提にUFO搭乗員を指して用いられることが多い。「宇宙人」という語もほぼ同義。他に英語の「エイリアン」や「ET（Extraterrestrial）」「スカイ・ピープル」、「EBE」（Extraterrestrial Biological Entitie）などという言葉を用いる研究者もいる。50年代に現れたコンタクティーの多くは、友好的な異星人を「スペース・ブラザーズ」（宇宙の兄弟たち）と呼んだ。

■インプラント

エイリアン・アブダクションの際、UF

O搭乗員によって体内に何らかの物体を強制的に埋め込まれること。このような物体を埋め込まれたと主張する人物を「インプランティー」と呼ぶ。エイリアン・アブダクションにおいては、体内に細い針のようなものを差し込まれたとする事例が多くあり、この針の先端に小さな球のようなものがついていたが、針が抜かれたときに消えていたとの証言もある。物体を埋め込む目的については、インプランティーの所在位置確認、思考や感情や視覚・聴覚情報のモニター、人間のコントロールなど諸説ある。実際にインプランティーの体内から何らかの物体が発見された事例もあるが、それらはガラス片や金属片、衣服の繊維が人体起源脂肪や垢などで固まったものなど単純なもので、少なくとも地球外起源と証明されるようなものは見つかっていない。

■ウェーブ

特定の期間、特定の地域で一時的にUFO目撃報告が増加する現象のこと。一定期間報告数が増加した後は通常のレベルに戻る。同様の現象を示す言葉に「フラップ」や「コンセントレーション」がある。本来「コンセントレーション」はマスコミ報道や群集心理による偏向を除いたものを指し、「フラップ」はより限定された地域における目撃増加を指したが、現在ではあまり区別されずにウェーブと同様の意味で用いられている。

■MIB（エム・アイ・ビー）

「メン・イン・ブラック（Men In Black）」の略称。「黒服の男達」と訳される。UFO研究家や目撃者に対し、その研究成果や目撃談を公表しないよう求める黒ずくめの格好をした男達。1953年に「国際空飛ぶ円盤事務所」を主催していたアルバート・ベンダーが3人の謎の男の訪問を受け、研究を中止するよう圧力をかけられたのが最初といわれるが、47年のモーリー島事件の際、事件の当事者ハロルド・ダールが、黒服の男が自分の目撃を誰にも話さないよう警告したというストーリーを語っている。MIBという略称はジョン・キールが使用しはじめた。

■エンジェルズ・ヘア

「天使の髪」の意味。UFOが飛行した後に降ってくる、白や銀の細い繊維状の物質。1950年代にアメリカのKLCAラジオのUFO番組で、元陸軍中佐のジェームス・C・マクナマラが、クリスマスツリーの飾りつけに使うガラス繊維の糸に似ているとして命名し、定着した。これに似た物質の報告は古くから世界各地にあり、日本では「雪迎え」、英語では「ゴッサマー（Gossamer）」と呼ばれ、上昇気流を利用して移動する蜘蛛が吐いた糸として知られている。蜘蛛の中には太平洋を横断する種もおり、地上から視認できるほどのサイズの巣を広げることがある。エンジェルズ・ヘアの多くはこれが原因と推測されている。確実に蜘蛛の巣とは異なる報告では、1952年のフランスの事例が最も古い。このときは円筒状の物体と黄色い輪を持った赤い球体の群れが上空を通過した後に、もつれた毛糸やナイロンのような物質が大量に降下し、しばらくするとゼラチン状になってから蒸発して消えたと報告されている。分析に成功した例では、1954年のイタリア、フィレンツェの事例がある。フィレンツェ大学の化学分析研究所が分析した結果、耐久力に優れるが熱に弱く、温まると、ホウ素、ケイ素、マグネシウムを含む沈殿物を残して蒸発してしまう繊維質の物体とされ、ホウ素シリコンガラスの可能性が指摘された。しかし、それ以上のことは分かっていない。

■OVNI（オブニ）

フランス語とスペイン語でUFOのこと。フランス語では「Objet volant non identifié」、スペイン語では「Objeto volante no identificado」の略で、どちらも意味は未確認飛行物体。

■奇妙度と可能度

J・アレン・ハイネックが考案した指標。あるUFO事件において、その報告内容がどれほど風変わりかを10段階の「奇妙度」（ストレンジネス・レーティング）で表す。一方で、信頼性の高低などをもとに、どれほどあり得そうかを10段階の「可能度」（プロパビリティ・レーティング）でも表す。理想は双方ともに10だが、残念ながら現実にはそういった事例が見つかっていない。ハイネックは目撃者が単独の場合は可能度を3以上につけないとした。なお、奇妙度は英語の頭文字をとって「S」、可能度は同じく「P」でも表すことがある。

■キャトル・ミューティレーション

家畜、特に牛（キャトル）の奇怪な殺害事件のこと（ミューティレーションには切断、損傷などの意味がある）。「アニマル・ミューティレーション」ともいう。家畜の奇妙な死亡事例については、チャールズ・フォートが19世紀末から20世紀初頭の事例を収集しており、1897年には、カンザス州に現れた幽霊飛行船が牝牛をロープで吊り上げたとの報道もあった（現在ではこの記事は捏造であったと判明）。1973年以降になるとミネソタ、ウィスコンシン、カンザス、ネブラスカ、アイオワなど広範囲からキャトル・ミューティレーションの報告が寄せられるようになった。こうした家畜の死骸は血液が全部抜き取られていたり、内臓、生殖器などが失われていたり、目や性器の切り口はレーザーやメスを用いたかのようにきれいにえぐられていたりする。元FBI捜査官のケネス・ロメル・ジュニアは、多数の被害報告があったにもかかわらず、年間の牛の死亡件数に変化がなかったことを指摘。さらに牛の死体を実際に放置して実験すると、血は流れ去り、鳥や動物の噛み口がキャトル・ミューティレーションによるものと同様であると述べ、キャトル・ミューティレーションそのものを否定している。

■グレイ

UFOに搭乗して地球を訪れている異星人の一種。身長は1〜1.2メートル。頭が大きく無毛、目は一重でつり上がり、鼻は穴が2つ空いているだけで唇はなく、手は長く指は4本。皮膚の色は灰色っぽいものが多いことからこう呼ばれる。この形態の異星人が頻繁に目撃されるようになるのは1961年のヒル夫妻事件以降であり、現在ではUFO搭乗員目撃例の多数を占める。なお大型で鼻の大きな「ラージノーズ・グレイ」に対して「リトル・グレイ」と分類されることもある。

■ゴースト・ロケット

「幽霊ロケット」とも呼ばれる。1946年頃、北欧諸国上空を飛び回った魚雷型の謎の飛行物体のこと。実際にはロケット型よりも火の玉のような形の報告例が多いが、急上昇や急降下、急激な方向転換など、隕石等に見られない飛行パターンが見られた。公式には1946年2月、フィンランドの極地域で異常な隕石活動が報告されたのが最初の報告とされる。その後、スウェーデン、デンマーク、ノルウェー、スペイン、ギリシャ、ポルトガルとヨーロッパ全土で目撃されるようになり、同年9月にはインドのカシミールでも目撃された。ソ連のミサイル実験の可能性を疑ったスウェーデン政府は、7月10日にゴースト・ロケットに関する特別調査委員会を組織して調査に当たったが、夏から秋になるに連れ、目撃報告は次第に減少。10月10日に公表された調査結果によれば、目撃報告のうち80%は自然現象の誤認であったが、20%は断定できなかったという。その後、47年と48年にもスカンジナビア半島上空でゴースト・ロケットが目撃されている。

■コンタクティー

UFO搭乗員と友好的な接触（コンタクト）を行ったと主張する人物のこと。

■GEIPAN（ジェイパン）

フランス国立宇宙研究センターに所属するUFO研究機関。本部はトゥールーズ。研究に際しては何らかの「物体」という先入観を排除するため、UFO（未確認飛行物体）という用語は使用しない。代わりに用いるのは「PAN」（パン）という用語で、未確認空中現象を指す。同機関ではこのPANに関する情報を収集、分析、保管し、大衆に知らせることを使命としている。2007年より民間から未確認空中現象ファイルにアクセスできるサービスを開始。2007年から2016年にかけて調べられた約2600件の事例のうち、未解明は9%（234件）だったとしている。なお名称については、1977年に設立された当時は「GEPAN」で、その後1988年に「SEPRA」となり、2005年には現在の「GEIPAN」になった。

■GAP（ジー・エー・ピー）

「Get Acquainted Program」の略称で、ジョージ・アダムスキーが異星人からの提案ではじめた活動。「知らせる運動」と訳されている。世界各地に活動団体があり、日本にも久保田八郎がはじめた日本GAPがあった。

■GSW（ジー・エス・ダブリュー）

1957年に創設されたアメリカのUFO研究団体。「Ground Saucer Watch」の略称で、「円盤地上監視機構」とも訳される。会長のウィリアム・スポルディングが開発したUFO写真やビデオをコンピューターで解析するシステムが有名で、1974年にはUFOは地球外起源のものであると認定。その目的と起源を探る旨の声明を発した。さらに1977年にはCIAを相手取ってUFO裁判を起こし、CIAが所有していた関連文書を公開させた。

■Sec（AS）2a（セク・エーエス・ツーエー）

イギリス国防省にあったUFO調査部門。「Secretariat（Air Staff）2a」の略称。事務局（空軍スタッフ）くらいの意味。設置は1950年。当時、国防省のチーフ科学アドバイザーを務めていたヘンリー・ティザードが、新聞を賑わせていたUFO目撃報道に興味を持ち、UFOの科学的研究の必要性を提言したことが設置のきっかけ（当時の名称は「空飛ぶ円盤ワーキング・パーティー」）。後年、年間の経費は約675万円になっていたが、それに見合う成果を出していないとして、2009年12月に閉鎖された。1968年以降は、UFO担当室書記官が1名か2名置かれるのみで、別の仕事との掛け持ち状態だったという。同部門出身者として有名なのは、現在、UFO研究家として海外メディアで活動しているニック・ポープ。91年から94年まで担当だった。

■接近遭遇

UFOとの近距離での遭遇のことで、ハイネックが命名。接近遭遇には三種類あり、第一種接近遭遇は150メートル以内の至近距離でのUFO目撃を指す。第二種接近遭遇はUFOの目撃に伴い、車のエンジンがストップしたり着陸痕が地面に残るなど物理的影響が確認されるものをいう。第三種接近遭遇はUFOの搭乗員が目撃されるケース。コンタクトやエイリアン・アブダクションも本来は第三種接近遭遇に分類されるが、これらについて第四種接近遭遇、あるいは第五種接近遭遇などとする研究家もいる。

■空飛ぶ円盤

1947年6月24日に起きたケネス・アーノルド事件をきっかけにして広まった言葉。英語では「フライング・ソーサー」、または「フライング・ディスク」。最初にこの言葉が使われたのは、ウィリアム・ベケット記者による1947年6月25日付けの『イースト・オレゴニアン』紙の記事だとされていたが、実際は「ソーサーのような」という形容しかされていなかった。現在「フライング・ソーサー」の初出は翌6月26日付けの他紙の無署名記事ではないかと考えられている。なお「ソーサー」（皿）という形容自体の初出となると、1878年1月25日までさかのぼる。このときは農夫のジョン・マーティンが『デニソン・デイリー・ニュース』紙に対し、自身がテキサス州で目撃した飛行物体について、「大きな皿ほどのサイズ」だったと述べている。

■地球外起源説

英語では「ETH（Extraterrestrial hypothesis の略）」とも表記され、直訳すれば「地球外仮説」となる。UFOを異星人の乗り物だとする説。用語としての初出は不明だが、60年代からUFO関連の出版物に散見されるようになり、コンドン・レポートでも用語として定義されるなど、広く使われるようになった。

■NICAP（ナイキャップ）
アメリカの民間UFO研究団体。「National Investigations Committee on Aerial Phenomena」の略称で「全米空中現象調査委員会」と訳される。1956年10月、アメリカ海軍の物理学者トーマス・T・ブラウンやクララ・L・ジョンらが設立。1957年にドナルド・キーホーが会長となってからは組織が整備された。会員にはCIAや軍関係者も何人かおり、68年にはコロラド大学UFOプロジェクトにも協力。最盛期は1万5000人の会員を擁したが、その後会員数は減少。69年には内紛からキーホーが追放され、NICAP自体も80年に最後の会報を発行後、解散した。ただし、その後、支持者がホームページを開設している。

■ナットとボルト
UFOはナットとボルトでできているような実体のある物理的な存在とする説。

■ノルディック
北欧系の外見をしたUFO搭乗者のこと。いわゆる金髪の白人タイプ。

■ヒューマノイド
二足歩行する人間のような外見をしたUFO搭乗者のこと。

■フー・ファイター
第二次世界大戦末期に目撃された謎の飛行物体。様々な大きさの光の玉で2個以上の集団で現れる。多くの場合、直径1メートルくらいの発光体で戦闘機にまとわりつき、エンジンの点火装置に異常をきたすことが多い。攻撃すると当時の航空技術では考えられないスピードで飛び去ったという。たいていは飛行機の外側で目撃されるが、機内に入ってきて胴体部分をゆっくり動いていたという報告もある。名称の由来は、アメリカの人気漫画『スモーキー・ストーバー』に出てくる「フーあるところ、ファイア（炎）あり」というセリフをもじったもの。フー（fue）とはフランス語で火の意味。

■フォース・フィールド
UFOの周囲を取り囲んでいるとされる保護バリアーのようなもの。UFOの写真がボケていた場合、このフォース・フィールドの影響とされることがある。

■緑の小人
異星人のこと。「リトル・グリーン・メン」とも呼ばれる。かつてアメリカの雑誌等で、緑色の肌をした異星人が登場したことなどから、異星人の代名詞として使われるようになった。実際の目撃報告では、緑色の肌をした異星人の描写というのは、かなり少ないとされている。

■MUFON（ムーフォン）
アメリカの民間UFO研究団体。「Mutual UFO Network」の略称で「相互UFOネットワーク」と訳される。1969年5月31日に設立されたミッド・ウェストUFOネットワークが1973年6月17日に改名したもの。UFO問題の科学的解決を目指しているとされるが、発表される研究内容は、まともなものからおかしなものまで幅広く、実際は玉石混交。

■幽霊飛行船

1896年11月から1897年にかけてアメリカ全土およびカナダで、その後スウェーデン、ノルウェー、ロシアで目撃され、1903年及び1913年にはイギリス各地でも集中的に目撃された謎の飛行船。別名「ファントム・エアシップ」、「ミステリー・エアシップ」。幽霊飛行船についてはウェブサイト「オカルト・クロニクル」のページが詳しい。(http://okakuro.org/phantom-airships/)

■UFO

未確認飛行物体の意味。「Unidentified Flying Object」の略称。1952年に「フライング・ソーサー」より広い意味を持つ言葉として、プロジェクト・ブルーブックの機関長だったエドワード・J・ルッペルトによって考案された。本来は正体不明の飛行物体を指したが、一般的には異星人の宇宙船と同じ意味で使われている。「UFO」の読み方については、ルッペルトは「ユーフォーと発音する」と書いていたが、アメリカでは「ユー・エフ・オー」という発音が一般的。

■ユーフォロジー

UFO学と訳される。UFOに学問を意味する「LOGY」を付けた造語で、UFOについての研究全般を指す。また、そうした研究をしている人を「ユーフォロジスト」とも呼ぶ。

■レプティリアン

人型爬虫類。異星人説の他、恐竜の生き残りが人型に進化したものともいわれる。別名レプトイド。爬虫類を意味する「レプタイル」という言葉からきている。

■ローパー調査

1991年7月から9月にかけて世論調査機関であるローパー機関が全米の5947人を対象に行ったエイリアン・アブダクションに関する調査。質問の内容はエイリアン・アブダクションの研究家ホプキンスとジェイコブスが500人のアブダクティーと協議して作成したもので、次のとおり。

(1)金縛りに遭ったり、他人や何者かの存在を室内に感じたりした経験がある。
(2)空を飛んでいる感覚を抱く。
(3)1時間以上の空白時間を経験する。
(4)異常な光や光球を室内に見る。
(5)朝起きたときに不明な傷跡がある。

この5つの項目のうち4つまで経験があればエイリアン・アブダクションに遭った可能性が高いとされた。このときの調査では、調査対象の2%にあたる119人が該当したことから、当時のアメリカ全土の人口1億8500万人にあてはめ、370万人がエイリアン・アブダクションされた可能性があるという結論になった。他方、金縛りや時間感覚の喪失、光の体験は変成意識状態下でしばしば経験されることであり、枕や布団の縫い目で睡眠中にかすり傷が生じる可能性があることなども指摘されている。

(羽仁礼、本城達也、若島利和)

【巻末付録】

UFO事件年表

これまで世界ではUFOに関連した様々な事件や出来事が起きてきた。UFO史を彩るそれらの事件や出来事のうち、主なものを年表にまとめた。

1896年

11月～翌年4月末 **【アメリカ】** 幽霊飛行船の目撃ウェーブ

1897年

4月17日 **【アメリカ】** オーロラ事件

1903年

【イギリス】 幽霊飛行船の目撃ウェーブ

1913年

【イギリス】 幽霊飛行船の目撃ウェーブ

1933年～1937年

【北欧】 幽霊飛行機の目撃ウェーブ

1942年

2月25日 **【アメリカ】** ロサンゼルスUFO空襲事件

1944年～1945年

【ドイツほか】 フー・ファイターの目撃ウェーブ

1946年

2月～ **【北欧】** ゴースト・ロケットの目撃ウェーブ

1947年

6月21日 **【アメリカ】** モーリー島事件（12ページ）

6月24日 **【アメリカ】** ケネス・アーノルド事件（18ページ）

7月4日 **【アメリカ】** ロズウェル事件。ウィリアム・ブレーゼルがフォスター牧場で残骸を回収（24ページ）。

7月23日 **【ブラジル】** ホセ・ヒギンズ事件

1948年

1月7日 **【アメリカ】** マンテル大尉事件（30ページ）

1月22日 **【アメリカ】**「プロジェクト・サイン」発足（70ページ）

3月 **【アメリカ】** アズテック事件（35ページ）

7月24日 **【アメリカ】** イースタン航空機事件（39ページ）

10月1日 **【アメリカ】** ゴーマン少尉事件（44ページ）

1949年

2月11日 **【アメリカ】**「プロジェクト・サイン」が「プロジェクト・グラッジ」に改称（70ページ）

12月23日 **【アメリカ】** ドナルド・キーホーが『トゥルー』誌にてUFO宇宙機説を発表

12月27日【アメリカ】「プロジェクト・グラッジ」閉鎖（70ページ）

1950年

3月15日【日本】中谷宇吉郎『霧退治：科学物語』（岩波書店）出版、日本初のUFOを扱った本。

3月29日【ドイツ】捕まった宇宙人写真（52ページ）

5月11日【アメリカ】マクミンビル事件

6月【アメリカ】ドナルド・キーホーの『空飛ぶ円盤は実在する』が出版。ベストセラーになる。

9月8日【アメリカ】フランク・スカリーの『空飛ぶ円盤の背後で』が出版。ベストセラーになる。

10月【イギリス】国防省内でUFO調査委員会「空飛ぶ円盤ワーキング・パーティー」発足

1951年

4月1日【日本】ジェラルド・ハード『ポピュラサイエンス緊急増刊　地球は狙われている』出版。UFOを扱った初の翻訳本。

6月【イギリス】「空飛ぶ円盤ワーキング・パーティー」が調査したUFO事例に対する否定的な報告書を提出。活動休止。

8月25日～9月【アメリカ】ラボック光事件

9月10日【アメリカ】フォート・モンマス事件

9月28日【アメリカ】映画『地球の静止する日』公開

10月27日【アメリカ】「プロジェクト・グラッジ」が再開（70ページ）

1952年

1月【アメリカ】UFO団体「APRO」発足

3月25日【アメリカ】「プロジェクト・グラッジ」が「プロジェクト・ブルーブック」に改称（70ページ）

8月5日【日本】羽田事件

7月19日、26日【アメリカ】ワシントンUFO侵略事件（59ページ）

9月12日【アメリカ】フラット・ウッズ・モンスター事件（65ページ）

11月20日【アメリカ】ジョージ・アダムスキーによる金星人との初コンタクト・ストーリー

【アメリカ】UFO目撃ウェーブ発生。プロジェクト・ブルーブックへ寄せられたUFO目撃報告が史上最多の1501件を記録。

1953年

1月14日～17日【アメリカ】ロバートソン査問会（76ページ）

【イギリス】国防省がUFO調査部門を設置し調査を再開

1954年

2月18日【イギリス】セドリック・アリンガムの火星人写真

11月1日【イタリア】チェンニーナ事件（80ページ）

【フランスほか】UFO目撃ウェーブ

【アメリカ】トルーマン・ベサラム、惑星クラリオンのエイリアンとのコン

タクトストーリーをもとにした『空飛ぶ円盤の秘密』を出版（241ページ）

1955年

7月1日【日本】UFO団体「日本空飛ぶ円盤研究会」（JFSA）発足

8月21日【アメリカ】ホプキンスビル事件（84ページ）

1956年

7月1日【アメリカ】映画『世紀の謎 空飛ぶ円盤地球を襲撃す』公開。ドナルド・キーホーの著書が原案。

10月24日【アメリカ】UFO団体「NICAP」発足

11月【日本】UFO団体「近代宇宙旅行協会」（MSFA）発足

11月7日【日本】映画『空飛ぶ円盤恐怖の襲撃』公開

1957年

10月16日【ブラジル】アントニオ・ボアスの宇宙人SEX事件

8月【日本】「宇宙友好協会」（CBA）発足（106ページ）

【アメリカほか】UFO目撃ウェーブ

1958年

1月16日【ブラジル】トリンダデ島事件（87ページ）

1959年

6月26日～28日【パプアニューギニア】ギル神父事件（91ページ）

10月9日【アメリカ】TVドラマ『ミステリー・ゾーン』放映開始

1960年

1月29日【日本】CBAの「地軸が傾く騒動」最初の報道（『産経新聞』、106ページ）

6月【日本】「日本空飛ぶ円盤研究会」休会

1961年

4月18日【アメリカ】イーグルリバー事件（102ページ）

9月19日、20日【アメリカ】ヒル夫妻誘拐事件（110ページ）

9月【日本】UFO団体「日本GAP」発足

1962年

【スペイン】ウンモ事件が始まる（116ページ）

10月20日【日本】三島由紀夫の小説『美しい星』出版

1963年

6月16日【アメリカ】ポール・ビラ写真

【イギリスほか】UFO目撃ウェーブ

1964年

2月8日【アメリカ】TVドラマ『アウター・リミッツ』放映開始

4月24日【アメリカ】ソコロ事件（120ページ）

5月23日【イギリス】カンバーランド・スペースマン写真

12月20日【日本】映画『三大怪獣 地球最大の決戦』公開。円盤を研究している「宇宙円盤クラブ」が登場する。

1965年

2月26日【アメリカ】ロドファー・フィルム

3月18日【日本】東亜航空機UFO遭

遇事件

4月23日【アメリカ】ジョージ・アダムスキー逝去

12月9日【アメリカ】ケックスバーグ事件

1966年

3月20日〜25日【アメリカ】沼地ガス事件

4月6日【オーストラリア】ウェストール事件

【アメリカ】UFO目撃ウェーブ

1967年

1月10日【アメリカ】TVドラマ『インベーダー』放映開始

9月4日【イギリス】ブロムリー円盤着陸事件（124ページ）

1968年

2月2日【ニュージーランド】エイモス・ミラー事件（130ページ）

7月29日【アメリカ】下院でUFOシンポジウム開催

1969年

1月9日【アメリカ】コンドン・レポート公表（126ページ）

2月25日【アメリカ】バーニー・ヒル逝去

12月17日【アメリカ】プロジェクト・ブルーブック閉鎖（70ページ）

1970年

9月16日【イギリス】TVドラマ『謎の円盤UFO』放映開始

1971年

6月13日【アメリカ】ジェームズ・E・マクドナルド逝去

1972年

3月12日【アメリカ】「ナショナル・インクワイアラー」誌がUFOの実在を証明できた者に5万ドルの賞金を出すと発表。

6月【日本】「日本空飛ぶ円盤研究会」活動再開

8月25日〜9月22日【日本】介良事件（138ページ）

1973年

1月15日【日本】UFO団体「日本宇宙現象研究会」（JSPS）発足

7月20日【日本】UFO専門誌『UFOと宇宙・コズモ』創刊

10月11日【アメリカ】パスカグーラ事件（146ページ）

12月13日【フランス】ラエルによるエロヒムとの初コンタクト・ストーリー

12月27日【日本】矢追純一演出による「木曜スペシャル」のUFO特番が初放送

1974年

3月27日【アメリカ】ベッツ・ボール事件（150ページ）

4月6日【日本】仁頃事件

4月【アメリカ】UFO団体「CUFOS」発足

9月3日【日本】宇宙人の首のすげかえ事件

1975年

1月28日【スイス】ビリー・マイヤーによるプレアデス星人との初コンタクタ

ト・ストーリー
2月23日【日本】甲府事件（153ページ）
10月20日【アメリカ】TVムービー「UFOとの遭遇」放映
11月5日【アメリカ】トラビス・ウォルトン事件（164ページ）

1976年

7月5日【アメリカ】プロジェクト・ブルーブックの資料公開
11月26日【フランス】セルジー・ポントワーズ事件（171ページ）
12月14日【アメリカ】ドナルド・メンゼル逝去

1977年

5月1日【フランス】UFO研究団体「GEPAN」（後の「GEIPAN」）発足
6月20日【イギリス】テレビドラマ「第3の選択」放送
8月15日【アメリカ】レイ・パーマー逝去

9月11日【アメリカ】UFO団体「GSW」の弁護士ピーター・ガーステンが、情報公開法にもとづき、CIAにUFO関連文書を公開するよう提訴。
11月16日【アメリカ】映画「未知との遭遇」公開

1978年

10月21日【オーストラリア】バレンティッチ事件（174ページ）
12月14日【アメリカ】「GSW」のピーター・ガーステンが裁判で勝利し、CIAから340のUFO文書、計900ページの資料が公開される。
12月21日、31日【ニュージーランド】カイコウラ事件
【アメリカ】スタントン・フリードマンが忘れられていたロズウェル事件のジェシー・マーセルを探し出してインタビュー

1979年

1月4日【イギリス】ブルーストンウォーク事件（178ページ）

9月30日【日本】UFO専門図書館「UFOライブラリー」（後に「UFO・ET博物館」に改称）が五反田にオープン

1980年

12月25日、26日【イギリス】レンドルシャムの森事件（200ページ）
12月29日【アメリカ】キャッシュ・ランドラム事件（206ページ）
12月【スペイン】南西部でUFO目撃ウェーブ
【アメリカ】「NICAP」解散
【アメリカ】ロズウェル事件に関する初の本『ロズウェル事件』（チャールズ・バーリッツとウィリアム・ムーアの共著）出版。ベストセラーに。

1981年

8月16日【日本】毛呂山事件（211ページ）
【ノルウェー】ヘスダーレンの怪光

1982年

10月28日【日本】三沢事件

1983年
6月20日【日本】『UFOと宇宙』が83年7月号で廃刊
1984年
1月16日【アメリカ】ケネス・アーノルド逝去
12月18日【日本】開洋丸事件（1度目、214ページ）
1986年
4月27日【アメリカ】J・アレン・ハイネック逝去
11月17日【アメリカ】日航ジャンボ機UFO遭遇事件（218ページ）
12月21日【日本】開洋丸事件（2度目、214ページ）
1987年
2月【アメリカ】ホイットリー・ストリーバーのアブダクション本『コミュニオン』が出版。ベストセラーに。
5月29日【アメリカ】MJ-12文書公開（224ページ）
11月11日【アメリカ】ガルフブリーズ事件
1988年
11月29日【アメリカ】ドナルド・キーホー逝去
【アメリカ】「APRO」解散
1989年
5月7日【南アフリカ】カラハリ砂漠UFO墜落事件（228ページ）
10月10日【旧ソ連】ボロネジ事件
11月29日～【ベルギー】三角型UFOウェーブ（232ページ）
11月30日【アメリカ】リンダ・ナポリターノ事件
1990年
11月【ドイツ】宇宙人死体写真
1992年
9月【スペイン】空軍によるUFOファイルが機密解除。95年までに全75冊、1900ページのファイルが公開される。
1993年
9月10日【アメリカ】テレビドラマ『Xファイル』が放送開始
1995年
8月28日【欧米】宇宙人解剖フィルムが同時公開（237ページ）
11月22日【日本】『Xファイル』が日本で放送開始
1996年
2月2日【日本】宇宙人解剖フィルムが日本で公開（237ページ）
【イギリス】イギリス国防省UFO調査部門へのUFO目撃報告数が過去最多の600件を超える。
1997年
3月13日【アメリカ】フェニックス・ライト事件
8月6日【メキシコ】メキシコシティ上空の巨大UFO動画
10月18日【日本】高梨純一逝去
1998年
7月30日【日本】矢追純一UFO特番が最後の放送
【日本】「UFO・ET博物館」閉館

1999年

10月20日 **【日本】** 久保田八郎逝去

12月31日 **【日本】**「日本GAP」解散

2000年

7月24日 **【アメリカ】** 世界貿易センタービルのUFO動画

2001年

5月9日 **【アメリカ】** ディスクロージャー会議

2002年

4月18日 **【日本】** 荒井欣一逝去

2004年

3月5日 **【メキシコ】** メキシコ空軍のUFO動画

9月27日 **【イギリス】** ジョン・E・マック逝去

10月17日 **【アメリカ】** ベティ・ヒル逝去

2005年

8月9日 **【アメリカ】** フィリップ・J・クラス逝去

2007年

【アメリカ】 ドローンズUFO写真

2008年

10月20日 **【イギリス】** 国防省がUFO目撃報告に関するファイルの公開開始

2009年

7月3日 **【日本】** 志水一夫逝去

12月1日 **【イギリス】** 国防省のUFO調査部門が閉鎖

12月9日 **【ノルウェー】** 渦巻き型UFO動画

2011年

1月28日 **【イスラエル】** エルサレムのUFO動画

2012年

10月25日 **【メキシコ】** ポポカテペトル山のUFO動画

2013年

2月15日 **【ロシア】** チェリャビンスクの隕石撃墜動画

4月29日〜5月3日 **【アメリカ】** ディスクロージャー公聴会

5月30日 **【メキシコ】** ポポカテペトル山のUFO動画

8月15日 **【アメリカ】** CIAが公開した文書により、米軍基地「エリア51」の存在が公式に認められる。

2014年

1月23日 **【日本】** 沖縄で複数のUFOが動画撮影され、ニュース等で話題に

2015年

5月5日 **【メキシコ】** ロズウェル・スライド公開

2016年

1月21日 **【アメリカ】** CIAが過去に公開した文書から、懐疑派向け、肯定派向けの各5つの文書をピックアップ。公式サイトで「Xファイル」と題して紹介。

2017年

1月17日 **【アメリカ】** CIAがUFO関連を含む1200万ページの機密文書を公式サイトで公開。

（羽仁礼、本城達也、山本弘）

執筆者紹介

本書執筆者のプロフィールを五十音順にて掲載しました。「●」はASIOSの会員、「★」はゲスト執筆者であることを表しています。

◉ASIOS（アシオス）

2007年に発足した超常現象などを懐疑的に調査していく団体。団体名は「Association for Skeptical Investigation of Supernatural」（超常現象の懐疑的調査のための会）の略。超常現象の話題が好きで、事実や真相に強い興味があり、手間をかけた調査を行える少数の人材によって構成されている。

主な著書に『謎解き超常現象Ⅰ～Ⅳ』『謎解き超科学』『「新」怪奇現象41の真相』（彩図社）、『検証　陰謀論はどこまで真実か』『検証　予言はどこまで当たるのか』（文芸社）、『映画で読み解く「都市伝説」』（洋泉社）などがある。

公式サイトURL http://www.asios.org/

●秋月朗芳（あきづき・ろうほう）

1968年埼玉県生まれ。生業のWEBプログラマの傍ら、UFOや超常現象マニアを集めた『Spファイル友の会(http://sp-file.oops.jp)』を発足、日本のA・K・ベンダーを目指す。その後ASIOSに入会。ハンドルネームは「ペンパル募集」。ウンモ事件に興味を持ち、宇宙人ユミットからの手紙を待ち続けていることがハンドルネームの由来。だが、当然の事ながら手紙は届いていない。

★小山田浩史（おやまだ・ひろふみ）

1973年生まれ。日々インターネットで国内外のUFO情報を収集する自称・UFO研究家。イーグルリバー事件のような奇妙度の高い事例の「意味」を探る面白さに魅了され、民俗学的・文化人類学的な視点からの「文系UFO研究」を志向。 https://twitter.com/magonia00/

●蒲田典弘（かまた・のりひろ）

ロズウェル事件研究家を自称する懐疑論者。ビリーバー（信奉者）として超常現象を調べていくうちに、懐疑論者に転向した。青少年に懐疑的な考え方を身につけてもらおうという、ジュニア・スケプティック活動にも興味がある。ASIOS運営委員。共著に『これってホントに科学？』『ホントにあるの？　ホントにいるの？』（かもがわ出版）などがある。

●加門正一（かもん・しょういち）

国立大学名誉教授。専門は光シミュレーション工学。専門学会で研究会委員長。論文編集委員等を歴任。電子情報通信学会フェロー。大学では専門科目の研究教育の外に教養科目で懐疑思考（Skeptical Thinking）を講義。その教材収集として超常現象の科学的調査にもいそしんだ。著書『江戸「うつろ舟」ミステリー』（楽工社）、共著『トンデモ超常現象56の真相』（楽工社）、『新・トンデモ超常現象60の真相』（彩図社）などがある。

★花田英次郎（はなだ・ひでじろう）

ＵＦＯ愛好家。ＥＴ仮説を否定し、ＵＦＯの「奇現象」としての側面に注目するジャック・ヴァレの思想に共鳴し、その宣伝・啓蒙活動に取り組む勝手連的エヴァンジェリスト。

●羽仁礼（はに・れい）

１９５７年広島県生まれ。ＡＳＩＯＳ創設会員。ＰＳＩ（一般社団法人潜在科学研究所）主任研究員。著書に『超常現象大事典』（成甲書房）、『図解近代魔術』、『図解西洋占星術』（新紀元社）他がある。

●本城達也（ほんじょう・たつや）

１９７９年生まれ。ウェブサイト「超常現象の謎解き」（http://www.nazotoki.com/）の運営者。２００５年より超常現象の各ジャンルの個別事例を取り上げ、その謎解きを行っていくサイトを運営。２００７年からはＡＳＩＯＳの発起人としてその代表も務める。２０１６年にはオカルト雑誌『ムー』主催の「ムー検定」を受けたところ合格し、「真のムー民」認定をしてもらった。

●皆神龍太郎（みなかみ・りゅうたろう）

１９５８年生まれ。疑似科学ウォッチャー。超常現象やニセ科学と呼ばれるものの事実について、調査、発表するのが趣味。近著に『iPadでつくる「究極の電子書斎」蔵書はすべてデジタル化しなさい！』（講談社プラスアルファ新書）。『検証　陰謀論はどこまで真実か』（文芸社）、『トンデモ超能力入門』（楽工社）、『謎解き超常現象』シリーズ（彩図社）など著書、共著多数。

●山本弘（やまもと・ひろし）

１９５６年生まれ。ＳＦ作家。主な作品に『神は沈黙せず』『アイの物語』『詩羽のいる街』（以上、角川書店）、『ＭＭ９』

（東京創元社）、『地球移動作戦』（早川書房）、『去年はいい年になるだろう』（ＰＨＰ）など。他にも子供向けのスケプティック本『超能力番組を10倍楽しむ本』、『ニセ科学を10倍楽しむ本』（以上、楽工社）を出している。

ホームページ「山本弘のＳＦ秘密基地」（http://homepage3.nifty.com/hirorin/）

●横山雅司（よこやま・まさし）

イラストレーター、ライター、漫画原作者。ＡＳＩＯＳではＵＭＡ担当。イヌ派かネコ派か聞かれると、自分の中では同じ肉食性哺乳類で同じカテゴリーなので返答に困る動物オタク。著書に『極限世界のいきものたち』、『憧れの「野生動物」飼育読本』『激突！　世界の名戦車ファイル』『本当にあった！　特殊兵器大図鑑』『本当にあった！　特殊乗り物大図鑑』（いずれも彩図社）などがある。

●若島利和（わかしま・としかず）

ＡＳＩＯＳ創立時副会長、２００９年から客員に移行。個人サイト「懐疑論者の祈り」を運営。２０１１年に重篤な若年性脳梗塞で入院後、奇跡的なレベルで回復したが半隠居中。現在、ＡＳＩＯＳの羽仁、本城、若島美穂が所属するＰＳＩ（一般社団法人潜在科学研究所）の事務局長を務め、超常現象とされる主張の信頼度を査定し、国内外の関連情報を収集整理している。

（以上、五十音順）

著者紹介

ASIOS（アシオス）

2007年に日本で設立された超常現象などを懐疑的に調査していく団体。名称は「Association for Skeptical Investigation of Supernatural」（超常現象の懐疑的調査のための会）の略。海外の団体とも交流を持ち、英語圏への情報発信も行う。メンバーは超常現象の話題が好きで、事実や真相に強い興味があり、手間をかけた懐疑的な調査を行える少数の人材によって構成されている。

公式サイトのアドレスは、http://www.asios.org/

UFO事件クロニクル

平成29年9月19日　第1刷
平成29年9月20日　第2刷

著　者　　ASIOS

発行人　　山田有司

発行所　　株式会社　彩図社
東京都豊島区南大塚3-24-4
MTビル　〒170-0005
TEL：03-5985-8213　FAX：03-5985-8224

印刷所　　シナノ印刷株式会社

URL http://www.saiz.co.jp　Twitter https://twitter.com/saiz_sha

ISBN978-4-8013-0252-5 C0076